中国传媒大学"十二五"规划教材编委会

主任： 苏志武　胡正荣

编委：（以姓氏笔画为序）

王永滨　刘剑波　关　玲　许一新　李　伟

李怀亮　张树庭　姜秀华　高晓虹　黄升民

黄心渊　鲁景超　蔡　翔　廖祥忠

网络工程专业"十二五"规划教材编委会

主任： 李鉴增　刘剑波

委员： 李　栋　韦博荣　杨　磊　王京玲　李建平

陈新桥　关亚林　杨　成　金立标　郭庆新

网络工程专业"十二五"规划教材

网络视频监控技术

杨 磊 张艳霞 梁笃国 吴晓雨 编著

刘剑波 主审

中国传媒大学出版社
·北京·

前　言

近十几年来,国内安全防范视频监控市场持续火爆地发展,应用领域遍及各行各业,数不胜数,其中公共安全领域的视频监控联网应用最具代表性,是新形势下维护国家安全和社会稳定、预防和打击暴力恐怖犯罪的重要手段,对于提升城乡管理水平、创新社会治理体制具有十分重要的意义。与此同时,国际上也开始着手对于视频监控联网应用标准的制定,以国际电工委员会 IEC/TC79(International Electrotechnical Commission / Alarm and electronic security systems) 为代表的国际标准化组织于 2009 年开始研究制定基于网络传输的安防视频监控国际标准——IEC 62676 系列标准,并邀请中国担任了其中的标准工作组组长。

目前,全国各地正在大力推进视频监控系统的建设,在打击犯罪、治安防范、社会管理、服务民生等方面发挥了积极作用,基于视频监控联网应用的平安城市建设已成为智慧城市建设的重要组成部分。

需要强调的是,2015 年 5 月 6 日,国家发展改革委、中央综治办、科技部、工业和信息化部、公安部、财政部、人力资源社会保障部、住房城乡建设部、交通运输部等中央、国家 9 部委联合发布了《关于加强公共安全视频监控建设联网应用工作的若干意见》(发改高技 [2015] 996 号) ,从 18 个方面对视频监控联网系统建设提出了指导意见,明确了到 2020 年基本实现"全域覆盖、全网共享、全时可用、全程可控"的公共安全视频监控建设联网应用的总体目标,并预期在加强治安防控、优化交通出行、服务城市管理、创新社会治理等方面取得显著成效。

在国内外网络视频监控应用迅猛发展的形势下,结合我校网络工程专业的建设需求,作者编写了本教材,可视为作者此前编写的《闭路电视监控实用教程》(杨磊等,机械工业出版社,2005) 以及《网络视频监控技术与智能应用》(梁笃国等,人民邮电出版社,2012) 的姊妹篇,目的是使读者对视频监控技术及其联网应用有一全面而深入的了解,以适应社会实际需求并快速投入到这个曾预估到 2015 年即有 5000 亿市场规模①②③的各行各业的实际应用建设中。

作者参加了国际标准"Video surveillance systems for use in security applications - Part 3：Analog and digital video interfaces"（IEC 62676-3）的部分前期编写工作；参加了《安全防范视频监控数字音视频编解码技术要求》（GB/T 25724-2010）、《安全防范视频监控联网系统信息传输、交换、控制技术要求》（GB/T 28181-2011）、《安防监控视频实时智能分析设备技术要求》（GB/T 30147-2013）以及《城市监控报警联网系统》系列标准（GA/T 669.x 系列、GA/T 792.x 系列和 GA/T 793.x 系列）等数十项国家标准（GB 系列）以及国家公共安全行业标准（GA 系列）的评审；参加了多届国际安博会创新产品评审；参加了全国 30 多个城市的天网工程、平安城市建设项目的评审及工程验收工作，目睹了国内外网络视频监控市场、产品及系统的迅猛发展之势，颇感国内安防市场以及高校网络工程相关专业对于网络视频监控技术类教材的迫切需求。诚然，网络视频监控系统的市场、产品与技术的发展是持续的，而市场上很多新的产品因众所周知的原因未能给出深入的技术内核。考虑到本书的编写与出版有一定的时限，而作者的时间精力及专业水平也毕竟有限，因而许多最新的技术及产品未能在本书中作深入详细的介绍，瑕疵甚至错误亦在所难免，诚请广大读者见谅并给予批评指正。

在内容编排上，本书首先通过概论一章介绍了网络视频监控系统的相关背景及应用现状，随后通过网络构成以及系统的前端设备、存储设备、中心控制与显示设备等章节，对网络视频监控系统的各个组成部分作了介绍，并对监控系统的组网传输及安全作了介绍，特别用较大的篇幅对网络视频监控中的智能视频分析技术作了详细的介绍，最后给出了网络视频监控系统的典型行业解决方案及案例。

本书第一、二、三、五章内容由杨磊编写，第八章内容由吴晓雨编写，第四、六、七、九章内容由中国电信股份有限公司上海研究院的张艳霞和梁笃国共同编写，全书由杨磊统稿。中国传媒大学信息工程学院及出版社（http://www.cuc.edu.cn）对本书的编写提供了大力的支持，在此一并表示衷心感谢。

作　者

2017 年 6 月于中国传媒大学

---

① 中国安全防范产品行业协会：《中国安防行业"十二五"（2011~2015 年）发展规划》，2011 年 2 月 28 日。

② 中商情报网（http://www.askci.com/news/201309/05/051420132623.shtml）：《2015 年我国安防行业市场规模将达 5000 亿》，2013 年 9 月 5 日。

③ 中国新闻网（http://www.chinanews.com/it/2015/07-31/7439900.shtml）：《专家视点：安防业如何撑起 5000 亿市场规模？》，2015 年 7 月 31 日。

目　录

第一章　概　论

■ **本章要点：**

　　网络视频监控与视频监控网

　　网络视频监控涉及的视频压缩编码标准

　　网络视频监控相关标准与规范

　　视频监控网与物联网

　　网络视频监控应用现状

　　近十几年来,国内安全防范视频监控市场持续火爆,而视频监控的应用领域更是遍及各行各业。特别是随着计算机技术、网络技术、数字视频处理技术以及超大规模集成电路技术的飞速发展,现代视频监控系统在图像信息的采集、处理、传输、存储和显示等各个环节几乎无一例外地采用了数字处理技术,业内人士也大都本着"数字化、网络化、高清化、智能化"的新"四化"理念进行面向需求的系统设计与实施,形成了规模不同、功能不同、数不胜数的网络视频监控的实际应用系统。这些系统或本地独立运行,或远程联网运行,成为天网工程、平安城市建设与智慧城市建设的重要组成部分。

背景延伸

　　★2003 年,交通部中国海事局在总结上海、烟台、海南、深圳、天津、大连等几个地方海事局视频监控系统建设经验的基础上,提出了进行海事信息整合、实现海事信息共享的实施纲要,并将已建成的多个地方海事局视频监控系统进行了全国联网,同时在中国海事局搜救指挥中心建立了中国海事电视监控系统总控中心。

　　★2003 年 9 月,中国电信在运营商行列中最早推出"全球眼"网络视频监控业务,为某行业用户开发了远程视频监控系统,其应用效果得到了用户的好评。从此,"全球眼"成为中国电信的一个正式产品,开始在旗下各省公司推广发展。在国家倡导和谐社会,建设平安城市、平安校园、平安农村的政策影响下,随着安防行业的高速发展,中国电信"全球眼"业务近年来得到了快速发展。

★2005年8月,公安部在总结北京市宣武区、浙江省杭州市、江苏省苏州市和山东省济南市等4个平安城市建设试点区、市监控报警联网系统建设经验的基础上,提出了"城市报警与监控系统试点工程"建设的意见,确定了全国22个城市为一级试点,有条件的地市确定一个县区作为二级试点,有条件的县区确定一个街道或者社区作为三级试点(简称"3111工程"),同时建议在全国范围内建设省、市、县三级联网的城市监控报警联网系统。

★2006年9月,全国城市监控报警联网系统标准体系通过专家论证,第一个行业标准——《城市监控报警联网系统通用技术要求》(GA/T 669-2006)于同年12月14日正式发布,于2007年1月1日起正式实施。随后,城市监控报警联网系统的技术标准、管理标准以及合格评定标准等18个分项标准中的14个标准相继发布(分别为GA/T 669.x系列、GA/T 792.x系列和GA/T 793.x系列),4个标准暂缓制定(参见第15页表1-1)。

★2006年,山西省林业厅在晋中市进行了林火视频监控系统试点建设,通过该系统对森林火灾进行有效监控,提高了火情处置效率、降低了火灾形成概率和森林火灾监测成本,减少了森林火灾造成的损失,降低了森林火灾造成的社会影响。2008年6月,山西省在全省范围内开始进行林火视频远程监控系统建设,并随后确定为省重点工程项目。国家森林防火指挥部于2008年8月发布《森林火灾视频监控系统工程技术规范》。国家发展和改革委员会于2010年6月以发改农经[2010]1217号文对山西省林火视频监控系统工程建设进行批复,从国家层面对林火视频监控系统工程予以支持。

★2008年11月,由Axis、Bosch和Sony等国际著名厂商发起了ONVIF(Open Network Video Interface Forum)国际联盟,并同时发布了Version 1.0标准。至2010年6月,已有包括海康、大华等国内著名安防企业在内的190多个成员单位。与此同时,国际电工委员会IEC/TC79(International Electrotechnical Commission/Alarm and Electronic Security Systems)也开始研究制定基于网络传输的安防视频监控国际标准——IEC 62676.x系列标准。

★2009年4月,全国首个公交网络视频监控报警系统在杭州问世。该系统利用无线城域网实现了对于公交车辆车厢内及车辆动态的实时监控,不仅在4条线路共100辆公交车上安装了300套监控、报警、定位和数据传输设备,还在12个中心站和100个治安情况较为复杂的中途站台安装了共计136个治安动态视频监控点。

★2010年前后,全国平安城市建设已开始呈现一派繁荣景象,各地以平安城市建设为主题的大规模联网系统建设项目纷纷上马,且各具特色。为进一步规范系统联网的有效性,国家标准化委员会于2011年12月30日正式发布了国家标准《安全防范视频监控联网系统信息传输、交换、控制技术要求》(GB/T 28181-2011),于2012年6月1日起正式实施。

★2012年1月16日,《湖北省公共安全视频图像信息管理办法》(征求意见稿)向社会公开征求意见。《办法》从规划建设、管理应用、法律责任等多个方面对全省的视频监控建设进行全面的规划,其中对涉及公共安全的十大场所强制要求安装视频监控设备,对违反《办法》的主管人员和直接责任人最高可追究刑事责任。

★2013年12月,以视频监控联网及深入应用为目的的《公安视频图像信息联网与应用标准体系表》在全国安全防范报警系统标准化技术委员会(SAC/TC100)第六届委员会成立大会暨六届一次会议期间通过专家审查论证,随后公安部正式发布《公安视频图像信息联网与应用标准体系表》(GA/Z 1164-2014)。

★2014年3月,针对平安城市建设过程中 GB/T 28181-2011 的实施情况及出现的若干问题,全国安全防范报警系统标准化技术委员会进一步发布了《国家标准 GB/T 28181-2011〈安全防范视频监控联网系统信息传输交换控制技术要求〉修改补充文件》,对其中的多项内容进行了修改补充,使得全国平安城市建设进一步规范与完善。

★2014年10月15日,基于 GA/Z 1164-2014 的公安视频图像信息联网与应用标准编制工作启动会在北京召开,新的视频监控联网及深入应用系列相关标准随即开始制订或修订。

★2015年5月6日,国家发展改革委、中央综治办、科技部、工业和信息化部、公安部、财政部、人力资源和社会保障部、住房城乡建设部、交通运输部等9部委联合发布《关于加强公共安全视频监控建设联网应用工作的若干意见》(发改高技[2015]996号),从18个方面对视频监控联网系统建设提出了指导意见,明确了"全域覆盖、全网共享、全时可用、全程可控"的建设目标。

第一节　网络视频监控与视频监控网

顾名思义,网络视频监控即是基于网络对本地或远程传来的视频图像进行监视与控制,而实现该功能的网络即构成了视频监控网。因应用领域或应用目的不同,网络视频监控其实有着两种不同的含意。

▨ 关键术语

网络视频:关于网络视频,网络上有多种不同的解释,如(1)是指由网络视频服务商提供的、以流媒体为播放格式的、可以在线直播或点播的声像文件,这里,网络视频一般需要独立的播放器,文件格式可能是 WMV、RM、RMVB、FLV 以及 MOV 等,但更主要的是基于 P2P 技术且占用客户端资源较少的 FLV 流媒体格式;(2)是指视频网站提供的在线视频播放服务,既可能是流媒体格式的视频文件,也可以是异地现场采集的实时视频;(3)是指以电脑或者移动设备为终端,利用 QQ、MSN 等 IM(Internet Message)工具,进行可视化聊天的一项技术或应用;(4)另有学者认为,网络视频就是在网上传播的各类视频资源,狭义的指网络电影、电视剧、新闻、综艺节目、广告、FLASH 动画等视频节目,如

IPTV、OTT TV 节目等,广义的还包括自拍 DV 短片、视频聊天、视频游戏等。

事实上,基于 IP 网络的视频会议系统也是网络视频的一个分支。视频会议系统支持 ITU-T H.323(基于 IP 包交换网络中多媒体业务的框架协议)系列标准,其主要特点是可实现主会场与各分会场之间的双向网络视频流的同时传输,并与视频流同步地双向传输高保真的数字化音频信号;会议主持人通过对多点控制单元(MCU)的操作可以任意切换控制各会场的音视频流向(比如将某会场发言人的实时音视频信号向所有分会场传送),并共享会议数据资料。另外,视频会议系统还可用于指挥调度、多点研讨、技术培训、远程教育等。

本教材所述的网络视频特指由用于对重点安全防范区域进行可视化监控(监视与控制)的网络摄像机(或非网络摄像机+嵌入式网络视频编码器)经由网络传输的实时安防监控视频,或是由数字硬盘录像机(DVR)、网络录像机(NVR)或其他网络存储服务器经由网络点播而传输的早期记录的安防监控视频。

一、网络视频监控的两种不同含义

网络视频监控既有对通过网络进行传播的视频内容本身进行监控的含意,又有通过网络视频传输手段根据观看摄像机获取的视频图像对拍摄现场情况进行监视并联动控制的含意。本教材基于后者进行编写。

(一)网络视频内容监控

网络视频内容监控是指对经由网络传输的视频图像内容进行监控,以及时发现网络视频中是否有反动、色情、暴力及恐怖等不良内容。

随着网络技术的飞速发展,网络上传播的视频内容也越来越丰富,其中不乏不良内容。这些网络视频大多来自可以流媒体形式进行传播、可在线直播也可被用户点播或下载的声像文件;还有一类则是用户以个人电脑或者移动设备为终端,利用 QQ、MSN、SKYPE 以及微信等网络聊天工具进行可视化聊天的实时视频。

由于上述网络视频的来源多种多样(既可能由正规的专业网络视频服务商提供,也可能由数不胜数的普通个人上载提供),对所有视频源头进行无一疏漏的人力监管就变得几乎不可能,因此,对网络视频内容的自动监控就显得尤为重要了。目前的监控手段除了人工监看外,还部分地应用了智能视频分析(Intelligent Video Analysis)以及结合文字、声音等其他信息进行综合语义分析的智能内容识别技术。一旦发现涉及反动、色情、暴力及恐怖的网络视频内容,立即予以屏蔽,从而最大限度地减少该类不良内容通过网络的扩散,同时追查源头,对内容提供者予以追究及惩处。然而就目前技术来说,完全实现对网络不良视频内容的自动监控还具有相当大的难度,比如对具有反动宣传内容的视频以及详解毒品或炸药制作过程的视频内容进行自动判定就远比对具有大面积肉体裸露情节的色情视频内容进行自动判定要复杂,因为前者画面中的行为人与普通人无异,可能仅仅是其语言内容不良或反动。因此从技术层面实现对网络视频不良内容的自动监控是一个具有相当大的难度的课题。2014 年 6 月 20 日,国家互联网信息办公室宣布启动铲除网上暴恐音视频专项行动,为维护新疆社会稳定和实现长治久安筑牢网络防线。专项行动内容包括坚决封堵境外暴恐音视频、在全国全网集中清理网上暴恐音视频、查处一批违法网站和人员、落实企业管理责任、畅通民间举报渠道等。30 多家重点互联网企业在现场签署了网上反恐承诺书,对自动清理网站涉暴涉恐信息、坚决不为暴恐音视频提供传播渠道等事项作出承诺。

(二)安全防范视频监控

安全防范视频监控(简称安防视频监控)是指以安全防范为目的,通过摄像机对现场场景或重点目标进行拍摄取证,并将视频信号传输至监控中心供相关人员进行监视(必要时可对摄像机进行远程操作控制)。

安全防范的内容既有工业生产过程中的不安全因素(如水电厂水轮机运转不正常、火电厂输煤传送履带运转不正常、油田采油机工作不正常、矿井挖掘机工作不正常、工业窑炉燃烧不正常、工厂生产线局部滞积等),又有影响社会治安的不安全因素(如抢劫、盗窃、聚众斗殴等),还有可能造成交通安全事故的不安全因素(如车辆超速、闯红灯、逆行、违法停车、航道拥塞、船舶违规停泊等),甚至包括其他领域的不安全因素(如食品生产与加工环节的违规操作、商贩在闹市区域随意摆摊、旅游景点的危险地段或水域等)以及森林火灾监控、环保监测、病房监护、教学监管、非现场监考,等等。

在"数字化、网络化、高清化、智能化"的今天,上述安全防范视频监控系统已无一例外全部或部分地采用了数字网络传输与存储技术,由此构建或形成了不同性质、不同规模的视频监控网。

二、视频监控网

如上所述,视频监控网是用于实现安全防范视频监控应用目的的网络,其物理实质是计算机网络(有线或无线、局域或广域、专网或公网),但由于网络传输的主要内容是超大数据量的数字化视频流(可能包括音频流)以及相关联的辅助数据(如云台、镜头控制数据,摄像机自身信息或所处安装位置地理信息,摄像机外接报警探测器或其自身通过智能视频分析而产生的报警信息等),并配合集中式、分布式或混合式的网络存储,因此对网络性能有很高的要求。

基本的视频监控网建立于计算机局域网之上,也即将防范区域内分布于不同点位、用于安防监控目的的所有网络摄像机(或"模拟摄像机+网络视频编码器")直接接入已建立的计算机网络,与其他目的应用系统(如办公自动化、数字图书馆、教学管理平台等)共享物理网络。然而由于视频监控系统具有实时、大数据等安防应用的特殊性,有些视频监控网直接采用独立架构。在国际标准 IEC 62676-2-1 中的术语、定义与缩略语中，对视频监控网专门给出了定义:通过各种通信协议而彼此相互连接、相互通信、分享资源与信息的视频传输设备的集合(IP video Network:Collection of video transmission devices connected to each other allowing to communicate with each other, share resources and information over a variety of connection protocols)。

早期的视频监控系统是模拟系统,系统中的模拟视频信号经由同轴电缆进行传输,摄像机、视频矩阵、录像机、电视墙(监视器)等若干视频前端及后端设备通过同轴电缆的连接共同组成本地视频监控网(系统)。通过本地分控设备或电信局端交换设备,也可以构成多级视频监控的大网(系统)。但是这类多级视频监控网的规模并不能很大,级数一般不超过三级,属性上也是封闭性质的,且规模越大视频图像质量受损也越严重。

随着计算机以及网络技术的发展,上世纪 90 年代中后期,有人将传统视频监控系统中的视频矩阵用插卡形式的多媒体计算机(工控机)来实现,不仅有音视频矩阵卡,还有通讯卡、网卡,运行监控系统管理软件的多媒体计算机也成为整个视频监控系统的核心,并通过计算机实现了基于网络的远程通信与控制功能。但是由于当时的视频压缩编码技术以及相应的芯片技术发展还不够成熟,网络带宽条件也不够完善,摄像机输出的模拟视频信号仍然只能通过另外的同轴电缆来传输。直至 90 年代末期,基于 M-JPEG 以及 MPEG-1 标准的视频压缩编码板卡陆续面世,模拟视频信号通过视频采集卡交由计算机处理,真正基于网络传输的视频监控系统(视频监控网)才开始在安防领域出现。

第二节　网络视频监控涉及的视频压缩编码标准

视频信号数字化显然需要有统一的格式,而对每秒不低于 25 帧的连续图像序列(视频信号)进行数字化后的数据量远比报警、传感、控制等其他信号的数据量大。这就意味着数字视频在传输时将占用很宽的带宽,在存储时则占用很大的存储空间。因此,为了节省传输带宽(在有限带宽下传输更多路数的视频信号)或是存储空间(在有限存储空间下存储更多路数的视频,或是更长时间地保存),都需要对数字化的视频信号进行压缩。

一、数字视频压缩编码国际标准

自 20 世纪 80 年代后期起,三大国际标准化组织——国际电信联盟(ITU)、国际电工委员会(IEC)和国际标准化组织(ISO)针对静止图像及活动图像的诸多不同应用场合、传输速率、图像分辨率和图像质量,先后独立或联合制定了诸如 JPEG、JPEG2000、H.261、H.263(H.263+、H.263++)、MPEG-1、MPEG-2 / H.262、MPEG-4、MPEG-4 AVC / H.264、HEVC(H.265)以及 MPEG-7 和 MPEG-21 等一系列数字视频压缩编码或相关处理(如图像检索、交互式多媒体通信框架等)的国际标准;国际影视技术界权威学术组织——电影电视工程师协会(SMPTE)以及国际电子信息领域影响力最大的学术组织——电气电子工程师协会(IEEE)也相继制定了有关视频压缩编码的标准,并因此形成了数字视频压缩编码标准的三大技术体系,极大地推动了数字视频压缩编码技术的发展。

每一个新出台的标准都尽可能吸收先前标准的优点,并通过不断改进算法,以求在尽可能低的码率(或存储容量)下获得尽可能好的图像质量。

(一)ITU/IEC/ISO 标准体系的 HEVC(H.265)

MPEG-4 AVC／H.264 是此前 ITU/IEC/ISO 标准体系中影响最大、效率最高、应用领域最广的视频压缩编码标准,然而为了进一步提高视频压缩编码的效率,ITU-T(ITU 的电信技术委员会)的视频编码专家组(VCEG)从 2004 年就开始研究新技术,以便创建一个更新的视频压缩标准,并于 2010 年 1 月开始与 ISO/IEC 的运动图像专家组(MPEG)联合征求新的压缩编码提案,由联合成立的视频编码联合组(Joint Collaborative Team on Video Coding,JCT-VC)进行审议和评估,于同年 4 月开始编制新一代视频压缩编码标准 HEVC(High Efficiency Video Coding),该标准仅用一半的比特率就能达到和此前最优视频编码标准 MPEG-4 AVC／H.264 相同的视觉质量。2013 年 1 月,HEVC 草案的第 8 个版本作为 ITU-T 和 ISO/IEC 的国际标准草案正式发布。

HEVC 仍然采用了先前编码标准的基于块的整体编码框架,但是在多个主要模块的内部使用了一些先进技术,从而提高了整体编码效率。这些技术包括:(1)树形结构的块分割技术;(2)具有 33 种精细方向预测以及 DC 和 Planar 预测的帧内预测模式;(3)采用更多抽头的内插滤波器来提高帧间预测精度的帧间预测模式;(4)采用便于并行处理的对角以及水平和垂直扫描方式;(5)采用全新的去块状效应自适应滤波器;(6)自适应样点补偿;(7)多区域并行处理;(8)采用简洁高效的 CABAC(Context-based Adaptive Binary Arithmetic Coding)熵编码方法。

值得一提的是,在 2012 年北京国际安防博览会上,已有国内知名厂商展出基于 HEVC 测试版本的高清网络摄像机。

(二)SMPTE 标准体系的 VC-1

VC-1 也是在 MPEG-4 AVC／H.264 之后出台的新型视频压缩编码标准,该标准基于美国微软公司制定的 WMV9(Windows Media Video 9),于 2006 年 4 月由(美国)电影电视工程师协会(SMPTE)批准发布实施。

作为较晚推出且最后被定义的高清编码格式,VC-1 结合了先前流行的几种编码格式的优点,在压缩比率上介于 MPEG-4 AVC／H.264 与 MPEG-2 之间,画质表现方面与 H.264 接近,而其编码算法的复杂度仅为 H.264 的一半,因此具有对硬件要求较低、高压缩率、高画质、低耗时等特点。

(三) IEEE 标准体系的 AVS

我国于 2002 年即成立了"数字音视频编解码技术标准工作组"(简称 AVS),于 2006 年 2 月发布了具有自主知识产权的 AVS 视频压缩编码国家标准《信息技术 先进音视频编码第 2 部分:视频》(GB/T 20090.2-2006,并于 2013 年 12 月修订出版为 GB/T 20090.2-2013);2009 年该标准被国际电信联盟(ITU)批准为网络电视(IPTV)采用的标准之一;2013 年 6 月,AVS 标准被(美国)电气电子工程师协会(IEEE)批准为 IEEE 国际标准(标准号:IEEE 1857-2013)。

IEEE 1857-2013 标准分为 4 个档次:Main(电视)、Surveillance(监控)、Portable(移动)和 Broadcasting(高清 3D),该标准和 IEEE 802.x 系列标准一起,构筑新一代的媒体网络技术标准体系,也标志着中国科学家在视频编码技术领域已具有引领性的组织能力和国际影响力。

值得一提的是,从 2012 年起,我国中央电视台即对采用 AVS 的优化标准——AVS+标准的产品进行了详细深入的测试,并随后进行了 3D 卫星电视试播。2014 年 4 月 18 日,工业和信息化部与国家新闻出版广电总局联合发布了《广播电视先进视频编解码(AVS+)技术应用实施指南》,按照"快速推进、平稳过渡、增量优先、兼顾存量"的原则,明确了分类、分步骤推进 AVS+在我国卫星、有线、地面数字电视及互联网电视和 IPTV 等领域应用的时间表。

更进一步,2014 年 8 月,AVS+的下一代版本 AVS2 在采纳了 19 家单位的 97 项技术提案后公开发布征求意见,其在超高清和高清视频编码的性能方面与同期国际标准相当,而对于场景视频,其压缩效率甚至达到了同期国际标准的两倍,总体技术性能已经超越 2013 年发布的最新国际标准。"AVS 技术应用联合推进工作组"明确表示 AVS2 的首个应用领域是面向 OTT 的 4K 超高清视频服务,并在此基础上探索超高清电视播出的可行性。另外,由于 AVS2 对于场景视频的压缩效率达到最新国际标准 HEVC/H.265 的两倍,其在安防视频监控领域具有更广阔的应用前景。

二、针对安防视频监控的数字音视频压缩编码标准

几大国际组织制定的各类视频压缩编码标准已经先后在广播电视、网络电视、手机电视、可视电话与视频会议以及安防视频监控等视频领域得到了广泛的应用。然而,由于不同应用领域对视频图像的要求不尽相同,采集视频的环境更是千差万别,特别是环境的照度差异极大。例如,对于广播电视应用来说,在演播室环境制作电视节目时具有高质量的光照条件,在新闻事件的采集场所一般也能保证较好的光照条件;对于视频会议应用来说,在会议室进行视频采集一般都能够保证相对良好的光照条件;而安防监控领域的视频采集则多是在 24 小时内有巨大光照变化的自然环境中进行的,既可能是正午阳光直射时的强顺光或强逆光,也可能是黎明、傍晚时漫射的微光,还可能是夜晚监视

时由辅助红外灯发出的非可见的红外光(此时摄像机输出的是黑白视频信号);另外,即使是在没有光照的环境中,采用可对更长波长(8-14μm)的远红外光成像的热成像摄像机也可以输出将目标场景温度转换为对应亮度的黑白视频图像。特别是,安防监控对场景中的运动目标或感兴趣区域往往还要求有较高的清晰度。因此,对于安防监控视频信号的压缩编码的要求就与其他视频领域的要求不尽相同了。

鉴于以上原因,AVS工作组在AVS国家标准发布后即曾拟针对安防应用领域制定面向安防视频监控的AVS-S标准,其后缀-S即意指"安防监控"(Surveillance)。然而,由于安防监控具有明显的公安业务特点,2008年7月,国家标准化管理委员会正式发文将面向安防监控领域的音视频压缩编码标准的编制工作由全国信息技术标准化技术委员会调整到由公安部归口管理的全国安全防范报警系统标准化技术委员会(SAC/TC100),并在SAC/TC100领导下,由公安部第一研究所和北京中星微电子有限公司等20余家单位共同组建了该标准的编制工作组,结合公安特点进行新标准的编制,同时进行了参考代码的编写以及广泛的交叉验证。至2010年12月23日,国家标准《安全防范监控数字音视频编解码技术要求》(GB/T 25724-2010)(Technical Specification of Surveillance Video and Audio Coding,简称SVAC)正式发布。

(一)SVAC标准的核心思想

(1)针对安防监控的实际需求,尽可能解决安防监控音视频编码面临的实际问题;

(2)实现忠实于场景(scene-based)的音视频编码;

(3)在保证音视频质量的前提下,提供较高的编码效率;

(4)在同等性能的前提下,具体算法优先采用具有国内自主知识产权的方案;

(5)采用灵活可扩展的架构。

(二)SVAC标准的主要技术特点

(1)支持高精度视频数据,在高动态范围场景提供更多图像细节;

(2)支持上下文自适应二进制算术编码(CABAC)等技术,提高编码效率;

(3)支持对诸如运动目标、人脸、车牌、禁区、可疑目标等感兴趣区域(ROI)的变质量编码,在网络带宽或存储空间有限的情况下,提供更符合监控需要的高质量视频编码;

(4)支持可伸缩视频编码(SVC),适应双/多码流的实际应用;

(5)支持逐行扫描和隔行扫描;

(6)支持彩色、黑白(主动红外)以及热成像(被动红外)视频图像;

(7)支持绝对时间嵌入(针对监控场景音视频并不一定总是同步的情形);

(8)音视频分别封装、存储、播放(同步异步均可);

(9)支持ACELP(代数码本激励线性预测)和TAC(变换音频编码)切换的双核音频编码;

(10)支持声音识别特征参数编码,降低编码失真对语音/声纹识别的影响;

(11)支持监控专用信息(绝对时间、智能分析结果、报警信息等),便于音视频内容的有效管理和综合利用;

(12)支持加密和认证,保证监控数据的保密性、真实性和完整性;

(13)支持智能识别接口,可提取运动目标的基本信息用于后续智能视频处理。智能接口的加入,为公安破案、语音识别、人脸识别、视频检索等音视频信息的有效利用奠定了技术基础。

第三节 网络视频监控相关标准

经过多年的努力,我国安全防范技术和安全防范系统的实际应用取得了长足的进步,区域监控报警系统已遍布全国各地,初步形成了社会治安技术防范的基础网络。但是,这些已建成的报警监控系统大都相互独立、自成体系,彼此间缺少统一的规划和技术协调,不能在更大范围内(如一个城市区域)有效实现网络的互联、互通和信息共享,尚未形成完善的面向公安业务需求和社会公共安全综合应用的系统集成平台,影响了安全防范技术在城市社会治安综合防控体系建设中作用的发挥,不利于安全防范报警服务业的专业化、社会化。

为了实现城市范围内由不同设备、异构网络组成的各类报警监控系统间的互联、互通、互操作,综合利用各种监控和报警的信息资源,首先在城市范围内实现监控报警系统的联网,进而实现全省、全国联网,以提高社会公共安全的综合防控能力,公安部于 2006 年 12 月 14 日发布了全国城市监控报警联网系统的第一个行业标准——《城市监控报警联网系统通用技术要求》(GA/T 669-2006),于 2007 年 1 月 1 日起正式实施。

一、国家行业标准——城市监控报警联网系统系列标准

2006 年 9 月,全国安全防范报警系统标准化技术委员会(SAC/TC100)根据公安部提出的"城市监控报警联网系统试点工程"(简称 3111 工程)建设的意见,组织专家编制了《城市监控报警联网系统试点工程标准体系》,于 2007 年 1 月获得公安部批准,随即,各工作组开始了标准体系中各标准的编制工作。图 1-1 示出了该标准体系框架,其中的第一个标准即是已提前发布的 GA/T 669-2006。

至 2008 年 8 月,标准体系中的 11 个标准编制完成,并经公安部批准发布实施。紧接着,GA/T 669-2006 的修订版 GA/T 669.1-2008 也于同月发布实施。

(一)《联网系统通用技术要求》

《联网系统通用技术要求》(GA/T 669-2006)是城市监控报警联网系统标准体系的

城市监控报警联网系统试点工程标准体系框架

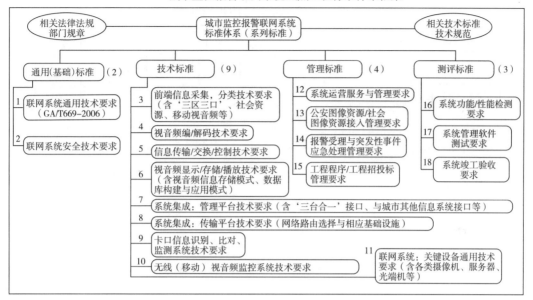

图1-1 城市监控报警联网系统试点工程标准体系框架

第一个标准,后修订为《城市监控报警联网系统·技术标准·第1部分:通用技术要求》(GA/T 669.1-2008),主要提出了系统构成与网络架构、系统功能要求、设备性能要求、基础设施与网络带宽要求、信息采集与前端处理技术要求、信息传输/交换/控制技术要求、音视频信息显示/存储/播放技术要求、信息存储策略与数据库构建技术要求、系统集成与监控中心技术要求、无线移动音视频监控技术要求、系统安全性/可维护性/可管理性技术要求等,强调了互通性、实用性、扩展性、规范性、易操作性、安全性、可靠性、可维护性、可管理性、经济性。

1.联网系统应用结构

为了规范全国城市监控报警联网系统的体系架构,GA/T 669.1首先给出了联网系统的应用结构,如图1-2所示。

由图1-2可见,联网系统主要包括监控资源、传输网络、监控中心和用户终端等4个构成主体。

(1)监控资源

监控资源是指为联网系统提供监控信息的各种设备和系统,主要包括前端设备和区域监控报警系统。监控信息包括图像、声音、报警信号、业务数据等。监控资源分为公安监控资源和社会监控资源,其中社会监控资源可直接接入公安监控中心,也可先接入社会监控中心后再接入公安监控中心。

区域监控报警系统由前端、传输/变换、控制/管理、显示/存储/处理等4个部分组成,通常是一个相对独立的系统,实际应用中可由入侵报警、视频安防监控、出入口控制、

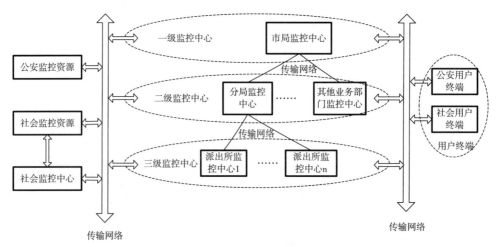

图1-2 联网系统应用结构

电子巡查、停车场安全管理等子系统根据需要进行组合或集成。

（2）传输网络

传输网络可分为公安专网、公共通信网络和专为联网系统建设的独立网络等,其网络结构分为 IP 网络或/和非 IP 网络;传输方式由有线传输或/和无线传输构成。在实际应用中,无论采用何种网络、何种传输方式,均应保证接入公安专网的安全性。当公安专网资源满足需求时,应优先选择使用公安专网。

（3）监控中心

公安监控中心采用分级设置方案,其中市局设置一级监控中心;各分局和交警、消防等业务部门设置二级监控中心;派出所设置三级监控中心。由于派出所直接负责管片的社会治安情况,因此设置于派出所的三级监控中心是联网系统建设的重点。

对于各单位自建的各类社会监控中心,通用技术要求其提供相应接口,以根据公安业务和社会公共安全管理的相关规定向公安监控中心提供本区域的特定的图像、报警及相关信息。

（4）用户终端

用户终端包括公安用户终端和社会用户终端,终端形式可为固定终端和移动终端。用户通过用户终端可实现对监控资源的访问和控制,而用户终端的行为受到监控中心的管理和授权。

2.联网系统互联结构

为保证联网系统互联的有效性,GA/T 669.1 要求网络互联基于 IP 网络并在应用层上来实现,包括对基于 SIP（Session Initiation Protocol,会话初始协议）的监控网络和非 SIP 监控网络的互联,其中基于 SIP 的监控网络可以直接连接到联网系统,非 SIP 监控网络则需通过 SIP 网关连接到联网系统。

联网系统内的设备、系统(包括监控中心之间、监控中心与前端设备/用户终端之间)通过 IP 网络互联,其结构如图 1-3 所示。

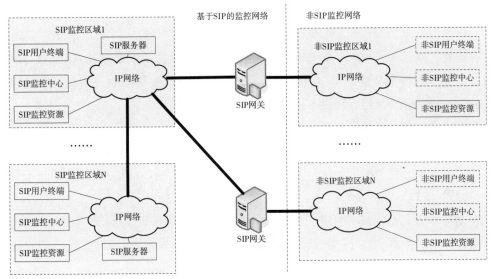

图 1-3 联网系统互联结构

3.联网系统组网模式

根据联网系统的功能需求,结合现有区域监控报警系统的结构模式和联网要求,联网系统的组网模式充分考虑了新建系统对原有系统的兼容,推荐了"数字接入方式的模数混合型监控系统"、"模拟接入方式的模数混合型监控系统"、"数字接入方式的数字型监控系统"、"模拟接入方式的数字型监控系统"以及"双级联方式的模数混合型监控系统"等 5 种基本组网模式以供参考。根据现场实际情况,可选择一种或综合其中几种模式进行组网。

4.联网系统软件参考模型

联网系统的核心系统软件是监控报警管理平台。根据公安业务和社会公共安全管理的需求,GA/T 669.1 推荐采用图 1-4 所示的联网系统软件参考模型。该模型在结构上包括了应用集成、应用、服务、系统管理和系统协议等 5 个基本模块。其中:应用集成模块包括报警、现场指挥、视频资料的快速查阅、报警信息处理和公安信息综合研判等;应用模块可完成实时图像点播、历史图像检索和回放、设备控制、存储和备份、报警联动等功能;服务模块包括数据库服务、存储服

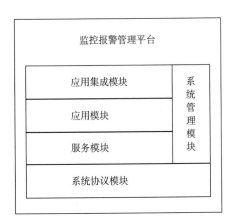

图 1-4 联网系统软件参考模型

务、视频分发服务、报警转发服务、Web 服务等;系统管理模块可实现用户和权限管理、设备管理以及对于用户和接入设备的安全认证;系统协议模块则包括数据定义、通信协议和音视频编解码协议等。

5.联网系统功能/性能和设备要求

在功能方面,GA/T 669.1 要求联网系统能实现不同设备及系统的互联、互通、互控;实现音视频及报警信息的采集、传输/变换、显示/存储、控制;能进行身份认证和权限管理;能实现报警联动;并建议提供与其他业务系统的数据接口。

在性能方面,GA/T 669.1 要求联网系统的网络带宽设计能满足前端设备接入监控中心、监控中心互联、用户终端接入监控中心的带宽要求,并规定了监控中心互联时 IP 网络的时延、抖动、丢包率等指标的上限值以及联网系统端到端的信息延迟时间、报警联动响应时间、重现图像的质量。

在设备方面,GA/T 669.1 对联网系统中的信息采集、视频编/解码、传输、切换、显示、存储、网络服务器、用户终端等设备的功能、性能、编码标准、接口以及支持的协议都作了具体规定。

6.联网系统信息传输要求

联网系统在进行音视频传输及控制时应建立两个传输通道:信令和控制通道以及音视频流通道,其中信令和控制通道用于在设备之间建立会话并传输控制命令;音视频流通道则用于传输经过压缩编码的音视频流,并规定采用流媒体协议 RTP/RTCP 进行传输。图 1-5 为 GA/T 669.1 中给出的通信协议结构,其中音视频流通道的音视频编码标准 AVS 在国标 GB/T 25724-2010 发布后应替换为 SVAC[①]。

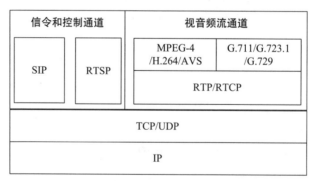

图 1-5   通信协议结构

[①]   事实上,由于国内外各界对音视频压缩编码的研究一直处于不断发展中,因此音视频压缩编码标准也不断出现新的版本。例如,比 H.264 效率提高近一倍的 H.265 已经正式发布,AVS 也有了其升级版 AVS+和 AVS2,而国标 GB/T 25724-2010 规定的 SVAC 标准的升级版 SVAC2.0 的编制工作也已于 2015 年春正式启动。至 2015 年秋,公安部开始对上述几个新出台的音视频压缩编码标准进行统一测试。

对于监控网络内部信息的传输,GA/T 669.1 从控制命令、报警信息、实时监控图像、历史图像和基于 SIP 的监控网络与非 SIP 监控网络之间的信息传输等 5 个方面做了要求。

7.音视频编解码要求

联网系统的视频压缩编解码标准推荐采用 H.264/MPEG-4;音频编解码标准推荐采用 G.711/G.723.1/G.729。然而,由于适用于安防领域的音视频编解码标准 SVAC 于 2010 年 12 月正式发布,根据 GA/T 669.1 的要求,此后的城市监控报警联网系统的音视频编解码标准宜优先采用国标 GB/T 25724-2010 规定的 SVAC。

8.联网系统安全性要求

在联网系统的安全性方面,GA/T 669.1 给出了从设备的物理安全到系统的运行安全、信息安全、通信和网络安全等各方面的具体要求,其中特别强调了当其他网络需要与公安专网进行数据交换时,应采取相应措施保障公安专网的安全。

(二)联网系统其他标准简介

除了上述的通用技术要求(GA/T 669.1)外,SAC/TC100 还陆续发布了城市监控报警联网系统的其他标准,归纳为技术标准(GA/T 669.x)、管理标准(GA/T 792.x)以及合格评定(GA/T 793.x)等三大类。表 1-1 列出了城市监控报警联网系统的全部标准。

表 1-1 城市监控报警联网系统标准

标准代号	标准名称
GA/T 669.1-2008	城市监控报警联网系统 技术标准 第 1 部分:通用技术要求
GA/T 669.2-2008	城市监控报警联网系统 技术标准 第 2 部分:安全技术要求
GA/T 669.3-2008	城市监控报警联网系统 技术标准 第 3 部分:前端信息采集技术要求
GA/T 669.4-2008	城市监控报警联网系统 技术标准 第 4 部分:音视频编、解码技术要求
GA/T 669.5-2008	城市监控报警联网系统 技术标准 第 5 部分:信息传输、交换、控制技术要求
GA/T 669.6-2008	城市监控报警联网系统 技术标准 第 6 部分:音视频显示、存储、播放技术要求
GA/T 669.7-2008	城市监控报警联网系统 技术标准 第 7 部分:管理平台技术要求
GA/T 669.8-2009	城市监控报警联网系统 技术标准 第 8 部分:传输网络技术要求
GA/T 669.9-2008	城市监控报警联网系统 技术标准 第 9 部分:卡口信息识别、比对、监测系统技术要求
GA/T 669.10-2009	城市监控报警联网系统 技术标准 第 10 部分:无线音视频监控系统技术要求
GA/T 669.11-20xx *	城市监控报警联网系统 技术标准 第 11 部分:关键设备通用技术要求
GA/T 792.1-2008	城市监控报警联网系统 管理标准 第 1 部分:图像信息采集、接入、使用管理要求
GA/T 792.2-20xx *	城市监控报警联网系统 管理标准 第 2 部分:运行维护与报警响应管理要求
GA/T 792.3-20xx **	城市监控报警联网系统 管理标准 第 3 部分:工程程序与招投标管理要求
GA/T 792.4-20xx **	城市监控报警联网系统 管理标准 第 4 部分:运营服务管理要求

标准代号	标准名称
GA/T 793.1-2008	城市监控报警联网系统　合格评定　第1部分:系统功能性能检验规范
GA/T 793.2-2008	城市监控报警联网系统　合格评定　第2部分:管理平台软件测试规范
GA/T 793.3-2008	城市监控报警联网系统　合格评定　第3部分:系统验收规范

* 暂缓制定。

** 待安防系统运维管理规范出台后制定。

二、国家标准——GB/T 28181-2011

国家标准《安全防范视频监控联网系统信息传输、交换、控制技术要求》(GB/T 28181-2011)规定了安全防范视频监控联网系统中信息传输、交换、控制的互联结构、通信协议,传输、交换、控制的基本要求和安全性要求,以及控制、传输流程和协议接口等技术要求。

对于联网系统的互联结构,GB/T 28181 规定采用基于 SIP(会话初始协议)监控域的互联结构,并具体描述了在单个 SIP 监控域内、不同 SIP 监控域间两种情况下功能实体之间的连接关系,如图 1-6 所示,其中各功能实体之间的通道互联协议进一步分为会话通道协议和媒体(主要指视、音频)流通道协议两种类型(参见图 1-6 中的细实线和粗实线连接),并具体分为会话初始协议、会话描述协议、控制描述协议、媒体回放控制协议、媒体传输和媒体编解码协议等。当视频监控联网系统进行音视频传输及控制时,必须建立上述两个传输通道,其中会话通道用于在设备之间建立会话并传输系统控制命令;媒体流通道用于传输音视频数据(经过压缩编码的音视频流采用流媒体协议 RTP/RTCP 封装传输)。信令和媒体均可采用树型的上下级级联结构(参见图 1-7、图 1-8)或网状的平级互联结构(参见图 1-9、图 1-10)。SIP 消息支持基于 UDP 和 TCP 的传输。

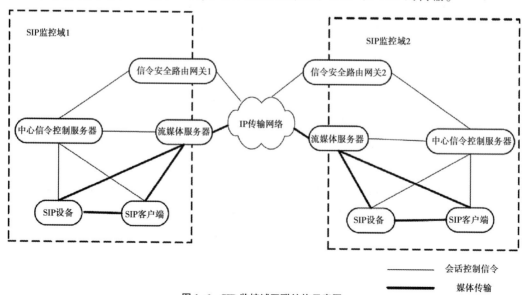

图 1-6　SIP 监控域互联结构示意图

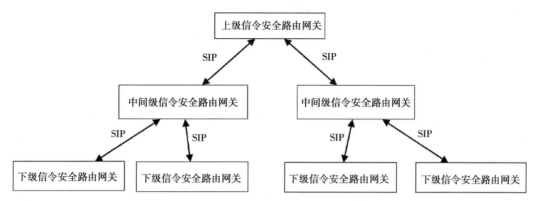

图 1-7 信令级联结构示意图

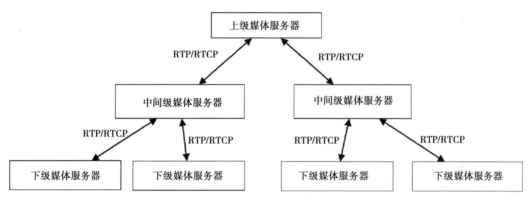

图 1-8 媒体级联结构示意图

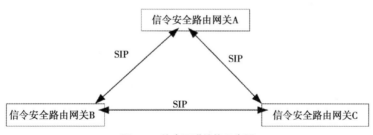

图 1-9 信令互联结构示意图

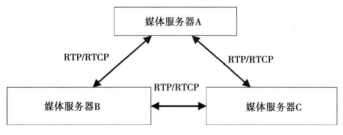

图 1-10 媒体互联结构示意图

SIP 监控域和非 SIP 监控域可通过网关进行互联,如图 1-11 所示,图中的控制协议网关在 SIP 监控域和非 SIP 监控域的设备之间进行网络传输协议、控制协议、设备地址的转换;媒体网关在 SIP 监控域和非 SIP 监控域的设备之间进行媒体传输协议、媒体数据编码格式的转换。

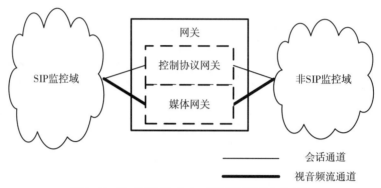

图 1-11　SIP 监控域与非 SIP 监控域互联结构示意图

（一）传输基本要求

联网系统在网络层要求支持 IP 协议,在传输层要求支持 TCP 和 UDP 协议。音视频流在基于 IP 的网络上传输时要求支持 RTP/RTCP 协议,其中 RTP 负载既可采用基于 PS 封装的音视频数据,也可直接采用音视频基本流数据。

（二）交换基本要求

GB/T 28181 要求联网系统对前端设备、监控中心设备和用户终端的 ID 进行统一编码,因而该编码具有全局唯一性,通过该编码即可准确识别联网系统中的任何一个单体设备。

在媒体压缩编码方面,对于视频,要求优先采用 GB/T 25724-2010（即 SVAC）,也可采用 H.264 或 MPEG-4;对于音频,推荐采用 G.711、G.723.1、G.729 或 SVAC。对于音视频等媒体数据的存储封装格式要求采用国际标准 ISO/IEC 13818-1：2000 中规定的 PS 格式。

对于具体的交换要求,GB/T 28181 要求联网系统中的传输交换设备（如图 1-7 中的网关）可以将网络传输协议、控制协议、媒体传输协议以及媒体编码格式数据在 SIP 监控域和非 SIP 监控域间进行双向协议转换,并要求通过接入网关提供与综合接处警系统、卡口系统等其他应用系统的接口（在 GB/T 28181 的规范性附录 G 中给出了联网系统与其他系统接口的消息格式）,从而保证了联网系统的跨域互联。

（三）控制基本要求

本部分的最基本要求就是设备或系统的注册,即设备或系统进入联网系统时,应自动地向 SIP 服务器进行注册登记。

在其他的控制要求方面,包括了实时音视频点播、设备控制、报警事件通知和分发、设备信息查询、状态信息报送、历史音视频文件检索、历史音视频回放、历史音视频文件下载、网络校时以及订阅和通知等。

(四)传输、交换、控制安全性要求

本部分主要规定了联网设备的身份认证、数据加密、SIP 信令认证、数据完整性保护以及访问控制等的方法。

(五)控制、传输流程和协议接口

本部分规定了联网设备及系统的注册和注销的基本要求以及相应的信令流程;并对实时音视频点播、设备控制、报警事件通知和分发、网络设备信息查询、状态信息报送、设备音视频文件检索、历史音视频回放、音视频文件下载、联网设备的校时以及事件订阅、事件通知、目录订阅和目录通知等具体功能的基本要求、命令流程以及协议接口等进行了详细的描述。

在 GB/T 28181 正文后面,给出了监控报警联网系统控制描述协议、监控报警联网系统实时流协议、基于 RTP 的音视频数据封装、统一编码规则、音视频编/解码技术要求、SDP 定义、联网系统与其他系统接口的消息格式、数字摘要信令认证过程和方法、证书格式和证书撤销列表格式、信令消息示范、Subject 头域定义等 11 个规范性附录。

经过近两年的行业实际应用,总结应用中出现的问题,2014 年 3 月 5 日,全国安全防范报警系统标准化技术委员会进一步发布了《国家标准 GB/T 28181-2011〈安全防范视频监控联网系统信息传输交换控制技术要求〉修改补充文件》,对 GB/T 28181 中的会话初始协议、媒体传输等 9 项内容以及 8 个规范性附录文件进行了修改补充。比如,在控制、传输流程和协议接口要求中即增加了对于设备配置查询以及设备配置的基本要求、命令流程以及协议接口等的描述,还增加了信令字符集要求、目录订阅通知方案描述等。对于规范性附录文件,则进一步增加了目录查询应答示例、多响应消息传输、媒体流保活机制、基于 TCP 协议的音视频文件下载、域间目录订阅通知、语音广播等 6 个附录。

三、国际标准——IEC 62676 系列标准

随着全球安防市场的迅猛发展,国际标准化机构也加快了对于国际安防技术相关标准的制定工作,国际电工委员会还专门成立了报警与电子安全系统技术委员会(International Electrotechnical Commission /Alarm and Electronic Security Systems,简称 IEC/TC79),全国安全防范报警系统标准化技术委员会(SAC/TC100)作为我国与 IEC/TC79 的对口业务机构,全面参加了 IEC/TC79 的相关活动。2009 年 6 月,IEC/TC79 在加拿大渥太华市举行年会,进一步决定成立一个 CCTV(Closed Circuit Television,即闭路电视监控)特别工作组,以在 CCTV 领域内制定"CCTV 需求"、"IP 视频传输协议"和"模拟与数字视频接

口"等3项新工作项目提案,并最终形成3项IEC国际标准(标准代号:IEC 62676.x 系列)。会议同时决定在该特别工作组下设3个工作项目组,分别由德国、美国和中国召集。经过多个会员国历时4年的努力工作,至2014年初,各项目组相继完成了最终国际标准草案(Final Draft International Standard)。表1-2列出了IEC 62676.x 系列标准。

表1-2 IEC 62676.x 系列标准

标准代号	标 准 名 称
IEC 62676-1-1	Video surveillance systems for use in security applications–Part 1–1: System requirements–General
IEC 62676-1-2	Video surveillance systems for use in security applications–Part 1–2: General video transmission – performance requirements
IEC 62676-2-1	Video surveillance systems for use in security applications – Part 2 – 1: Video transmission protocols–General requirements
IEC 62676-2-2	Video surveillance systems for use in security applications–Part 2-2: Video transmission protocols–IP interoperability implementation based on HTTP and REST services
IEC 62676-2-3	Video surveillance systems for use in security applications–Part 2–3: Video transmission protocols–IP interoperability implementation based on WEB services
IEC 62676-3	Video surveillance systems for use in security applications–Part 3: Analog and digital video interfaces
IEC 62676-4	Video surveillance systems for use in security applications–Part 4: Application guidelines
IEC 62676-5	Video surveillance systems for use in security applications – Part 5: Data specifications and image quality performance for camera devices

第四节 视频监控网与物联网

随着安防视频监控市场需求的不断增长,基于网络的视频监控系统无论在数量上还是在系统规模上都有了实质性拓展,由此形成了众多且规模不等的视频监控网。另一方面,国际上在对分布式传感网(Distributed Sensor Net)研究的基础上,亦开始尝试将各类传感器连接成"网",形成了众多且规模不等的传感网。随后,有人将传感器的概念进一步扩大到"物"(不仅仅是传感器及计算机),提出了物联网(The Internet of Things)的概念。

一、物联网的概念

物联网是新一代信息技术的重要组成部分,顾名思义,就是物物相连的互联网。因此,物联网的核心和基础仍然是互联网,它是在互联网基础上延伸和扩展的网络;但是与互联网不同的是,其用户端延伸和扩展到了任何物品与物品之间,进行信息交换和通信。

物联网定义

中国定义：物联网是一个基于互联网、传统电信网等信息承载体，让所有能够被独立寻址的普通物理对象实现互联互通的网络。它具有普通对象设备化、自治终端互联化和普适服务智能化三个重要特征。

欧盟定义：物联网是一个动态的全球网络基础设施，它具有基于标准和互操作通信协议的自组织能力，其中物理的和虚拟的"物"具有身份标识、物理属性、虚拟的特性和智能的接口，并与信息网络无缝整合。物联网将与媒体互联网、服务互联网和企业互联网一道，构成未来互联网。

由上述定义可知，物联网指的是将无处不在的末端设备和设施，包括具备"内在智能"的各类传感器、移动终端、工业系统、楼控系统、家庭智能设施、视频监控系统等和具备"外在使能"的各类物件（如贴上 RFID 标签的各种资产、携带无线终端的个人与车辆等"智能化物件或动物"或"智能尘埃"）等，通过各种无线/有线的长距离/短距离通讯网络实现互联互通、应用大集成以及基于云计算的 SaaS① 营运等模式，提供安全可控乃至个性化的实时在线监测、定位追溯、报警联动、调度指挥、预案管理、远程控制、安全防范、远程维保、在线升级、统计报表、决策支持、领导桌面等管理和服务功能，从而实现对"万物"的高效、节能、安全、环保的"管、控、营"一体化。值得一提的是，随着"万物"的不断加入，已有人提出了比物联网更进一步的"万联网"（Internet of Everything）。

与传统的互联网相比，物联网具有如下特征：

（一）物联网是各种感知技术的广泛应用

物联网上部署了海量的多种类型传感器，每个传感器都是一个信息源，不同类别的传感器所捕获的信息内容和信息格式不同。传感器获得的数据具有实时性，按一定的频率周期性地采集环境信息，不断更新数据。

（二）物联网是一种建立在互联网上的泛在网络

物联网技术的重要基础和核心仍旧是互联网，通过各种有线和无线网络与互联网融合，将物体的信息实时准确地传递出去。在物联网上的传感器定时采集的信息需要通过网络传输，由于其数量极其庞大，形成了海量信息，在传输过程中，为了保障数据的正确性和及时性，必须适应各种异构网络和协议。

（三）物联网具有一定的智能处理能力

物联网不仅仅提供了传感器的连接，其本身还具有一定的智能处理能力，能够对物

---

① SaaS：Software-as-a-Service（软件即服务），在业内的叫法是软件运营，或称软营，是一种基于互联网提供软件服务的应用模式，或者说是一种随着互联网技术的发展和应用软件的成熟，在 21 世纪开始兴起的完全创新的软件应用模式，代表着软件科技发展的最新趋势。

体实施智能控制。物联网将传感器和智能处理相结合,利用云计算、模式识别等各种智能技术,扩充其应用领域。从传感器获得的海量信息中分析、加工和处理出有意义的数据,以适应不同用户的不同需求,发现新的应用领域和应用模式。

二、视频监控网在物联网中的作用

根据上述物联网定义,不难看出,视频监控网其实只是在由各种传感器构成的复杂而庞大的物联网中由视觉感知传感器——网络监控摄像机(IPC)及其关联设备构成的特殊性质的传感网络,然而该网络却是平安城市、智慧城市建设中最重要的网络。中国民谚"耳听为虚,眼见为实"以及"百闻不如一见"足以说明视觉感知的重要性。

在实际应用中,一旦将不同传感器的信息相互关联起来,其组合应用效能将会有质的飞跃。举例来说,当交通路口的红灯亮起而地埋感应线圈检测到有车辆越过停车线继续行驶时,或者交通卡口的车辆速度探测器检测到有车辆超速时,都可以联动相应的视频监控摄像机进行单帧图像的抓拍及连续视频的采集,从而获得闯红灯或超速车辆的完整可视化图像,并进一步通过车辆牌照识别系统识别出违法车辆的车牌照号码,由此找到与该车牌关联的车辆信息、车主信息等;又比如,当红外微波双鉴探测器、玻璃破碎探测器或门磁开关检测到有异常情况而发出报警信号时,通过关联的摄像机即可实时看到报警现场是否真的有嫌疑人入侵,并可同时启动报警录像;还有,对于环保监测系统,人们以往只是监测置于火力发电厂烟囱出口处不同气体探测器传来的废烟废气中的 SO_2、CO 等有害气体、微尘颗粒的传感数据,如今则进一步要求将检测到的数据同时以字符形式叠加在监视电厂烟囱排烟情况的视频监控画面上,以直观地通过实时图像比对核实上传数据的真实性。

第五节　网络视频监控系统的应用现状

随着网络视频监控技术、产品与市场的不断发展,网络视频监控系统的应用也越来越广,大到由数万甚至数十万摄像机联网构成的平安城市监控系统,小到只有几个甚至只有一个摄像机的家庭远程监控装置,另外还有日渐普及的基于移动网络传输的单兵手持式移动监控设备。由于互联网、物联网的存在与发展,使得网络视频监控的应用在"量"与"质"方面都有了巨大的变化,并且在平安城市、智慧城市建设中起着重要的作用。

一、平安城市建设

网络视频监控系统最基本的应用领域是城市安防体系,通过近十年的平安城市建设,全国各地的安防视频监控系统均已形成规模,并形成了省、市、区/县、街道/社区的多级联网结构,在侦破各类案件、保障社会安全方面起到了非常重要的作用。

2013 年 12 月,以视频监控联网及深入应用为目的的《公安视频图像信息联网与应用标准体系表》在全国安全防范报警系统标准化技术委员会(SAC/TC100)第六届委员会成立大会暨六届一次会议期间被审查通过,新的视频监控联网及深入应用系列相关标准随即开始制订或修订。

除了常规安防视频监控系统的建设外,对于临时性的重大活动,往往还需要对相关安保系统进行重点建设或升级改造,比如奥运会、亚运会、世博会、花博会、园博会等重大事件活动场所及周边地区的安保系统的重点建设或升级改造。

2014 年 5 月,在上海举行的共有 46 个国家和国际组织的领导人、负责人参加的第四次亚洲相互协作与信任措施会议(简称"亚信峰会")期间,上海市公安局即对涉外接待宾馆酒店、出入上海的各安检站、市区主干道路、高架道路以及会议主会场周边的安保系统进行了全面升级,建设了高空瞭望、高清图像拼接和指挥中心大屏显示调度管理系统等,并且很好地解决了原有模拟视频监控系统与新建网络高清视频监控系统之间的互联互控问题,切实提高了公安视频指挥系统的效率。新型的高空瞭望系统着力于在较高的位置实现大范围的视频精确监控,是一种既兼顾大场面,又实现具体目标特写拍摄的视频监控手段(如图 1-12 所示)。

图 1-12　上海亚信峰会会场周边视频监控画面(取自海康威视 200 万像素高清网络摄像机)

总之,在上海全市联网、重点布控的视频监控网环境下,通过高清视频综合管理平台,对全市特别是"亚信峰会"会场周边区域进行了 24 小时不间断的实时监控,确保了会场周边安全,从而保证了"亚信峰会"的顺利召开。

2014 年 6 月,公安部重点研究计划项目《公安卡口整合应用平台》以及公安部应用创新计划项目《警用地理卡口布控及报警系统》在山西省太原市通过验收评审,支撑这两个项目的太原市公安卡口视频监控系统和基于警用地理信息系统(PGIS)卡口布控及报警系统的建设,以点、线、面的多重布局结构,不仅实现了监控摄像机的联网,还通过庞大的数据库将所有车辆关联信息整合于一个平台。正是通过该系统提供的重要线索,太原警方成功地侦破了发生在该辖区内的多起重案要案。

二、智慧城市建设

国家住建部于 2012 年 11 月 22 日发布了《住房城乡建设部办公厅关于开展国家智慧城市试点工作的通知》(建办科【2012】42 号),同时印发《国家智慧城市试点暂行管理办法》和《国家智慧城市(区、镇)试点指标体系(试行)》,标志着中国智慧城市建设工作正式开始启动。然而,在《国家智慧城市(区、镇)试点指标体系(试行)》列出的 4 项一级指标、11 项二级指标和 57 项三级指标中,动辄投资数千万乃至数亿、数十亿元的平安城市建设仅仅是该指标体系中城市公共安全体系智慧化建设——"智慧安全"这一第三级指标中的一部分,与城市食品安全、药品安全建设处于同一层面。如此说来,城市公共安全体系智慧化建设相对于智慧城市建设来说似乎只是其中很小的一部分,因为偌大的系统中还包括"智能交通"、"智慧能源"、"智慧环保"、"智慧物流"、"智慧社区"、"智能家居"、"智能金融"、"智慧水务"以及"智慧旅游"等诸多部分。然而事实上,智慧城市建设的诸多方面却又都离不开网络视频监控系统的支撑。从另一个角度说,以视频感知为主的平安城市一定是智慧城市建设的必要条件,因为没有和谐稳定的社会治安环境,智慧城市也就失去了意义。

在 2014 年初的第二届智慧城市年会上,以"智慧旅游"开启智慧城市建设的桂林市旅游景区视频监控"天眼"工程获得了"2014 中国智慧城市创新奖",这也是在全国 11 个获奖项目中唯一一归属于旅游业的获奖项目。然而具体来看,该项目的建设内容其实是在桂林市区及周边县城旅游景区安装了联网的共享视频监控系统,借助这些景区的"天眼",市旅游管理部门可以在第一时间通过监控画面来监测景区实时的人流和车辆状况,做好沟通协调服务工作,并能准确核实游客投诉情况,从而有效地提升了桂林旅游服务的质量。

三、高清化与智能化是网络视频监控系统的发展方向

随着网络视频监控技术、产品与市场的不断发展,能使监控现场图像高清晰显示(也即高清化)已是必然趋势;而面对海量视频资源,如何快速准确地查找出案发现场图像,甚至如何能根据对监控画面中运动目标的异常行为分析而发出预警信号也成为业界人士关注的重点。为此,安防业界对智能视频分析相关技术进行了深入的研究,有关厂商相继推出了"智能化程度不同"的各类安防产品,全国安全防范报警系统标准化技术委员会则适时地组织业界人士开始制定智能视频分析设备有关标准,至 2013 年 12 月 17 日,国家标准《安防监控视频实时智能分析设备技术要求》(GB/T 30147-2013)正式发布,并于 2014 年 8 月 1 日起开始实施。

思考与研讨题

1.网络视频监控的两种不同含义是什么?

2.网络视频监控的相关标准有哪些?

3.视频监控网与物联网的关系如何?

4.网络视频监控在平安城市建设中的作用如何?

5.网络视频监控的发展方向如何?

第二章 视频监控网的构成

■ 本章要点：

网络基本结构

网络传输与交换设备

基于网络的视频监控系统

网络视频监控系统的实现需要一定的网络基础环境，只有构建合理的网络架构（Network Architecture），才能保证基本的网络性能，使数字化的安防监控视频信号能够在网络上流畅地传输。

■ 背景延伸

★ 1970 年，美国加州大学洛杉矶分校网络工作小组的 S.克罗克及其小组着手制定了最初的计算机主机对主机的通信协议——网络控制协议（Network Control Protocol，NCP），随后被用于美国高等研究计划署网络（Advanced Research Projects Agency Network，ARPAnet），并能在局部网络条件下稳定地运行。然而随着 ARPAnet 用户的增多，NCP 逐渐暴露出该协议在主机定位和传输纠错等方面的不足，使得网络运行效率大打折扣。1973 年，R.卡恩和 V.瑟夫在 NCP 基础上开发了开放互联模型，使得网络协议之间的不同通过使用一个公用互联网络协议而隐藏起来，并且其可靠性不像 ARPAnet 那样由网络保证，而是由主机保证。至 1983 年 1 月 1 日，ARPAnet 完全转换到传输控制协议/网间协议（TCP/IP），1984 年，美国国防部将 TCP/IP 协议作为所有计算机网络的标准。

★ 随着计算机技术的不断发展，通信与信息处理之间的界限开始变得模糊，使得在制定计算机网络标准方面，国际电报与电话咨询委员会（CCITT）与国际标准化组织（ISO）针对共同关心的计算机联网问题达成了共识。1984 年，ISO 发布了著名的 ISO/IEC 7498 标准，定义了网络互联的 7 层框架，也就是开放式系统互联参考模型。1994 年 11 月，ISO/IEC 以及 ITU－T 进一步对 IEC7498 标准进行了修改补充及完善，形成了 ISO/IEC 7498－1（ITU－T Rec. X.200）。

第一节　网络基本结构

网络基本结构决定了网络视频监控系统的性能。在实际应用中,网络基本结构既可以指构成网络的拓扑结构,也可以指网络系统本身的层级结构(体系结构),还可以指网络传输协议的层级结构,

一、网络拓扑结构

网络拓扑是指网络的形状,或者说是网络在物理上的连通性。网络拓扑结构则是指用传输媒体互连各种设备的物理布局,也就是把网络中的计算机等设备物理连接起来的不同方式。

常见的网络拓扑结构有星型结构、环型结构、总线结构、分布式结构、树型结构、网状结构、蜂窝状结构等。

(一)星型拓扑结构

星型拓扑是一种根植于电话系统的古老的通信方法,星型拓扑结构是指各工作站以星型方式连接成网,如图 2-1 所示。网络有中央节点,其他节点(工作站、服务器)都与中央节点直接相连,这种结构以中央节点为中心,因此又称为集中式网络。

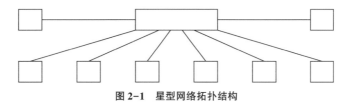

图 2-1　星型网络拓扑结构

星型拓扑结构便于集中控制,因为端用户之间的通信必须经过中心站。由于这一特点,也带来了易于维护和安全等优点,端用户设备因为故障而停机时不会影响其他端用户间的通信。同时,星型拓扑结构的网络延迟时间较小,传输误差较低。但是这种结构非常不利的一点是,中心系统必须具有极高的可靠性,因为中心系统一旦损坏,整个系统便趋于瘫痪。因此,中心系统通常采用双机热备份,以提高系统的可靠性。

星型拓扑结构的中央节点一般是集线器或交换机,系统中任何两个节点要进行通信都必须经过中央节点控制,因此,中央节点的主要功能有三项:当要求通信的站点发出通信请求后,控制器要检查中央转接站是否有空闲的通路,被叫设备是否空闲,从而决定是否能建立双方的物理连接;在两台设备通信过程中要维持这一通路;当通信完成或者不成功要求拆线时,中央转接站应能拆除上述通道。

星型网络是目前最广泛使用的网络拓扑结构。

(二)环型拓扑结构

环形结构在局域网(LAN)中使用较多。这
种结构中的传输媒体依次从一个端用户连接到
另一个端用户,直到将所有的端用户连成环型,
如图2-2所示。数据在环路中沿着一个方向在
各个节点间传输,信息从一个节点传到另一个节
点。这种结构显而易见消除了端用户通信时对
中心系统的依赖性。

环行结构的特点是:每个端用户都与两个相
邻的端用户相连,因而存在着点到点链路,但总
是以单向方式操作,于是便有上游端用户和下游
端用户之称;信息流在网中是沿着固定方向流动

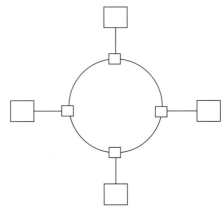

图2-2 环型网络拓扑结构

的,两个节点仅有一条道路,故简化了路径选择的控制;环路上各节点都是自举控制,故
控制软件简单;由于信息源在环路中是串行地穿过各个节点,当环中节点过多时,势必影
响信息传输速率,使网络的响应时间延长;环路是封闭的,不便于扩充;可靠性低,一个节
点故障,会造成全网瘫痪;维护难,对分支节点故障定位较难。

为了提高网络的安全性,保证网络的生存能力,产生了自愈环网的概念,即在网络出
现意外故障时能通过反方向的保护环来自动恢复网络传输能力(环网中任意两结点间可
有顺时针和逆时针两条通路连接,当A、B结点间断环导致从A结点到B结点的顺时针
方向传输受阻时,仍可通过逆时针方向的传输来保证A、B结点间的连通性)。

(三)总线型拓扑结构

总线型拓扑结构是指所有的节点共享一条公用的传输链路,也即主线电缆(Back-
bone),网络上的计算机或其他设备通过内置的网络适配器(即引出电缆)与主线电缆进
行连接,如图2-3所示。在连接点处还需要一种接入设备,所以一次只能由一个设备传
输,这就需要某种形式的访问控制策略来决定下一次哪一个站可以发送数据。

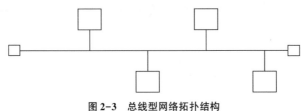

图2-3 总线型网络拓扑结构

总线上传输信息通常多以基带形式串行传递,每个节点上的网络接口板均具有收、
发功能,其中接收器负责接收总线上的串行信息并转换成并行信息送到PC工作站,而发

送器则是将并行信息转换成串行信息后广播发送到总线上。当总线上发送信息的目的地址与某节点的接口地址相符合时,该节点的接收器便可接收该信息。由于各个节点之间通过电缆直接连接,所以总线型拓扑结构中所需要的电缆长度是最小的,但总线只有一定的负载能力,因此总线长度又有一定限制,一条总线只能连接一定数量的节点。

总线结构中各工作站地位平等,无中央节点控制,公用总线上的信息多以基带形式串行传递,其传递方向总是从发送信息的节点开始向两端扩散,各节点在接收信息时都进行地址检查,看是否与自己的工作站地址相符,只有相符时才会接收网上的信息。

总线结构具有费用低、数据端用户入网灵活、站点或某个端用户失效不影响其他站点或端用户通信的优点。缺点是一次仅能一个端用户发送数据,其他端用户必须等到获得发送权时才能发送数据;媒体访问获取机制较复杂;维护难,分支节点故障查找难。由于布线要求简单,扩充容易,端用户失效、增删不影响全网工作,因此在局域网中使用较多。

(四)分布式网络拓扑结构

分布式结构的网络是将分布在不同地点的计算机通过线路互连起来的一种网络形式,其特点是:由于采用分散控制,即使整个网络中的某个局部出现故障,也不会影响全网的操作,因而具有很高的可靠性;网中的路径通过最短路径算法来选择,故网上延迟时间短,传输速率高,但控制复杂;各个节点间均可以直接建立数据链路,信息流程最短;便于全网范围内的资源共享。这种结构的缺点则是连接线路所用电缆长,造价高;网络管理软件复杂;报文分组交换、路径选择、流向控制复杂。因此在一般局域网中不采用这种结构。

(五)树型拓扑结构

树型结构是分级的集中控制式网络,与星型相比,它的通信线路总长度短,成本较低,节点易于扩充,寻找路径比较方便,但除了处于结构末端的叶节点及其相连的线路外,任一节点或其相连的线路故障都会使系统受到影响。

(六)网状拓扑结构

网状拓扑结构主要指各节点通过传输线相互连接起来,并且每一个节点至少与其他两个节点相连。网状拓扑结构具有较高的可靠性,但其结构复杂,实现起来费用较高,不易管理和维护,在局域网中少见。

(七)蜂窝式拓扑结构

蜂窝式拓扑结构是无线局域网中常用的结构。它是将多个由无线基站覆盖的正六边形的子区(形象地称为蜂窝)以无线传输介质(如微波、卫星、红外等)连接起来,实现点到点和多点的传输,从而形成一张大的无线网络,适用于城市网、校园网、企业网。

(八)混合型拓扑结构

混合型拓扑结构是指将两种以上的网络拓扑结构混合起来构成的复杂拓扑结构。通常这种结构由星型结构和总线型结构的网络结合在一起而形成,能满足较大网络的拓展,既解决了星形网络在传输距离上的局限,又解决了总线型网络在连接用户数量上的限制,同时兼顾了星型网与总线型网络的优点。

混合型网络拓扑结构主要用于较大型的局域网。例如,在同一栋楼层采用基于双绞线连接的星形结构;不同的楼层之间,既可采用星形连接,也可采用基于同轴电缆连接的总线型结构;而在楼与楼之间则必须采用总线型连接,且传输介质采用适合长距离传输的光缆。这种布线方式也是常见的综合布线方式。

二、网络层级结构

网络层级结构或体系结构通常是指网络采用的层次化架构。对于大中型网络应用系统,一般采用三层网络架构。三层网络架构设计是指网络有三个层次:核心层(网络的高速交换主干)、汇聚层(提供基于策略的连接)、接入层(将工作站接入网络)。三层网络结构将复杂的网络设计分成三个层次,每个层次着重于某些特定的功能,这样就能够使一个复杂的大问题变成许多简单的小问题。

(一)核心层

核心层是网络的高速交换主干,对整个网络的联通起着至关重要的作用。核心层具有如下几个特性:可靠性、高效性、冗余性、容错性、可管理性、适应性、低延时性等。在核心层,一般采用高带宽的千兆以上交换机。因为核心层是网络的枢纽中心,重要性突出。核心层设备采用双机冗余热备份是非常必要的,也可以使用负载均衡功能来改善网络性能。

(二)汇聚层

汇聚层是网络接入层和核心层的"中介",就是在工作站接入核心层前先做汇聚,以减轻核心层设备的负荷。汇聚层具有实施策略、安全、工作组接入、虚拟局域网(VLAN)之间的路由、源地址或目的地址过滤等多种功能。在汇聚层中,一般选用支持三层交换技术和 VLAN 的交换机,以达到网络隔离和分段的目的。

(三)接入层

接入层向本地网段提供工作站接入。在接入层中,减少同一网段的工作站数量,能够向工作组提供高速带宽。接入层可以选择不支持 VLAN 和三层交换技术的普通交换机。

三、网络传输协议的层级结构(参考模型)

网络传输协议的层级结构是指实现网络通信的参考模型。

(一)OSI 参考模型

OSI(Open System Interconnection)含义即开放系统①互联,是国际标准化组织(ISO)在 1984 年提出的网络互联模型,常称为 OSI 参考模型。

OSI 参考模型定义了通过图 2-4 所示的 7 个层来实现网络互联,并详细规定了每一层的功能,从而实现开放系统环境中的互联性、互操作性和应用的可移植性。

OSI 模型			
	数据单元	层	功能
主机层	Data(数据)	7.应用层	网络进程到应用程序。
		6.表示层	数据表示形式,加密和解密,把机器相关的数据转换成独立于机器的数据。
		5.会话层	主机间通讯,管理应用程序之间的会话。
	Segments(数据段)	4.传输层	在网络的各个节点之间可靠地分发数据包。
媒介	Packet/Datagram(数据包/报文)	3.网络层	在网络的各个节点之间进行地址分配、路由和(不一定可靠地)分发报文。
	Bit/Frame(数据帧)	2.数据链路层	一个可靠的点对点数据直链。
	Bit(比特)	1.物理层	一个(不一定可靠的)点对点数据直链。

图 2-4　OSI 参考模型的结构及各层功能

1.物理层

物理层定义了所有电子及物理设备的规范,它与某个单一设备与传输媒介之间的交互有关,因此特别定义了设备与物理媒介之间的关系,包括针脚、电压、线缆规范、集线器、中继器、网卡、主机适配器(在存储区域网络 SAN 中使用的主机适配器)以及其他设备的设计定义。

因为物理层传送的是原始的比特数据流,即设计的目的是为了保证当发送时的信号为二进制"1"时对方接收到的也是二进制"1",而不是二进制"0",因而就需要定义哪个设备有几个针脚,其中哪个针脚发送的多少电压代表二进制"1"或二进制"0",还有,如一个比特需要持续几微秒,传输信号是否在双向上同时进行,最初的连接如何创建和最终如何终止等问题。

由上可知,物理层的主要功能和提供的服务包括:

(1)在设备与传输媒介之间创建及终止联接。

(2)参与通讯过程,使得资源可以在共享的多用户中有效分配。例如,冲突解决机制

① 开放系统,指与外界环境有物质、能量和信息交换的系统。

和流量控制。

(3)对信号进行调制或转换,使用户设备中的数字信号定义能与信道上实际传送的数字信号相匹配。这些信号可以经由物理线缆(如铜缆和光缆)或是无线信道传送。

2.数据链路层

数据链路层用于管理物理层的比特数据,并且将正确的数据发送到没有传输错误的路线中。因此该层更多地关注于使用物理层规定的同一个通讯媒介的多个设备(至少两个设备)之间的互动。数据链路层负责创建并辨认数据开始以及退出的位置,同时予以标记;处理由于数据受损、丢失甚至重复传输导致的错误问题,使后续的层级不会受到影响,因此该层运行数据的调试、重传或修正,并决定设备何时进行传输。工作于该层的设备主要有桥接器(Bridge)和交换机(Switch)。

3.网络层

网络层的作用是决定如何将发送方的数据传到接收方,因此该层需要通过寻址来建立两个节点之间的连接,通过综合考虑网络拥塞程度、服务质量、发送优先权、每次路由的耗费来决定节点 X 到节点 Y 的最佳路径。我们熟知的路由器就工作在这一层,通过不断地接收与传送数据使网络相互联通。

4.传输层

传输层用于控制数据流量,并且进行调试及错误处理,以确保通信顺利。该层把消息分成若干个分组(Package),并在接收端对它们进行重组。不同的分组可以通过不同的连接传送到主机,这样既能获得较高的带宽,又不影响其上面的会话层。

在建立连接时传输层可以请求服务质量,该服务质量指定可接受的误码率、延迟量、安全性等参数,还可以实现基于端到端的流量控制[①]功能。发送端的传输层需要为分组加上序号,以方便接收端把分组重组为有用的数据或文件。

5.会话层

会话层用于为通信双方制定通信方式,并创建或注销会话(双方通信)。该层在两个节点之间为端系统的应用程序之间提供对话控制机制,如建立连接是以全双工还是以半双工的方式进行设置。如果在某一时刻只允许一个用户执行一项特定的操作,会话层协议就会管理这些操作,如阻止两个用户同时更新数据库中的同一组数据。

6.表示层

表示层能为不同的客户端提供数据和信息的语法转换内码,使系统能解读成正确的

---

① 用于控制端设备与计算机之间的数据流,防止因端设备和计算机之间通信处理速度的不匹配而引起数据丢失。通常的方法是,当发送或接收缓冲区开始溢出时,将阻塞信号发送回源地址,防止由于网络中瞬间的大量数据对网络带来的冲击,保证用户网络高效而稳定地运行。

数据。因此该层主要提供数据格式的交换,也能提供数据的压缩与解压、加密与解密。

7.应用层

应用层能与应用程序界面沟通,以达到展示给用户的目的。此层常见的协议有:HT-TP、HTTPS、FTP、TELNET、SSH、SMTP、POP3 等。

需要注意的是:OSI 是一个定义良好的协议规范集,并有许多可选部分完成类似的任务。它定义了开放系统的层次结构、层次之间的相互关系,以及各层所包括的可能的任务,作为一个框架来协调和组织各层所提供的服务。但是,OSI 参考模型并没有提供一个可以实现的方法,而仅是描述了一些概念,用来协调进程间通信标准的制定。因此,OSI 参考模型并不是一个标准,而是一个在制定标准时所使用的概念性框架。

(二)TCP/IP 参考模型

TCP/IP 参考模型是与 OSI 参考模型有类似结构的现行网络模型。在该模型中,所有的网络协议都被归类到 4 个抽象的层中,其中每一个抽象层都是建立在低一层提供的服务上,并且为高一层提供服务。由于 TCP/IP 的 4 个层与 OSI 的 7 个层有近似的对应关系(如图 2-5 所示),因此该模型也被视为简化的 OSI 模型,只不过 TCP/IP 对可靠性要求更高些。还有,OSI 模型是在协议开发前设计的,具有通用性,而 TCP/IP 是先有协议栈①然后建立模型,因此不适用于非 TCP/IP 网络;OSI 模型只是理论上的,并没有成熟的产品,而 TCP/IP 已成为实际上的"网络互联国际标准"。

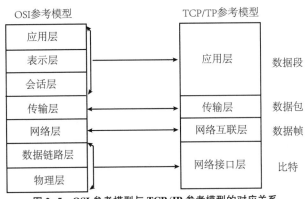

图 2-5　OSI 参考模型与 TCP/IP 参考模型的对应关系

1.网络接口层

网络接口层对应于 OSI 模型的物理层和数据链路层,严格意义上说,它并不是互联网协议组中的一部分,但它是数据包从一个设备的网络层传输到另外一个设备的网络层的方法。

---

① 完成一些特定的任务需要众多的协议协同工作,这些协议分布在参考模型的不同层中,因此称他们为一个协议栈。TCP/IP 参考模型即是为 TCP/IP 协议栈量身定制的参考模型。

2.网络互连层

网络互连层是整个 TCP/IP 协议栈的核心。它在 OSI 网络层的基础上增加了附加功能,即把分组(Package)从源网络发往目标网络或主机。同时,为了尽快地发送分组,允许这些分组沿不同的路径同时进行传递,分组到达的顺序和发送的顺序可能不同,需要上层对分组进行排序,因此在网络互联层定义了分组格式和协议,即 IP 协议(Internet Protocol)。

网络互联层除了需要完成路由的功能外,也可以完成将不同类型的网络(异构网)互联的任务。除此之外,该层还需要完成拥塞控制的功能。

3.传输层

传输层的功能是使源端主机和目标端主机上的对等实体可以进行会话,在传输层定义了两种服务质量不同的协议,即:传输控制协议 TCP(Transmission Control Protocol)和用户数据报协议 UDP(User Datagram Protocol)。

TCP 协议是一个面向连接的、可靠的协议,它将一台主机发出的字节流无差错地发往互联网上的其他主机。在发送端,它负责把上层传送下来的字节流分成报文段并传递给下层。在接收端,它负责把收到的报文进行重组后递交给上层。TCP 协议还要处理端到端的流量控制,以避免缓慢接收的接收方没有足够的缓冲区接收发送方发送的大量数据。

UDP 协议是一个不可靠的、无连接协议,主要适用于不需要对报文进行排序和流量控制的场合。UDP 的典型性应用是用于实时性比可靠性更重要的流媒体(如视频、音频等)的传输,或者如 DNS(Domain Name System,域名系统)查找这样的简单查询/响应应用。

4.应用层

TCP/IP 模型将 OSI 参考模型中的会话层、表示层、应用层的功能合并进来,包括了所有和应用程序协同工作、利用基础网络交换应用程序专用数据的协议,是大多数与网络相关的程序为了通过网络与其他程序通信而所使用的层。

如今,TCP/IP 协议栈已包括在绝大多数商业操作系统中。

第二节　网络传输与交换设备

网络视频监控系统一定是基于网络的,而网络的构成离不开网络传输与交换设备,由于这些设备的功能与性能的优劣直接影响到网络的性能,当然也就决定了视频监控系统的优劣。

一、集线器

集线器(Hub)的主要功能是对接收到的信号进行整形、放大后重发,以扩大网络的传输距离,同时把所有节点集中在以它为中心的节点上。图2-6示出了集线器工作连接图。

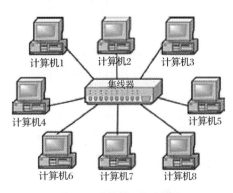

图2-6 集线器工作连接图

集线器工作于OSI参考模型的物理层,与网卡、网线等传输介质一样,属于局域网中的基础设备,它的每个接口简单地收发比特,收到"1"就转发"1",收到"0"就转发"0",不进行碰撞检测,也不进行编码,并且它在进行数据发送时,只是简单地把数据包直接发送到与其相连的所有节点,简单明了。但是集线器采用了载波帧听多路访问/冲突检测(CSMA/CD)协议,而CSMA/CD为OSI数据链路层中介质访问控制子层(MAC)协议,因此集线器也含有部分数据链路层的内容。

集线器是一个多端口的转发器,当网络中某条线路发生故障时,并不影响其他线路的工作,因此在局域网中得到广泛的应用,通常用在星型与树型网络拓扑结构中,以RJ-45接口与各主机相连。

二、交换机

交换机(Switch)是一种用于电信号转发的网络设备。它可以为接入交换机的任意两个网络节点提供独享的电信号通路。

根据工作位置的不同,交换机可以分为广域网交换机和局域网交换机。广域网交换机工作于OSI参考模型的数据链路层,是一种在通信系统中完成信息交换功能的设备。交换机有多个端口,每个端口都具有桥接功能,可以连接一个局域网或一台高性能服务器或工作站,因此交换机有时也被称为多端口网桥。

在计算机网络系统中,交换概念的提出改进了集线器共享工作的模式,因为集线器属于物理层共享设备,它本身不能识别数据链路层的MAC[①] 地址和IP地址,当同一局域网内的A主机给B主机传输数据时,数据包在以集线器为架构的网络上是以广播方式传输的,由每一台终端机通过验证数据报头的MAC地址来确定是否接收。也就是说,在这种工作方式下,同一时刻网络上只能传输一组数据帧的通讯,如果发生碰撞还得重试。因此,集线器是共享网络带宽,而交换机则可实现点到点独享带宽。

交换机拥有一条高带宽的背部总线和内部交换矩阵,其所有的端口都挂接在这条背

---

① MAC(Media Access Control):介质访问控制,OSI七层模型中数据链路层的子层。

部总线上,控制电路收到数据包以后,处理端口会查找内存中的地址对照表以确定目的
MAC 地址的网络设备的网络接口卡(NIC)挂接在哪个端口上,从而通过内部交换矩阵迅
速将数据包传送到目的端口,如果目的 MAC 不存在,则将数据广播到所有的端口。当有
接收端口回应时,交换机会"学习"新的 MAC 地址,并把它添加入内部 MAC 地址表中。
使用交换机还可以把网络"分段",通过对照 IP 地址表,交换机只允许必要的网络流量通
过交换机。这样,通过交换机的过滤和转发,可以有效地减少冲突域,但它不能划分网络
层广播,即广播域。

交换机在同一时刻可进行多个端口对之间的数据传输,每一个端口都可视为独立的
物理网段(非 IP 网段),连接在其上的网络设备独自享有全部的带宽,无须同其他设备竞
争使用。当节点 A 向节点 D 发送数据时,节点 B 可同时向节点 C 发送数据,而且这两个
传输都享有网络的全部带宽,都有着自己的虚拟连接。假定此时使用的是 10Mbit/s 的以
太网交换机,那么该交换机此时的总流通量就等于 2 × 10Mbit/s = 20Mbit/s,而使用
10Mbit/s 的共享式集线器时,该集线器的总流通量则不会超出 10Mbpt/s。

由上可见,交换机是一种基于 MAC 地址识别,能完成封装转发数据帧功能的网络设
备。交换机可以"学习"MAC 地址,并把其存放在内部地址表中,通过在数据帧的始发者
和目标接收者之间建立临时的交换路径,使数据帧直接由源地址到达目的地址。

交换机的传输模式有全双工、半双工、全双工/半双工自适应等几种模式,其中全双
工是指交换机在发送数据的同时也能够接收数据,也即发/收可同步进行,这种工作模式
迟延小、速度快。随着技术的不断进步,当今的交换机已几乎全部支持全双工工作模式。

三、路由器

路由器(Router)又称网关设备(Gateway),用于连接多个逻辑上分开的网络,所谓逻
辑网络是代表一个单独的网络或者一个子网。当数据从一个子网传输到另一个子网时,
可通过路由器的路由功能来完成。因此,路由器具有判断网络地址和选择 IP 路径的功
能,它能在多网络互联环境中建立灵活的连接,可用完全不同的数据分组和介质访问方
法连接各种子网,路由器只接受源站或其他路由器的信息,属于 OSI 参考模型中网络层
的一种互联设备。

第三节　基于网络的视频监控系统

传统的视频监控系统又称闭路电视监控系统(CCTV)。在该系统中,由模拟摄像机
输出的视频信号①经由同轴电缆传输到监控中心的矩阵切换/控制主机,监控系统中由前

---

① 标准的视频信号即模拟复合视频信号(Composite signal),又称为 CVBS 信号,在 75Ω 负载上具有 1Vpp 的幅度,其
中视频信号部分占 0.7V,同步头占 0.3V。

端监听传感器①向中心端传输的音频信号以及由中心端向前端设备传输的云台及镜头控制信号②则通过两芯或多芯电缆进行传输。当传输距离较长时,往往还需要将系统中的所有电信号通过光端机转换为光信号,并经由光缆进行传输。图2-7给出了传统模拟电视监控系统的构成。

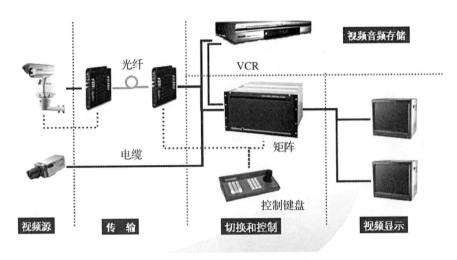

图 2-7 传统模拟电视监控系统的构成

由于模拟电视监控系统的信号传输体系是由同轴电缆(包括双绞线或光缆等)构成,从某种意义上说,是模拟信号的传输网络,因此,随着计算机网络技术的发展,有人将模拟电视监控系统中的模拟信号进行了数字化处理,并按照网络传输协议进行封包,从而实现将视频信号与控制信号经由计算机网络传输的目的,形成基于计算机网络的视频监控系统。

一、基于局域网的视频监控系统

(一)局域网的组成

局域网(LAN,Local Area Network)是在局部区域内建立的计算机网络,是最常见且应用最广的基本网络。随着计算机网络技术的发展和普及,几乎所有单位都建有自己的局域网,甚至有些家庭也都建立了自己的小型局域网。

局域网由网络硬件和网络软件两大部分组成,其中网络硬件包括服务器(如文件服务器、打印服务器、数据库服务器等)、工作站(也称为客户机,即普通的个人计算机或工控机等)、传输介质(如同轴电缆、双绞线、光缆或者电磁波、激光等)和网络连接部件(如网卡、中继器、集线器以及交换机等);网络软件包括网络操作系统、控制信息传输的网络

---

① 简称监听头,有外置于摄像机可独立应用的专门产品,也有内置于摄像机中从而与摄像机组合应用的产品。

② 常称为PTZ(Pan/Tilt and Zoom)控制信号,用于控制云台的上下、左右运动以及镜头的变焦距操作等。

协议及相应的协议软件以及网络应用软件等。局域网常见的拓扑结构有总线型、环型、星型或是几种结构的混合型,其特点是组建方便、使用灵活。图2-8和图2-9分别为两种不同形式的局域网的组成。

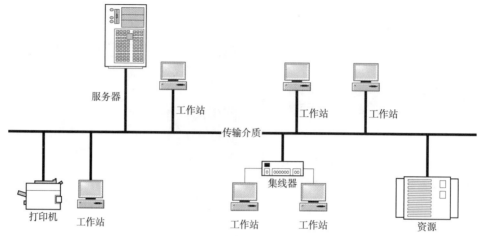

图2-8 一种总线型与星型混合的局域网的组成

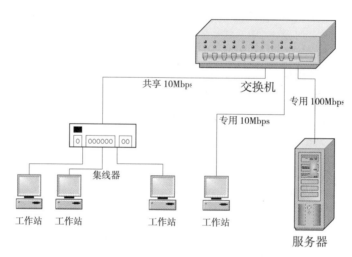

图2-9 一种基于以太网交换机的星型局域网的组成

局域网在计算机数量的配置上并没有太多的限制,少的可以只有两台,多的则可达几百台。一般企业局域网中的计算机数量通常在几十到两百台左右。而网络所涉及的地理距离一般为几米至几公里。

随着信息化技术的发展,很多局域网都可以连接到广域网或者公用网上,使得局域网用户可以方便地使用由互联网服务商(ISP)提供的许多资源。

(二)初期的网络视频监控系统

随着局域网的快速普及,上世纪90年代中期即出现了基于局域网的视频监控系统,但是由于当时的数字视频压缩处理技术不够成熟,数字视频因其巨大的数据量还不足以在网络环境下传输,因此这种系统只是部分地实现了网络传输,也即只是将安防监控系统中视频信号以外的其他信号进行数字化并经 TCP/IP 封包后经由网络传输,而系统中的模拟视频信号仍是通过同轴电缆直接向监控中心的多媒体系统主机进行传输,通过系统主机内置的视频采集卡才可将模拟视频信号进行数字化处理,实现视频图像的显示及存储。不过,多媒体监控系统主机的出现对传统电视监控系统来说已经是一场革命。

至上世纪 90 年代末期,数字视频压缩编码技术有了一定的进展,M-JPEG 及 MPEG-1视频压缩编码技术开始应用到视频监控领域,至此,传统模拟电视监控系统中的所有模拟信号(视频、音频以及控制信号等)都可以转换为数字信号,再经数字音视频压缩编码以及 TCP/IP 封包后进入计算机局域网内传输。然而,在网络摄像机(IP Camera)问世前,安防监控系统中的摄像机仍然是模拟的,需通过工控机或普通计算机内置的视频采集/压缩编码卡处理,才能通过计算机网络进行传输,因此,这种网络视频监控系统实际上是以计算机为核心并借助计算机而实现的。图 2-10 给出了这种网络视频监控系统的构成,与图 2-7 所示的模拟电视监控系统相比,这种基于网络的视频监控系统仍然采用的是“前端→传输→中心控制端”的总体结构,其本地信号传输方式不变,只是通过计算机实现了联网及远程视频监控,其中远程监控需首先通过 MODEM 拨号联通网络。

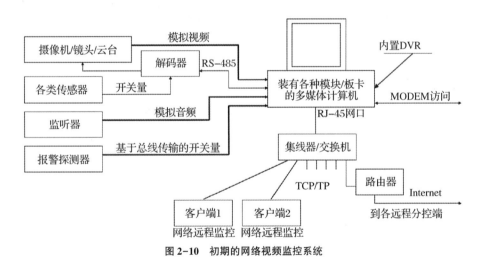

图 2-10　初期的网络视频监控系统

(三)基于局域网的视频监控系统

随着嵌入式技术、数字信号处理技术以及大规模集成电路技术的发展,使得数字视频处理高度地集成化,因而有厂家研制出基于嵌入式处理器、数字信号处理器(DSP)或专用集成电路(ASIC)的网络摄像机/网络视频编码器(NVC, Network Video Coder),将视频数字化压缩编码处理以及 TCP/IP 封包过程都集成在网络摄像机/网络视频编码器内,网络摄像机/网络视频编码器自身即具备了网络接入能力,成为独立的网络设备。图

2-11给出了由网络摄像机/网络视频编码器构成的视频监控网。

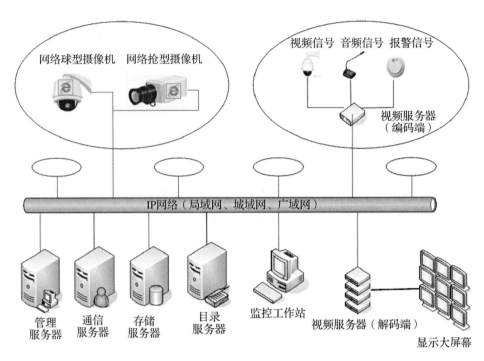

图 2-11　由网络摄像机/网络视频编码器构成的视频监控网

二、基于广域网的视频监控系统

广域网(WAN,Wide Area Network)也称远程网,所覆盖的范围从几十公里到几千公里,能连接多个城市或国家,甚至横跨几个洲并能提供远距离通信,从而形成国际性的远程网络。

需要说明的是,联网系统中还有一种规模介于局域网和广域网之间的城域网(MAN,Metropolitan Area Network),它是以城市地域作为基本网络覆盖范围,采用 ATM[①] 技术做骨干,通过光纤将城市中的多个 LAN 连接起来。而广域网比城域网的规模还要大,可以认为是将多个 MAN 以及更多的 LAN 连接在一起的超大型网络。我国平安城市建设中的视频监控联网系统即是基于广域网建设的超大型联网系统。

广域网可看成是由网络通信和资源共享两大子网组成,其中通信子网主要使用分组交换技术,可以利用公用分组交换网、卫星通信网和无线分组交换网,通过结点交换机等设备及其运行的软件将分布在不同地区的局域网或计算机系统互联起来,从而达到资源

———————————

① ATM:异步传输模式。一个用于数据、语音、视频以及多媒体应用程序的高速网络传输方法,包括接口与协议,其中该协议能够在一个常规的传输信道上在比特率不变及变化的通信量之间进行切换。ATM 包括硬件、软件以及与 ATM 协议标准一致的介质,提供了一个可伸缩的主干基础设施,能适应不同规模、速度以及寻址技术。

共享的目的,而能够使不同的 MAN、LAN 以及异种类型计算机互联的关键因素就是 ISO 的 OSI 参考模型以及基于该模型的协议准则;广域网的资源子网则是网络中实现资源共享功能的设备及其软件的集合。

　　由于网络传输距离远,信息衰减比较严重,因此广域网通常是通过租用专线来实现的,通过接口信息处理协议(IMP)和线路连接起来,构成网状结构,解决循径问题。

　　WAN 不仅在地域上超越了城市、省界、国界、洲界而形成世界范围的计算机互联网络,而且在各种远程通信手段上也有了许多大的变化,如除了原有的电话网外,还有分组数据交换网、数字数据网、帧中继网以及集话音、图像、数据等为一体的 ISDN 网、数字卫星网 VSAT(Very Small Aperture Terminal) 和无线分组数据通信网等;同时 WAN 在技术上也有许多突破,如互联设备的快速发展,多路复用技术和交换技术的发展,特别是 ATM 交换技术的日臻成熟,为广域网解决传输带宽这一瓶颈问题展现了美好的前景。

思考与研讨题

　　1.网络拓扑结构有哪几种?

　　2.什么是网络层级结构?

　　3.什么是网络参考模型? 主要有哪几种?

　　4.网络传输与交换设备主要有哪些?

　　5.局域网与广域网的主要区别是什么?

　　6.基于网络的视频监控系统的架构如何?

延伸阅读

　　百度百科。

　　维基百科。

　　互动百科。

　　佟晓筠、杨书华:《计算机网络实用技术》,机械工业出版社 2004 年版。

第三章　网络视频监控系统的前端设备

■ **本章要点：**

网络摄像机

网络视频编码器

前端辅助设备与辅助接口

网络视频监控系统的前端设备主要是指视频采集设备,既可以是自身具有网络接口的独立式网络摄像机[①],也可以是非网络型的普通模拟摄像机或数字摄像机配接网络视频编码器[②]的组合体,用于采集监控现场的实时图像,并经由 TCP/IP 网络进行传输。球形摄像机(简称球机)本身可以实现全方位的旋转以及镜头变焦等动作,但枪式摄像机(简称枪机)需另外配接全方位云台及电动变焦镜头才能实现旋转及变焦动作,因此与枪机配合使用的云台、电动变焦镜头以及保护摄像机的防护罩等辅助设备(甚至包括红外灯、LED 补光灯等)也归属于前端设备。对于需要采集现场声音的应用场合,前端设备还包括摄像机内置或独立外置的监听头;而对于区域入侵或周界入侵防范之类的应用场合,前端设备还可能包括不同类型的入侵报警探测器(报警信号可通过网络摄像机的 I/O口接入摄像机,并与音视频信号一起打包经网络传输)。

全方位摄像机的镜头及云台都是可控的,有些摄像机(无论是网络摄像机还是非网络摄像机)甚至还内嵌了对所采集的视频图像进行智能分析的功能,可根据视频图像的内容检测出异常情况并发出报警信息(属于摄像机内置报警信息),因此视频监控网在传送视频数据的同时,还会传送云台/镜头的控制指令、报警信息以及各类其他网络信令,这就要求网络摄像机、网络视频编码器或其他辅助设备一般还应具有不同性质的各类辅助接口。

---

① 在安防视频监控领域,网络摄像机常简称为 IP(Internet Protocol)摄像机或 IPC,或直接写为 IP Camera。

② 网络视频编码器(Network Video Encoder),也称网络视频服务器(Network Video Server)或数字视频服务器(Digital Video Server),简写为 NVS 或 DVS。

背景延伸

★ 1996年,瑞典安讯士网络通信公司(Axis Communications)推出业界首款网络摄像机。

★ 为规范网络视频监控系统的前端设备,2013年12月20日,公安部同时发布两项有关网络视频监控系统前端设备的国家公共安全行业标准《安全防范视频监控摄像机通用技术要求》(GA/T1127-2013)和《安全防范视频监控高清晰度摄像机测量方法》(GA/T1128-2013),于2014年1月1日起实施。

★ 2013年,全国安全防范报警系统标准化技术委员会(SAC/TC100)对国家公共安全行业标准《视频安防监控系统 变速球形型摄像机》(GA/T645-2006)进行了全面修订,于2014年9月9日由公安部发布了修订后的《安全防范监控变速球形摄像机》(GA/T645-2014),于2014年12月1日起实施。

★ 2015年1月,公安部发布国家公共安全行业标准《安全防范监控网络音视频编解码设备》(GA/T 1216-2015),于2015年3月1日起实施。

第一节 网络摄像机

摄像机是视频监控系统中采集监控现场图像的关键设备,其中网络摄像机具有自己的IP地址和网络接口,可直接接入视频监控网;非网络摄像机无网络接口,需经过具有网络接口的嵌入式网络视频编码器接入视频监控网。

由于网络摄像机除了普通摄像机的基本功能外,其本身还具有网络设备的通用属性,因此在国家公共安全行业标准《安全防范视频监控摄像机通用技术要求》(GA/T1127-2013)中,专门对网络摄像机规定了若干与网络设备相关的附加功能要求,如主动注册、时钟同步、网络远程音视频参数调节、断线(断网)自动重连、设备固件在线升级、配置参数保存与获取、双(多)码流输出、元数据以及传输、交换、控制等。

需要注意的是,网络摄像机不同于用于网上视频聊天的Web Camera(俗称网眼),因为此类"网眼"摄像机不能独立联网工作,必须通过USB或者IEEE1394端口与个人计算机(PC)连接,或直接由PC内置,再通过PC安装的驱动模块和专用软件,才能实现网络视频传输。

关键术语

网络摄像机:特指具有RJ-45网络接口或内置无线网络模块,有自己独立的IP地址,可直接接入有线或无线网络并基于TCP/IP网络协议传输数字化视频流的安防监控用摄像机。

图像传感器:能够将成像靶面上的光图像转换成电信号的面阵形光电转换器件。

一、图像传感器

图像传感器是摄像机的核心部件,无论是非网络摄像机还是网络摄像机,都需要在摄像机光学镜头后的成像面位置放置图像传感器,使监视现场的景物能够在图像传感器的靶面上成像,并从传感器输出反映监视现场图像内容的实时电信号,这个电信号经摄像机内部其他部分电路的处理后,才能形成标准的视频信号或可在网络上传输的视频流。

最早的摄像机采用的是不同结构的摄像管器件成像。自上世纪 70 年代美国贝尔实验室发明 CCD 固态摄像器件后,监控摄像机开始采用 CCD 图像传感器,它具有分辨率高、灵敏度高、信噪比高、动态范围宽等诸多优点,但由于生产工艺要求高,因此成本也高。近年来,CMOS 图像传感器的主要技术指标已经接近甚至超过 CCD 图像传感器,而其体积小、集成度高、功耗低、成本低,特别是,它还可以方便地将 A/D 转换和 DSP(数字信号处理)等多个功能模块集成于传感器自身的单个芯片中,因此 CMOS 图像传感器已越来越多地应用于网络视频监控摄像机中。

(一)CCD 图像传感器

CCD(Charge Coupled Device)称为电荷耦合器件,其最基本的成像单元是由金属电极、氯化物隔离层和半导体衬底构成的组合体,而由于金属电极与半导体衬底刚好形成一个小的平板电容器,因此该成像单元也称为金属氯化物半导体(Metal Oxide Semiconductor)电容器,简称 MOS 电容器。

通常 4~8 个 MOS 电容器构成一个组合单元(阵列),并引出各自的电极连接到不同的时钟线上,从而构成 CCD 的主体;再加上输入二极管(ID)、输入栅(IG)、输出栅(OG)、输出二极管(OD),共同组成了电荷的输入输出机构。为了增加电荷浓度,通常还要在 CCD 有源区的周围注入过量的三价或五价元素。当有光照射到 CCD 阵列时,阵列中的各 MOS 单元就会产生大量的电子—空穴对,并分列于各 MOS 电容器的等效极板上。这些根据光照强度变化而成比例地产生的电荷还会在时钟脉冲驱动下逐级耦合(即电荷在各 MOS 电容器之间进行转移),并从单元上的输出二极管输出,形成反映光照强度的电信号。图 3-1 为三相二位 N 沟道 CCD 简图。

数以十万计、百万计甚至千万计的 MOS 电容器纵横排列在一起,即构成图像传感器。图 3-2 是面阵 CCD 图像传感器的外观,其中心部分即是 CCD 的感光靶面。

(二)CMOS 图像传感器

CMOS(Complementary Metal-Oxide-Semiconductor,互补型金属氧化物半导体)集成电路的输出结构由一个 N 型 MOSFEF(MOS 场效应晶体管)和一个 P 型 MOSFET 串联而成。因为 N 型 MOSFET 和 P 型 MOSFET 是相互补偿的,所以这种半导体被称为互补型

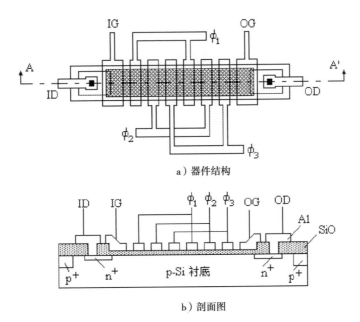

a）器件结构

b）剖面图

图 3-1 三相二位 N 沟道 CCD 简图

MOS——CMOS。

CMOS 图像传感器能将所有辅助电路集成到同一芯片上，因为这些电路都是以相同的技术实施的。因此，它不需使用外部电路。另外，CMOS 还具有优异的节电性能，其电源电压仅为 3.3V。

就传感器读取来说，CMOS 提供了更多的可能性，因其具有与存储器一样的可自由寻址特性，因此 CMOS 图像传感器甚至可读出单独的像素，这就使得 CMOS 传感器在输出图像时可以实现基于像素的亮度或彩色校正。多种多样的图像亚取样

图 3-2 面阵 CCD 图像传感器的外观

（Sub-sampling）操作模式能够以较低的分辨率实现更高的图像速率，这是因为传感器工作带宽大体保持不变，而其窗口函数（Window function）还能大大加快对传感器阵列感光区域的读取速度。

图 3-3 是 CMOS 图像传感器的简略结构，其各个像素的读取分别受水平及垂直移位寄存器的控制。另外在 CMOS 传感器基板上还增加了相关双取样（Correlated Double Sampling，简称 CDS）模块和模数转换（Analog Digital Converter，简称 ADC）模块，使得整个传感器的功能更加完全，且结构更加紧凑，这一点是 CCD 传感器所无法比拟的。

图 3-3 中的 CDS 模块主要用于消除因像素自身原因产生的噪点，ADC 模块的作用则是输出反映各像素内容的数字信号，它既可有效防止模拟杂波信号的干扰，又便于后

接数字信号处理器(DSP)芯片。

在电路中,ADC 既可以是单一结构,也可以是多组结构(例如,对应于每一列像素都加一组 ADC)。通常单一 ADC 结构受其频宽(转换速率)的限制,不适合高分辨率图像传感器,而多组 ADC 结构则会因各个 ADC 产生的杂波电平不同而在图像画面上形成固定的竖条状干扰噪声(Fixed pattern noise)。当然,这种干扰也可以由第二个类似 CDS 的电路以模拟或数字方式加以拟制。

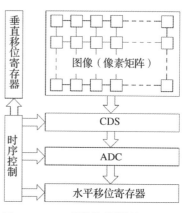

图 3-3 CMOS 图像传感器的简略结构

二、网络摄像机的构成

简单地说,网络摄像机相当于普通摄像机内置了网络接口卡或无线网络模块,因此有自己独立的 IP 地址,它能够实时地采集监视现场的图像,并将图像信号经数字化处理以及网络封装后以流媒体形式通过 IP 网络进行传输,从而使授权用户能够通过基于 TCP/IP 的网络基础构架在本地或者远程地点实时观看、存储和管理来自该网络摄像机的图像资源。

网络摄像机一般具有 Web、FTP、email、报警管理、可编程以及多种智能功能。有些网络摄像机具有内嵌 SD 卡或自带微型 SD 卡槽(接口),可用于报警事件的记录或画面抓拍以及网络传输故障时的本地临时存储。还有些网络摄像机甚至直接在其内部嵌入智能视频分析软件,可以在检测到摄像机画面中出现特定监视目标或其他异常事件时及时发出报警信息,既可以启动自身的基于 SD 卡的本地现场录像、事件画面的高清抓拍,也可以通过摄像机的报警输出端口联动打开关联的射灯、高音警号等现场告警装置,还可以同时将具有报警事件的视频主动推送到指定的监控中心。

图 3-4 是网络摄像机的基本结构,它一般由摄像镜头、光学低通滤波器(OLPF)、带镶嵌式彩色滤色器阵列(CFA)的 CCD 或 CMOS 图像传感器、模拟预处理(包括可将传感器读出的图像信号分离成三种基色信号的彩色分离电路)、数字信号处理(DSP)及视频压缩编码、网络 TCP/IP 封装编码、RS-485 通信以及其他输入输出接口(I/O)电路等多个部分组成。有些网络摄像机还有内置麦克风以及相应的音频处理电路,可将数字处理

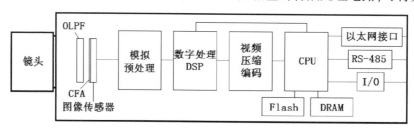

图 3-4 网络摄像机的基本结构

后的音频信号与视频信号一起传输。

光学低通滤波器的作用是滤除红外光,只使可见光在传感器靶面上成像,可有效提高摄像机的彩色成像质量。而对于日夜两用型摄像机,在夜晚或微光情况下,则可以自动移除滤光片,使图像传感器可以对近红外光感光,在无可见光情况下也可以输出黑白图像。

图 3-5 是 AXIS 公司的一款网络摄像机的外观及其接口①,其中具有以太网供电(PoE)功能的网络接口使网络摄像机不需额外的电源接口,而内存卡槽则用于本地录像存储。

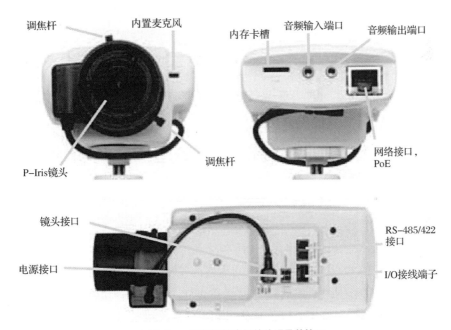

图 3-5 一款网络摄像机的外观及其接口

随着大规模集成电路技术的不断发展,很多数字处理功能可以集成在单一的芯片上,使得网络摄像机的电路结构变得更加简单。其中图像信号处理器 ISP(Image Signal Processor)即是近年来出现的一种特殊的 DSP,专门用于对传感器输出信号进行数字化处理并与后续 DSP 及视频压缩编码专用芯片对接。

以韩国 Nextchip 公司生产的 CMOS ISP 芯片 NVP2410 为例,该芯片可与 130 万或 200 万像素的 CMOS 图像传感器配合使用(已知可与 Panasonic 的 MN34031PL、Sony 的 IMX036LQR/LLR、Aptina 的 MT9P031、Omnivision 的 Ov2715 等多款 CMOS 图像传感器无缝连接),实现对高清或准高清视频图像的全实时处理,包括其独创的自然宽动态(N-WDR,Natural Wide Dynamic Range)、数字稳像(DIS,Digital Image Stabilization)、智能降噪

---

① 此图来自 AXIS 公司的《网络视频技术指南》一书。

（Smart NR，Motion-adaptive 2D/3D Noise Reduction）等处理，并可实现高分辨率数字变焦、画中画、电子 PTZ（Pan/Tilt/Zoom）、日夜转换、FRC、闪变检测（Flicker Detection）、坏点检测与补偿（Dead Pixel Compensation）、强光补偿/背光补偿（HLC/BLC）、隐私区域遮挡、运动检测、增强去雾等功能，可以输出符合国际标准 ITU-R-BT.656①、ITU-R-BT.1120② 以及 Y/C 分离的 16bits 数字视频或模拟复合视频，配合后续视频压缩编码及 TCP/IP 网络封包处理，即可输出符合国标 GB/T 28181 标准的网络视频流。图 3-6 为采用 NVP2410 芯片实现高清网络摄像机的应用示意。

图 3-6 采用 NVP2410 芯片实现高清网络摄像机的应用示意

从外形结构来看，网络摄像机与不同形式的普通摄像机一样，通常只是在机体上增加了 RJ-45 网络接口、RS-485 通信接口以及 I/O 接口等，因此网络摄像机也有枪机、一体机、球机、针孔机、全景机等种类③。

（一）枪机

枪机是安防监控摄像机的最早形态，其本身不含镜头，但是可以根据应用环境的需要，自由搭配具有 C 或 CS 接口④的各种不同规格的镜头。室内安装可加配防护罩，室外安装一般须加配全天候防护罩，有时还会另配补光灯。目前这种摄像机主要用在特殊领域和高端领域，中低端领域基本被红外一体机和半球摄像机给取代了。图 3-7 为一款配接了自动光圈镜头的网络枪机的外观。

（二）一体机

一体机通常是指内置变焦镜头的摄像机，且其镜头一般不可拆卸。因为它是将高倍率的小型变焦镜头直接固定在摄像机机身内部，因此结构更加紧凑，接通电源即可工作，

---

① ITU-R BT.656：Interfaces for digital component video signals in 525-line and 625-line television systems operating at the 4∶2∶2 level of Recommendation ITU-R BT.601.

② ITU-R BT.1120：Digital interfaces for 1125/60 and 1250/50 HDTV studio signals.

③ 在国家公共安全行业标准 GA/T 1127-2013 对于摄像机的分类中，按结构不同将摄像机分成枪式摄像机、半球形摄像机、变速球形摄像机、针孔摄像机等。

④ 安防监控摄像机与镜头之间的安装接口具有 C 及 CS 两种标准，记为 C-mount 或 CS-mount，其安装部位的口径是 25.4mm（1 in），为 32 牙螺纹座结构，其中 C 接口镜头从镜头的安装基准面到镜头成像面的距离是 17.526mm，CS 接口镜头从镜头的安装基准面到镜头成像面的距离是 12.5mm。大多数摄像机镜头接口为 CS 型，因此将 C 接口镜头安装到 CS 接口的摄像机时需增配一个 5mm 厚的接圈，而将 CS 镜头安装到 CS 接口的摄像机时就不需增配接圈。

图 3-7　配接了自动光圈镜头的枪机

具有网络供电(PoE)功能的网络摄像机只需连接一根网线即可实现摄像机供电以及网络视频传输,特别适合与小型球形云台及防护罩配合使用。图 3-8 为一款一体机的外观及其内部结构,由该图可见,变焦镜头占据了摄像机内部的大部分空间,图像传感器位于镜头的后面也即摄像机的后部。

图 3-8　一体机的外观及其内部结构

(三) 球机

从功能上看,球机是高度集成化的前端视频采集设备,它是将摄像机、变焦镜头、变速云台(含云台镜头控制信号解码器)、球形防护罩等所有功能部件集成于一体,并通过整体工艺设计,使这些部件相互配合,以单一设备的形式完美呈现。因其外形酷似一个球体(或准球体),因而被形象地称为球机。

球机起源于球形云台,虽然将一体机置于通用的球形云台中也可成为"球机",但因球罩内一般没有空间再容纳云台镜头控制信号解码器以及网络接口板等其他部件,因此这种球机与当今球机的概念并不完全一样。图 3-9 为早期球机的外形及其内部结构。

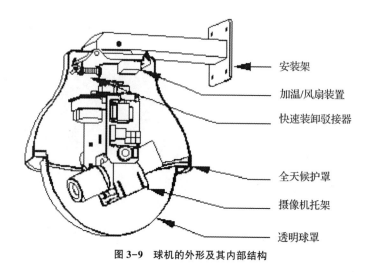

安装架

加温/风扇装置

快速装卸驳接器

全天候护罩

摄像机托架

透明球罩

图 3-9 球机的外形及其内部结构

球机的核心技术主要集中在一体化变倍机芯、精密步进电机以及高可靠的传输滑环等三大关键部件,它们决定了球机在快速跟踪目标时的定位精度以及巡航过程的平稳流畅性。

在网络视频监控系统的前端视频采集设备中,球机的技术集成度与复杂性最高,功能性能指标也最多,如预置位、定位精度、巡航路径、防抖性、高倍率光学变焦及电子变焦、自动聚焦、透雾性能、强光拟制性能、智能运动目标跟踪等[①]。一般来说,人性化的比例变倍功能可使球机的旋转速度能根据镜头的变倍倍数而自动调整,能实现高倍率、长焦距监控时的操作。

(四)针孔机

针孔摄像机原理上与其他类型的摄像机并无不同,其主要特点是摄像机的镜头采用微型针孔镜头,孔径仅为 1mm 左右,摄像机则多采用小型化的单板机结构,用于需要隐蔽监视的场合,通常置于室内固定物品的内部或天花板、屏风、墙壁的后部,如图 3-10 所示。然而对某些需要隐蔽监控且又对图像质量要求较高的场合,往往需要用高质量的枪机配装标准的 C 或 CS 接口的针孔镜头来实现。图 3-11 为一款具有 90°转角的针孔镜头的外观。

---

① 参见公安部于 2014 年 9 月 9 日发布的修订后的国家公共安全行业标准《安全防范监控变速球摄像机》(GA/T645 —2014)。

图3-10　针孔机的外观　　　　　　　　图3-11　具有90°转角的针孔镜头

(五)全景机

顾名思义,全景摄像机可以摄取监控现场的全景图像。从原理上说,全景摄像机有如下三种不同的实现方式:

第一,摄像机采用超广角镜头(通常是吊装或吸顶安装的高清晰度半球式一体机),可以得到镜头视场接近180°(覆盖效果相当于360°)但画面严重畸变的全景图像,如图3-12所示。配合相应的应用软件或管理平台内嵌的畸变校正模块,可以对全景画面中任意选定区域的图像或感兴趣目标进行畸变校正,得到正常显示的图像。

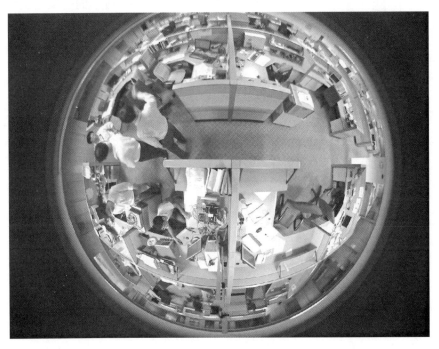

图3-12　全景摄像机图像

第二,单体机身内部封装多个摄像机(图像传感器),通过对各摄像机画面进行图像拼接而得到全景图像。目前主流产品的结构是把 4 个 200 万像素的高清摄像机模块以及视场角为 45°或者 90°的独立短焦镜头封装在统一的外壳中,如图 3-13 所示。其数字图像拼接处理与视频压缩等核心技术由单体机身内的 ISP 以及 DSP 芯片来实现。

图 3-13　单体机身内部封装多个摄像机实现全景图像输出

图 3-14　红外全景网络摄像机

第三,采用垂直方向的线阵或准线阵图像传感器以高速旋转的线扫描方式成像,可以得到一定高度但水平视场达 360°的超宽幅全景图像。图 3-14 所示的一款法国红外全景网络摄像机即是采用 4×288 像素的准线阵图像传感器,以每秒 1 周的旋转速度进行线扫描成像,因而可以输出每秒 1 帧但分辨率可达 40000×288 像素的 360°超宽幅全景图像(相当于 114 个 352×288 像素的 CIF 格式图像并排拼接在一起)。

事实上,由于显示屏幕宽度的限制,例如对于 1024×768 像素的计算机显示屏幕,上述超宽幅图像最大只能以 39∶1 的亚采样比率进行幅面压缩而充满屏幕宽度,因而在屏幕上只是显示出 1024×7 像素的一个图像条,然而在具有方位角坐标的应用软件界面上,对这个图像条中的任一感兴趣区域,都可以在标准的 CIF 窗口内无失真重现出来,或者经 1∶2 内插放大至标清 D1 窗口显示。不难想象,如果上述全景摄像机采用高度为 576 像素(或 720 像素,或 1080 像素)的线阵图像传感器,则输出图像的任一方位角窗口区域都可对应显示标清(或准高清,或高清)的无失真原始分辨率图像。

三、网络摄像机的工作原理

由前面图3-4可知,网络摄像机的基本工作过程是将在图像传感器靶面上的光学图像转换成电信号,经模拟预处理以及数字信号处理后形成数字分量视频信号,再经数字视频压缩编码以及网络TCP/IP封装后即可输出符合TCP/IP传输协议的网络视频流。

摄像机的视频信号处理部分主要包括预放、图像信号的钳位、黑白切割、压缩、补偿与校正、混消隐信号以及信号的放大处理等。其中预放是对图像传感器输出的微弱的电信号进行整形放大;钳位过程是为了恢复视频信号因RC交流耦合放大而失去的直流分量,还可以消除信号中的低频干扰;黑切割过程通过在信号中混入大幅度的负极性消隐脉冲再进行切割而将杂波与消隐脉冲一起切掉,以去除消隐期间的杂波并建立正确的黑电平;白切割过程通过切除某些白色信号而达到限制信号幅度目的,以防止后级放大器工作于饱和状态;γ校正电路用于补偿监视器在显示图像时,屏幕显示亮度与实际景物亮度呈现的非线性关系,使从摄像机端的"光—电"转换直到监视器端的"电—光"转换这一整个信号传输链路呈完美的线性关系;混消隐过程是根据电视标准在图像信号中混入标准消隐脉冲,以建立2%~5%的黑电平,把消隐电平与黑电平分开;视频放大电路则是将视频信号放大到一定的程度,用于后续的数字视频压缩编码以及网络封装。

一般来说,网络摄像机都有模拟复合视频信号输出的功能,主要用于在摄像机安装调试过程中对摄像机及镜头参数调整时能进行本地即时观看,否则,由于网络摄像机视频压缩编码延时和网络传输延时的累加,会使观看到的图像会与摄像机的调整过程不同步(例如调整镜头聚焦、变焦或光圈的过程,当看到满意的图像效果而结束调整动作时,随即会发现图像效果变差了,因为刚刚看到的满意图像是在数十甚至数百毫秒前的镜头参数下得到的)。随着技术的不断发展,越来越多的处理环节可由上述的专用数字信号处理电路DSP也即ISP芯片来实现。

为了使视频信号能够在TCP/IP网络中高效、高质量地传输,网络摄像机中的视频压缩编码部分是非常重要的。早期的网络摄像机只是实现了基于M-JPEG或MPEG-1的视频压缩编码,图像的时间/空间分辨率不高(帧率及有效像素数均不够高);如今的网络摄像机普遍采用了高效的H.264视频压缩编码算法,有些已经开始采用更高效的H.265(HEVC)编码算法;在安防监控领域,网络摄像机的压缩编码部分则要求采用国家标准GB/T 25724-2010规定的SVAC①压缩编码算法。

经压缩编码后的数字视频信号按TCP/IP协议进行封装编码,也即封装后的视频流在网络层支持IP协议,在传输层支持TCP和UDP协议,同时,视频流本身在IP网络上传

---

① SVAC全称为《安全防范监控数字音视频编解码技术要求》(GB/T 25724-2010),在着重考虑安防特点以及安防专用信息的基础上,编码质量与效率接近于H.264。2015年2月,SVAC 2.0标准的编制工作正式启动,编码质量与效率接近于H.265。

输时支持基于 UDP 的 RTP 传输,且 RTP 的负载应按视频的 PS[①] 或视频的 ES[②] 进行封装。在国标 GB/T 28181-2011[③] 中,明确要求音视频媒体流的传输应采用 RFC 3550[④] 规定的 RTP 协议,提供实时数据传输中的时间戳信息及各数据流的同步;并应采用 RFC 3550 规定的 RTCP 协议,为按序传输的数据包提供可靠保证,提供流量控制和拥塞控制。

四、网络摄像机的设置

与普通摄像机不同,网络摄像机在绝大多数情况下是在有线或无线网络环境下使用,因此在应用中需首先将摄像机接入网络并进行基本参数的配置,如网络摄像机的 IP 地址、子网掩码、端口号等网络参数。

在摄像机已接入网络后(通常可通过 PING 命令确认连通),即可通过 Internet Explorer 等通用浏览器配置网络摄像机的 IP 地址及 PPPoE 等参数,也可通过专用的客户端应用软件来配置网络摄像机的各项参数。在国际标准 IEC 62676-1-2[⑤] 和国家标准 GB/T 28181-2011 中,都有对于联网系统中新添置安防监控设备时自动发现设备以及设备注册等基本要求,因此对于满足国际、国家标准的安防视频监控设备,一旦将其接入网络,系统平台都会自动发现设备并提示操作者进行各类参数设置。在客户端通过主动连接指定 IP 地址的网络摄像机,也可以对其进行各种参数的设置。

当然,在联网状态下,通过 IP 地址访问选定的网络摄像机,还可以对其非网络参数进行设置,比如摄像机的宽动态、背光补偿、自动增益控制(AGC)等功能的开启或关闭,隐私区域遮挡的区域划定,球机或一体机的预置位参数的设置等。

五、网络摄像机的智能化

随着全国平安城市建设规模的不断扩大,公安天网工程、金盾工程等大型联网系统工程建设不断深入,使得联网视频监控系统中摄像机的数量几乎以几何级数之势迅猛增长;与此同时,全国以视频监控系统为主的智能交通系统的建设以及大量涉及视频监控技术在行业中应用的智慧城市建设进一步导致了各类联网图像资源的剧增。因此,如何在海量视频图像资源中快速发现可疑目标并实施自动跟踪就成了业界重点关注的问题。在这种形式下,有人开始研究在摄像机中植入视频分析功能,其基本思路是,只有该摄像机所监视的视频图像内容有异常事件时(如有人或车辆进入禁入区域、逆行、人流密度异

---

① PS:Program Stream,音视频编码的节目流。是指将连续传输的音视频数据流按一定的长度分段,构成具有特定结构和长度的一个个单元包来进行传输的媒体流。

② ES:Elementary Stream,音视频编码的基本流,是指对数字音视频信号通过帧内、帧间预测(包括运动估计及运动补偿)编码后形成的基本音视频数据流。

③ GB/T 28181-2011:《安全防范视频监控联网系统信息传输、交换、控制技术要求》。

④ IETF RFC 3550:RTP:A Transport Protocol for Real-Time Applications。

⑤ IEC 62676-2-1:Video surveillance systems for use in security applications-Part 2-1:Video transmission protocols - General requirements(《安防视频监控系统》第 2-1 部分"视频传输协议-通用要求")。

常增大、移走或遗弃物品等)才传输视频并进行记录,这样就可有效减少网络传输带宽及视频存储空间,而在实际传输及记录的视频流中,网络摄像机还可以将这些检测出的异常事件以元数据形式与视频流一起封装传输,为后端的视频检索及深入分析提供极大的方便。

2005 年,美国德克萨斯仪器公司(TI)针对视频分析处理推出了达芬奇(Da Vinci)系列 SoC(System on Chip)处理器,使得简单的视频分析处理能够集成在单一的 SoC 芯片内完成,此后,基于 DM365、DM6446、DM6467 等 SoC 芯片的网络摄像机以其简单的结构以及初级的智能视频分析功能而受到市场的青睐,而国内的华为海思公司也专门推出了针对网络摄像机的 ASIC(Application Specified Integrated Circuit)芯片,并在网络摄像机等设备中得到广泛使用。

2012 年 5 月,韩国科学技术研究院则研发出基于现场声音识别与自动定位的智能监控摄像机,它是在原有视频监控摄像机中加入了声音识别与定位的硬件结构域响应算法,在出现异常声音状况时能自动调整摄像机的视角,并通过网络传输采集异常图像。

近年来的很多网络摄像机都具备或多或少的智能视频分析功能,其中海康威视公司的几款网络摄像机已可实现 10 种行为侦测、4 种异常侦测、2 种特征识别和 1 种统计分析等多项智能视频分析功能,尽可能地满足了 2013 年 12 月 17 日发布的国家标准《安防监控视频实时智能分析设备技术要求》(GB/T 30147-2013)的基本要求。

在智能交通系统中,应用具有智能视频分析的网络摄像机,则可以实时判别车辆的违章情况,如闯红灯、超速、逆行、强行并线、停车压线等,并实现对违章车辆的自动抓拍。而通过车牌照识别、车型与车身颜色的识别,并与入库资料比对,还可以进一步甄别套牌车、肇事逃逸车等。另外,基于车牌识别的停车场自动收费系统的应用也已出现。

第二节　嵌入式网络视频编码器

嵌入式网络视频编码器也称嵌入式网络视频服务器(Embedded Network Video Server,简称 NVS)或数字视频服务器(Digital Video Server,简称 DVS),是实现视频压缩编码和网络编码的硬件实体设备,简称编码设备或编码器。一般情况下,网络视频编码器还会同时具有音频输入/输出接口以及音频压缩编码/解码功能,既可以与视频处理一样,同时对输入的音频信号进行处理,从而将压缩编码后的视、音频数据按照 TCP/IP 网络协议进行封包并经由网络传输,还可以对中心端传来的网络音频信号进行解包/解码还原,用于驱动本地扬声器发声;另外,网络视频编码器在进行音视频信号的处理与打包过程中,还可以同时附带对外接报警号的打包处理。

与网络摄像机不同,网络视频编码器一般不能单独使用,因为它需要通过模拟或数字摄像机来实现对监控现场图像信息的采集,因此从某种意义上说,它只是实现了网络摄像机后半部分的非摄像机功能,也即视频压缩编码以及 TCP/IP 封装等视频处理及网络接入功能。但这恰好使其可灵活搭配不同档次、不同类型、不同功能的摄像机来使用,甚至在同时接入多路摄像机的情况下,可实现在同一个 IP 地址下以不同的端口而同时实现多路网络视频流的传输。另外,在对原有模拟视频监控系统进行网络升级改造的过程中,原系统的模拟摄像机虽然不可直接联网,但却可通过网络视频编码器实现联网,因而在新系统的建设过程中,通过网络视频编码器即可将原有模拟摄像机接入网络,实现利旧的目的。

■ 关键术语

网络视频编码器:可实现对模拟音视频信号及/或数字视频信号(例如非压缩的 HD-SDI 数字视频信号)进行压缩编码并进行网络传输的设备。

一、网络视频编码器的构成

一般来说,网络视频编码器至少须有一个视频输入端口,用于接收由普通模拟摄像机或 HD-SDI 数字摄像机送来的视频信号,并通过其内部数字处理后输出符合 TCP/IP 传输协议的数字视频流到网络上。有些网络视频编码器还有音频输入/输出端口,其中音频输入端口用于将通过监听头采集的监视现场声音信号与同址视频信号一起打包传送,而音频输出端口则是输出从监控中心传来的反向声音(通常外接扩音扬声器),用于监视现场与监控中心管理或值班人员的双向对讲,或是监控中心值班人员向前端监视现场的非法入侵者喊话嚇止。网络视频编码器的报警、通信接口与前述的网络摄像机功能完全一样。另外,有些视频编码器还带有视频输出端口,用于在本地外接模拟监视器。在国家公共安全行业标准《安全防范监控网络音视频编解码设备》(GA/T 1216-2015)中,对网络视频编码器的功能性能提出了基本要求。图 3-15 为一款 4 路网络视频编码器的外观及接口。

网络视频编码器可以基于不同的体系架构,比如基于 DSP 或 ASIC 或 FPGA 等,有些则直接基于 PC 架构(mini-PC 主板配单路或多路视频编码卡,采用固态硬盘配嵌入式操作系统)。

二、网络视频编码器的原理

图 3-16 为网络视频编码器原理图,其中监控前端的模拟视、音频信号分别通过各自的 A/D 转换变为数字信号,经压缩编码及流媒体封装后通过 RJ-45 端口或无线网络模块接入网络;由中心端发送的声音则以同样的方式反送回前端的视频编码器,经视频编码器内的音频处理模块解码及 D/A 转换还原后从其音频输出端口输出;编码器外接的报

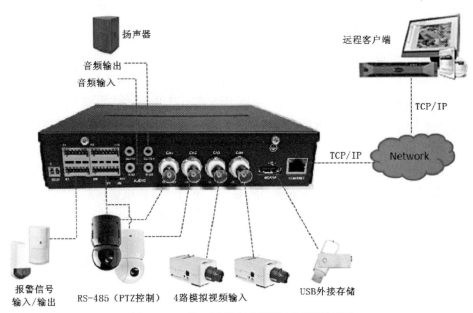

图 3-15　一款 4 路网络视频编码器的外观及接口

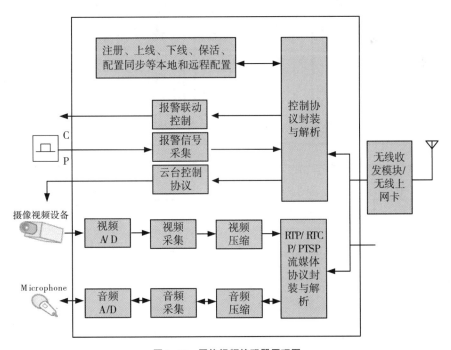

图 3-16　网络视频编码器原理图

警探测器发出的报警信号（开关量）按照一定的信令封装格式（如 RFC3428① 中定义的 MESSAGE）送入网络；而通过有线或无线网络传来的由中心管理平台或客户端发出的控

---

① RFC3428：Session Initiation Protocol（SIP）Extension for Instant Messaging，会话初始协议（SIP）即时消息扩展。

制指令则按照一定的信令封装格式(也是按照 RFC3428 中定义的 MESSAGE)经视频编码器内置的协议解析模块解析后,通过编码器的 RS-485 端口输出至前端枪式摄像机外置(或球机内置)的云台镜头解码器(PTZ 解码器),实现对前端设备的全方位控制。

　　目前,网络视频编码器多以模块化设计,大多选用了市场上主流芯片厂商(如美国 TI 公司和国内华为海思公司等)的一体化 SoC 芯片,并辅以相应的外围电路。以美国 TI 公司的 Davinci SoC 系列芯片 TMS320DM816x 为例,该芯片即是将高清多通道视频编码器的所有视频采集、压缩编码、显示输出以及控制功能等完美整合于单芯片上,高度集成了 ARM Cortex-A8 处理器、TI 的 C674x 数字信号处理器(DSP)内核、高清视频处理子系统以及综合视频编解码器(支持高清分辨率的 H.264、M-JPEG 等编码标准)。因此,采用单片 TMS320DM816x 即可同时实现每秒 25 帧的实时 16 路 D1 分辨率的 H.264 编码,并可同时实现 16 路 CIF 分辨率的 H.264 编码+16 路 D1 分辨率的 H.264 解码,另外该芯片内部集成了高达 1GHz 的 ARM Cortex-A8 CPU,可为视、音频应用提供强大的计算支持。图 3-17 示出了 TMS320DM816x 的功能框图。

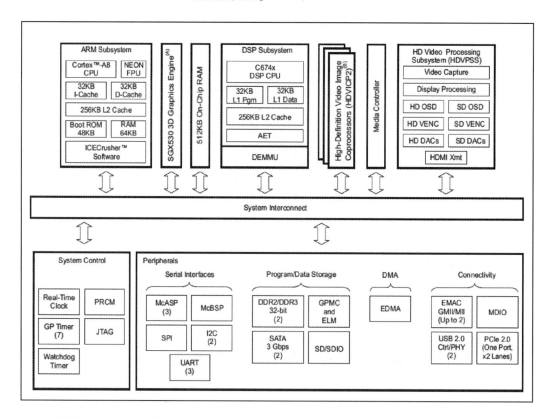

注 1:只有在 TMS320DM8168 和 TMS320DM8166 中配有 SGX530 3D 图形引擎。
注 2:在 TMS320DM8168 和 TMS320DM8167 中配有 3 个高清视频图像协处理器(HDVICP2);在 TMS320DM8166 和 TMS320DM8165 中配有 2 个高清视频图像处理器。

图 3-17　TMS320DM816x 的功能框图

网络视频编码器硬件平台可分为 7 个主要部分:主控 CPU(TMS320DM816x)模块、存储模块(内存存储器和 Nand Flash 存储器)、视/音频采集模块、以太网通信模块、高速总线及串口通信接口模块(SATA/ESATA、USB 及 RS232、RS485/RS422)、MISC 杂项模块(包括报警输入输出、E2PROM、温度传感器、RTC、看门狗、LED 状态灯、电源控制芯片等)、电源模块。

TMS320DM816x SoC 最主要的特点在于其多达 3 个高清视频图像协处理器(HDVICP2),其中每个协处理器都能够处理一路每秒 60 帧分辨率为 1920×1080 的 H.264 标准编码视频(或对其解码),或者同时处理多个较低分辨率或较低帧速率的编码/解码。另外,该协处理器还可以完成多通道 HD 至 HD 或 HD 至 SD 代码的转换以及多重编码。

视/音频数据的采集和 A/D 转换可以通过一片 TW2867 芯片来实现,该芯片可实现对 4 路 CVBS 格式①的模拟视频和 4 路音频的采集以及相应的 A/D 转换,并对 A/D 转换后的音频数据实现 G.711 格式的音频压缩编码,最后通过 ITU-R BT.656 总线和 I^2S 音频总线②将处理完成的视/音频数据分别传输给 DM816x 主芯片,另外,DM816x 主芯片还可通过 I^2C 总线对 TW2867 芯片完成芯片初始化、工作参数配置及工作状态监控。

在 DM816x 中还有一个 HD 视频处理子系统(HDVPSS),它有两个 165MHz 的 HD 视频采集通道,其中一个为16/24 位通道,另一个为 16 位通道,而这两个通道中的每一个通道都可拆分为两个 8 位采集通道,也即可有 4 个高达 165MHz 的 8 位采集通道。因此,对于 D1 格式的视频采集来说,单片 DM816x 至少可以扩展到 16 路。

在 DM816x 中有 3 个多通道音频串行端口(MCASP0,MCASP1 和 MCASP2),每个 MCASP 都兼容 I^2S 音频接口格式,例如,选用 MCASP2 和 TW2867 的 I^2S 音频输出端口相连,即可实现音频采集功能。

在 DM816x 中有 2 个 I^2C 总线控制器③(I^2C0 和 I^2C1),例如,将 I^2C1 控制器和 TW2867 的 I^2C 通讯总线相连,DM816x 为主设备,TW2867 为从设备,其地址为二进制 B′0101 000。通过总线,DM816x 即可实现对 TW2867 设备的控制、配置和状态监控。

在网络接口方面,DM816x 含有两个 10/100/1000 Mbit/s 以太网 MAC(EMAC)控制器(EMAC0 和 EMAC1),它有 MII 和 GMII 媒体独立接口,并且具有管理数据 I/O(MDIO)模块,所以外部只需要接以太网 PHY 芯片就可以实现以太网通讯功能。例如,当网络视

---

① CVBS:Composite Video Broadcast Signal,复合视频广播信号。还有 Composite Video Blanking and Sync,或 Color,Video,Blank and Sync,或 Composite Video Baseband Signal,或 Composite Video Burst Signal,或 Composite Video with Burst and Sync 等解释,其含意均指该信号是由视频、消隐、同步以及彩色同步等共同构成的复合基带视频信号。

② I^2S:Inter-IC Sound,是 PHILIPS 公司为数字音频设备之间的音频数据传输而制定的一种总线标准,该总线专责于音频设备之间的数据传输,广泛应用于各种多媒体系统。它采用了沿独立的导线传输时钟与数据信号的设计,通过将数据和时钟信号分离,避免了因时差诱发的失真。

③ I^2C:Inter-Integrated Circuit,是一种由 PHILIPS 公司开发的两线式串行总线,用于连接微控制器及其外围设备。I^2C 总线产生于上世纪 80 年代,最初为音频和视频设备开发,如今主要在服务器管理中使用,其中包括单个组件状态的通信。

频编码器只需要 1 路 10/100/1000 Mbit/s 的以太网接口时,即可选用 EMAC0 为 EMAC 控制器,选用 VSC8641 芯片为外部扩展 PHY[①] 芯片。VSC8641 芯片通过 GMII 接口和 DM816x 主控芯片相连。DM816x 主控芯片通过 MDIO 接口实现对 VSC8641 寄存器的配置及控制,其他握手信号依次连接,通过上拉下拉电阻对 VSC8641 进行适当的配置(设置 PHY 地址等),VSC8641 在上电初导入这些配置信息,并进行相应的工作。在 VSC8641 的时钟接口外接一个 25 MHz 晶体,作为 VSC8641 的时钟源。VSC8641 外接网络变压器,进行信号隔离,通过 RJ45 连接到网络。

在网络视频编码器底层软件方面,可采用 Linux、VxWorks、QNX 等常用的嵌入式 RTOS 操作系统,通过厂家提供的专用 SDK 或类似 U-Boot 类开源 BootLoader[②] 加载 RTOS 内核(如 Linux),然后转入 C 运行环境,实现视频编码器的嵌入式应用。

三、网络视频编码器的设置

网络视频编码器的设置基本上与网络摄像机的设置内容相同,只是对于多路编码器来说,还涉及接入摄像机的数量以及端口号的设置。另外,作为独立的前端联网设备,网络视频编码器承担着将非网络摄像机接入网络以及通过网络对摄像机外围设备的控制任务,因此其接口类型与数量比网络摄像机多,这些参数都要求能够通过中心管理平台或联网客户端进行设置。除了基本设置外,一般还包括时钟同步、云镜控制协议选择、字符叠加、多码流输出、视频移动侦测、外接探测器报警、主动注册以及本机自带存储等功能的设置。

第三节　辅助设备与辅助接口

除了网络摄像机外,网络视频监控系统的前端设备一般还会有镜头、云台、防护罩、云镜解码器等辅助设备;而网络摄像机或嵌入式网络视频编码器自身还具有辅助通信接口,用于与其他设备或系统进行通信。

▍关键术语

辅助设备:网络视频监控系统的前端设备除了摄像机外,往往还有与之匹配的镜头、云台、防护罩、云镜解码器等,对于非一体化前端设备来说,这些辅助设备往往都是独立存在的,它们与摄像机配合使用,可实现基于网络的各种控制或报警信息的回传。

---

① PHY:ISO/OSI 网络参考模型的物理层,这里指网络视频编码器与外部以太网信号的物理层接口。
② BootLoader:在操作系统内核运行之前运行的一段小程序。通过这段小程序,可以初始化硬件设备、建立内存空间映射图,从而将系统的软硬件环境带到一个合适状态,以便为最终调用操作系统内核准备好正确的环境。在嵌入式系统中,通常并没有像 BIOS 那样的固件程序(有的嵌入式 CPU 也会内嵌一段短小的启动程序),因此整个系统的加载启动任务就完全由 BootLoader 来完成。

辅助接口：网络摄像机或网络视频编码器的辅助接口是指连接镜头、云台、防护罩、云镜解码器等辅助设备的接口，例如 RS-485 接口用于输出对于摄像机所配接的电动变焦镜头、全方位云台以及防护罩的雨刷器等的控制信号，I/O 接口用于接入前端报警探测器的报警信号(开关量)，或输出报警信号去启动监控现场的射灯、高音警号等。

镜头：光学成像装置，与摄像机(机体)配合，可以将远距离目标成像在摄像机的图像传感器靶面上。

云台：用于承载内置枪式摄像机及变焦镜头的防护罩，可在控制电压的驱动下进行全方位的运动。

防护罩：用于保护摄像机的装置。室外防护罩可在高温或严寒环境中自动为摄像机吹风降温或加热升温，有些配有雨刷及喷淋装置，有些具有防爆功能。

以太网供电(PoE)：IEEE802.3af 规范规定可通过以太网双绞线向网络终端设备供电。

一、网络视频监控前端辅助设备

(一)镜头

镜头是摄像机的"眼睛"，它与摄像机(机体)配合，可以将远距离目标成像在摄像机的图像传感器靶面上。因此在实际应用中，必须根据应用需求并结合现场情况选择合适的镜头与摄像机配套。一体机与球机因内置镜头一般不可选配，这就需要根据应用需求对一体机或球机整体进行选择。

镜头的光学特性主要包括成像尺寸、焦距、相对孔径和视场角等参数，一般在镜头所附的说明书中都有注明。

在实际应用中，镜头的成像尺寸应大于或等于网络摄像机的图像传感器靶面尺寸，以保证其所成的光学图像对图像传感器靶面的完全覆盖，否则靠近图像 4 个角的区域因镜头的镜筒效应而出现黑角；镜头的焦距应保证监视目标在成像图像中的尺寸适度。图 3-18 示出了被摄物体在摄像机的图像传感器靶面上成像的示意图，由图可知，当已知被摄物体的大小及该物体到镜头距离，则可根据下两式估算所选配镜头的焦距：

$$f=hD/H \tag{3-1}$$

$$f=vD/V \tag{3-2}$$

式中，D 为镜头中心到被摄物体的距离，H 和 V 分别为被摄物体的水平尺寸和垂直尺寸。例如，已知被摄物体距镜头中心的距离为 3m，物体的高度为 1.8m，所用的摄像机的图像传感器靶面尺寸为 1/2 in，查表可知其对应的靶面垂直尺寸为 4.8mm，则镜头的选配应根据式(3-2)来求得：

$$f=vD/V=4.8\times3000\div1800=8.02 \text{ mm}$$

于是,该现场摄像机应选配焦距为 8mm 的镜头。实际应用中,为了避免监视目标"顶天立地",物体高度可留出上下空间后再代入式(3-2),如本例取为 2.7m,则根据式(3-2)计算的 f 值为 5.33mm(实际可选取 6mm 镜头),此时在观测距离处,1.8m 的物体只会占据屏幕高度的 2/3 左右。

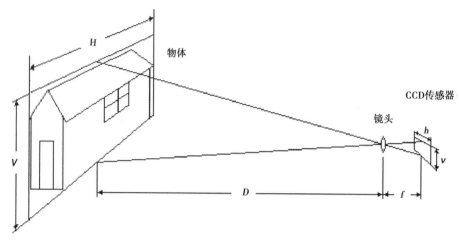

图 3-18　被摄物体在 CCD 靶面上成像的示意图

为了能够较为清晰地探测到监视范围内的目标并实现自动跟踪,一般要求传感器靶面上的目标像至少占有 3 行电视线。当目标像占有 2 行电视线时,就不易观察。而当目标像占有 1.5 行电视线时,则必须靠连续跟踪寻找方可探测到目标,这样做很费力。因此,选择镜头的焦距时,一般应以目标在图像传感器靶面上的成像至少占 2 行以上电视线为好。而若要分辨出人物,则一般应要求人物的面部成像在 356mm(14 in)监视器上占到 12.7mm(0.5 in)以上。

为了控制通过镜头的光通量大小,在镜头的后部均设置了光阑(俗称光圈)。假定光阑的有效孔径为 d,由于光线折射的关系,镜头实际的有效孔径为 D,D 与焦距 f 之比定义为相对孔径 A,即

$$A = D/f \qquad\qquad (3-3)$$

镜头的相对孔径决定被摄像的照度,即像的照度 E 与镜头的相对孔径 A 的平方成正比,一般习惯上用相对孔径的倒数来表示镜头光阑的大小,即:

$$F = f/D \qquad\qquad (3-4)$$

式中 F 称为光阑 F 数(可简记为"焦径比"),标注在镜头光阑调整圈上,其标值一般为 1.4、2、2.8、4、5.6、8、11、16、22 等序列值,每两个相邻数值中,后一个数值是前一个数值的 $\sqrt{2}$ 倍。由于像面照度与相对孔径 A 的平方成正比(与光阑 F 的平方成反比),所以光阑每变化一档,像面亮度就变化一倍。光阑 F 值越小则相对孔径越大,到达摄像机靶面的光通量就越大。常见镜头所标的 F 值均指该镜头的最小光阑数(也就是光圈开到最大时的 F 值),反映了该镜头的最大通光特性,因此 F 值越小则该镜头的最大通光性越好。若要为某个主要

应用在低照度环境或是夜视环境下的电视监控系统选配摄像机镜头,除了要求摄像机的低照度特性要好外,尽可能选用光阑 F 值小的镜头是十分必要的。而当选用变焦距镜头时,还应注意该镜头在其整个变焦距范围内是否能保持最小光阑 F 值不变。

镜头的安装方式有 C 型安装和 CS 型安装两种。图 3-19 画出这两种镜头的接口部位示意图。其中上半部为 CS 型镜头,下半部为 C 型镜头。在电视监控系统中常用的镜头是 C 型安装镜头(1 in 32 牙螺纹座),这是一种国际公认的标准。这种镜头安装部位的口径是 25.4mm(1 in),从镜头安装基准面到焦点的距离是 17.526mm。大多数摄像机的镜头接口则作成 CS 型,因此将 C 型镜头安装到 CS 接口的摄像机时需增配一个 5mm 厚的接圈,而将 CS 镜头安装到 CS 接口的摄像机时就不需接圈。

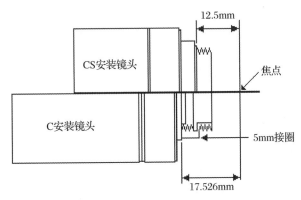

图 3-19 C 型安装和 CS 型安装镜头

在实际应用中,如果错误地对 CS 型镜头加装接圈后安装到 CS 接口摄像机上,会因为镜头的成像面不能落到摄像机的图像传感器靶面上而不能得到清晰的图像,而如果对 C 型镜头不加接圈就直接接到 CS 接口摄像机上,则可能使镜头的后镜面碰到图像传感器靶面的保护玻璃,造成传感器的损坏,这一点在实用中需特别注意。

(二)云台

在网络视频监控系统中,云台用于承载内置枪式摄像机及变焦镜头的防护罩,可在控制电压的驱动下进行全方位的运动。云台内部除机械传动机构外还有电动机、继电器及相应的控制电路,通常以简单的支架固定在墙壁或立杆上,有些也可直接固定在墙壁或天花板上,图 3-20 示出了一种常见的室外全方位云台,它通过壁装支架安装于室外的墙壁上,云台的上面安装有可自动加热或吹风的全天候室外防护罩,摄像机及电动变焦镜头就安装在该防护罩内。

在实际应用中,由中心控制室或联网客户端发出的控制指令(根据国标 GB/T 28181 要求,需按照 RFC3428 中定义的 MESSAGE 进行封装传输)经由网络传输到前端网络摄像机或网络视频编码器,经该设备内部电路解包还原后从设备自身的 RS-485 端口输出至外接的云台镜头控制协议解码器(有些可内置于云台内部),再由该解码器经局部多芯

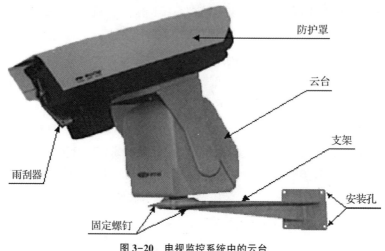

图 3-20   电视监控系统中的云台

电缆将控制电压加到云台的低速大扭矩电动机上,从而使云台的台面在空间任意方向上旋转,使摄像机实现对于全方位空间的监视。

云台内部有两个双绕组驱动电动机,分别控制云台在水平及垂直两个方向运动,其中一组控制电动机做正向转动,另一组则控制电动机反向转动。图 3-21 示出了一种瑞士生产的云台驱动电动机的结构示意图。图 3-22 为其接线图。

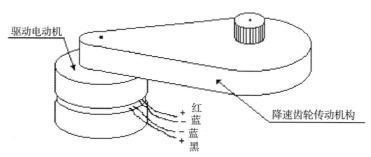

图 3-21   一种云台驱动电动机的结构示意图

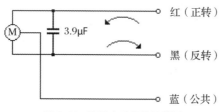

图 3-22   驱动电动机的接线图

云台既可以接受人工控制指令来运动,也可以工作于自动扫描(巡视)状态。通过水平及垂直限位开关的设定可分别限制云台的水平旋转角度和垂直仰俯角度,以适应实际监视现场的需要。

(三)防护罩

防护罩用于保护摄像机,室内应用时主要用于摄像机的密封防尘;室外应用时,则可在高温或严寒环境中自动为摄像机吹风降温或加热升温。有些室外防护罩还具有雨刷及喷淋装置。在某些特殊应用场合则需要防爆型、水冷型及深水应用的抗压抗渗漏型。图3-23为一种常见的室外全天候防护罩的外观。

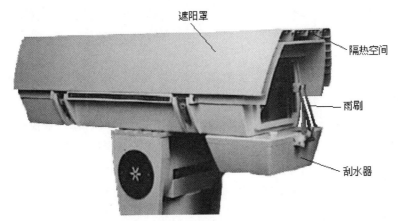

图3-23 室外全天候防护罩的外观

室外防护罩的自动加热及吹风装置实际上是由一个温敏器件配以相应电路完成温度检测的,当温度超过设定的上限值时,自动启动降温风扇;当温度低于设定的下限值时,自动启动电热装置(一种内置电热丝的器件);当温度处于正常范围时,降温及加热装置均不动作。

图3-24和图3-25分别为两种不同接法的室外全天候防护罩控制电路原理图。其中S_1为低温温控开关,当防护罩内温度低于设定值时开关S_1闭合,220V的交流电压加于加热板内的电热丝两端,使防护罩内升温;同理,S_2为高温温控开关,当防护罩内温度高于设定值时开关S_2闭合,整流器VD输出的直流12V电压加到降温风扇C两端,使防护罩内降温。

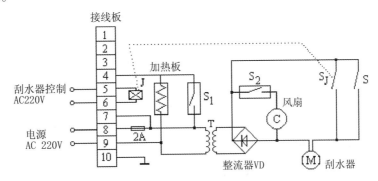

图3-24 室外防护罩控制电路原理图(一)

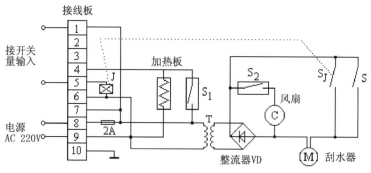

图 3-25 室外防护罩控制电路原理图(二)

　　刮水器通常有电压控制和开关量控制两种,其中电压控制型的刮水器(参见图 3-24)要求在其控制端加一定的电压,如 220VAC 或 24VAC,该电压一般由控制器或解码器的辅助控制端输出;开关量控制型刮水器(参见图 3-25)则要求在其控制端输入一开关量。当雨水或融化的雪水流趟过防护罩的前脸玻璃而影响摄像机摄取物像时,即可在控制室内通过点击监控管理平台或客户端界面上的控制按钮发出控制指令,通过网络传输及前端解码,相当于启动了防护罩的相应控制按钮,从而启动刮水器。

　　在图 3-24 中,J 为刮水器控制继电器,当通过接线板的 5、6 端子向继电器提供 220V 的交流电压时,继电器 J 吸合,整流器 VD 输出的直流 12V 电压经 J 的联动开关 S_J 加到刮水电动机两端,启动刮水器工作。这里,与 S_J 并联的开关 S 为刮水器自动停边行程开关,其初始状态受刮水器臂的挤压为开路状态。当 S_J 闭合使刮水器工作时,由于刮水器臂的移开使 S 恢复为闭合状态。当控制电压断开后,由于行程开关 S 仍处于闭合状态使得刮水器继续工作,直至刮水器臂运行到起始位置并挤压行程开关 S 至开路状态时才断开刮水电动机的电源,从而实现自动停边功能。

　　图 3-25 的工作原理与图 3-24 是一样的,但它的刮水器是通过开关量来控制,即其接线板的 1、5 端子直接与控制器或解码器的开关量输出端口相接。当 1、5 端子接到短路信号时,即可启动刮水器。应当注意的是,这种接法的防护罩千万不能与电压输出型的控制器辅助输出端口相接。

(四)云镜解码器

　　云镜解码器指对于云台和电动镜头控制协议的解码器,一般安装在前端摄像机附近,有些可内置于云台内部。图 3-26 为解码器原理框图。由图可见,解码器是一个基于 CPU(实用中多由单片机取代)的小型控制系统。它接收中心管理平台或联网客户端经网络传来,并由网络摄像机或网络视频编码器解包输出的 RS-485 通信控制指令,对该指令译码并执行对应的动作(通过受控继电器的吸合将控制电压加到对应的受控设备上)。除了对云台/镜头的控制外,解码器一般还可以控制防护罩的刮水器以及辅助照明开关,其关键点在于对控制协议的正确解码,因为不同厂家的控制协议也不尽相同(目前应用

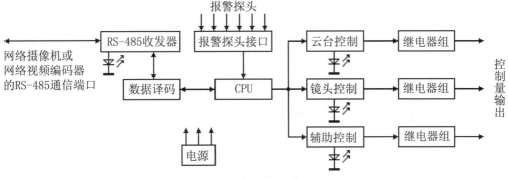

图3-26 解码器原理框图

较多的主要是 Pelco-D 和 Pelco-P 协议)。

很多解码器具有多协议解码功能,往往由一个拨码开关来选择系统所用的通信控制协议(如2~4位可选择4~16种不同的通信控制协议)。实用中,还需要按要求设定解码器自身的地址编号(即 ID 号,通常由一个 8~10 位的地址拨码开关来预先设定),以使系统能对其唯一地选择控制。需要注意的是,在同一个多路网络视频编码器外接多个控制协议解码器时,每个解码器的地址不能设为重复。如果几种通信协议规定的波特率相同而特征码不同,那么多协议解码器不需拨码开关而仅凭其内部应用软件的识别也可以自动选择合适的通信协议。

为了工程调试方便,解码器大多有现场测试功能(其内部设置了自检及手检开关,该开关有时与上述 ID 拨码开关多工兼用)。当解码器通过开关设置工作于自检及手检状

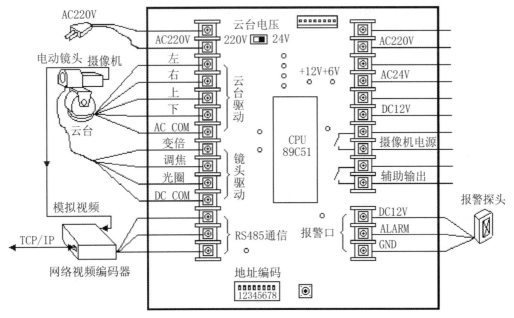

图3-27 某解码器的接线示意图

态时,便不再需要远端主机的控制。其中在自检状态时,解码器以时序方式轮流将所有控制状态周而复始地重复;而在手检状态时,则通过使 ID 拨码开关的每一位的接通状态来实现对云台、电动镜头、刮水器及辅助照明开关的工作状态调整。例如,通过手检使云台左右旋转,从而确定云台限位开关的位置。这种现场测试方式实际上是将解码器内驱动云台及电动镜头的控制电压直接经手检开关加到被测的云台及电动镜头上。

图 3-27 为某解码器的接线示意图。

二、网络视频监控前端设备的辅助接口

网络摄像机或网络视频编码器一般都具有辅助接口,用于前端非音视频设备的接入及控制。

(一) 辅助通信接口

辅助通信接口主要指 RS-485 通信接口,其正式名称是 TIA/EIA-485-A,因为它是由美国电子工业协会(EIA,Electronic Industries Association)和通信工业协会(TIA,Telecommunications Industry Association)共同制定的通信标准。不过,由于 EIA 早先制定的标准(协议)一直冠以"RS"(Recommended Standard)前缀,因而许多人仍习惯地称该标准为 RS-485 通信协议。

RS-485 通信协议用于多个点之间的通信联系,其数据率可达 10Mb/s,通信距离可达 1200m。但是要真正实现这种高数据率的远程通信,必须按照协议要求正确地布线并恰当地进行终端阻抗匹配。在网络视频监控系统中,由于主要传输链路是有线或无线网络,只是在前端设备处才引出 RS-485 接口,RS-485 通信距离仅几米,且 RS-485 通信总线上并联的设备数量也很少,联网系统中的 RS-485 通信部分的工程量很少,只要网络封包/解包正确,一般很少出现 RS-485 通信传输问题。

RS-485 通信有半双工和全双工两种工作模式,其中半双工模式(发送与接收不同时进行)仅需两芯线进行通信,为主要应用方式。图 3-28 示出了 MAXIM 公司的 MAX487 和 MAX1487 的结构及典型工作电路,其中 R_t 为 120Ω 的终端匹配电阻。

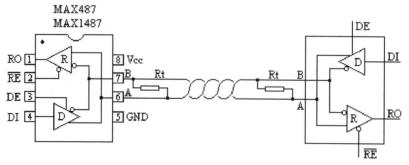

图 3-28　MAX487 和 MAX1487 的结构及典型工作电路

表3-1与表3-2分别列出了MAX487与MAX1487芯片的发射与接收真值表,由此表可以看出,只有RE为高电平"1"及DE为低电平"0"这两个条件同时满足时,器件才关闭,此时器件消耗电流仅为0.1μA。

表3-1　发射真值表

输入			输出	
RE	DE	DI	Z(B)	Y(A)
×	1	1	0	1
×	1	0	1	0
0	0	×	高阻	高阻
1	0	×	关闭	关闭

表3-2　接收真值表

输入			输出
RE	DE	A-B	RO
0	0	≥+0.2V	1
0	0	≤-0.2V	0
0	0	输入开路	1
1	0	×	关闭

(二)解码器通信协议解析

通信协议(communication protocol)指的是不同设备之间进行数据传输或数据交换时所必须遵循的某种事先约定的标准或格式,否则由一台设备发出的数据就不能被另一台或多台设备正确地接收。在网络视频监控系统中提到的通信协议,主要指前端网络摄像机或网络视频编码器与前端云台镜头控制协议解码器之间的通信协议,而该协议实际上是由中心监控管理平台或联网客户端软件根据RFC3428中定义的MESSAGE格式进行封装并通过网络传到前端网络摄像机或网络视频编码器的。

以某JC-4116解码器的通信协议为例,其通信协议约定为采用RS-485(2400-8-n-1)的格式,即"2400波特率-8个数据位-无奇偶校验位-1个停止位"。每条控制指令由7个字节组成,其中第1个字节为固定值(指令的起始标识);第2个字节为地址码;第3、4个字节为指令数据(规定了具体动作的含义);第5、6个字节分别为高速球形摄像一体机的水平和垂直扫描速度;第7个字节为前5个字节以256为模的校验和(check sum)。当网络摄像机或网络视频编码器从网络中收到并解析出符合通信协议的云台镜头控制指令后,即可通过其RS-485通信端口发送给控制协议解码器,而解码器再对该指令进行解码,在对应的控制端口输出控制电压,驱动云台/镜头动作。

表3-3列出了JC-4116解码器协议对"01"号云台进行控制时的一部分指令。

表 3-3   JC-4116 解码器协议对"01"号云台进行控制时的一部分指令

云台动作	启动指令（7个字节）	停止指令（7个字节）
云台向上	FF 01 00 02 30 30 63	FF 01 00 00 00 00 01
云台向下	FF 01 00 04 30 30 65	FF 01 00 00 00 00 01
云台向左	FF 01 00 08 30 30 69	FF 01 00 00 00 00 01
云台向右	FF 01 00 10 30 30 71	FF 01 00 00 00 00 01
……	…… ……	…… ……

网络视频监控系统中常见的 Pelco-D 协议与 JC-4116 协议的结构相似,也是用 7 个字节来描述一条指令,并以"FF"为指令的第一个字节,但各动作(第 3、4 个字节)的定义与 JC-4116 不同。

Pelco-P 协议与 Pelco-D 协议的格式差别较大,其每条指令由 8 个字节组成,表 3-4 列出了 Pelco-P 协议的规定格式,其中第 1 字节与第 7 个字节为固定值,第 8 个字节的校验和其实是对前 7 个字节的异或(XOR)。

表 3-4   Pelco-P 协议的规定格式

字节	1	2	3	4	5	6	7	8
值	A0	00~1F	00~7F	00~7F	00~3F,40	00~3F	AF	00~FF
功能	开始传送	地址	动作指令		水平扫描	垂直扫描	停止传送	校验和

上述 Pelco-D 协议与 Pelco-P 协议都具有协议的扩展部分,其格式与基本协议相同。扩展协议部分用于对可预置位云台或球形摄像一体机的基本设定,如设定预置位、移动到预置位、移动到正中位置、开始按预置位设定进行扫描等等。

不同设备厂家的控制协议约定的字节数也不尽相同。例如,韩国 LG 设备的通信协议中每条指令由 6 个字节组成;国内 YAAN 设备的控制指令则分别有 6 个字节和 5 个字节两种,其中基本控制指令使用 6 个字节,而可预置位云台或球形摄像一体机的控制指令使用 5 个字节。

(三)报警接口

报警接口是指报警输入/输出接口,其中报警输入接口用于外接各类报警探测器,而报警输出接口则用于外接高音警号、射灯开关等各类报警警示设备。

报警信息根据 RFC3428 中定义的 MESSAGE 格式进行封装,其中前端报警探测器感知的报警事件(开关量输出)经嵌入式前端封装并经由网络传输到中心监控管理平台,通常可联动弹出与该报警探测器关联的摄像机监控画面,并以闪频灯或蜂鸣器提示警情。中心监控管理平台则可根据研判结果发出报警指令并按照 RFC3428 中定义的 MESSAGE 格式封装后传向监控前端,开启监控现场射灯及高音警号(此报警也可不经值班人员研判后再由中心监控管理平台发出,而直接由前端设备自动发出,无需经网络封装及传输,但可能会因前端报警探测器的误报而虚惊一场)。

(四)以太网供电(PoE)

早在 1999 年,3Com、Cisco、Intel 等国际知名公司就开始联手制定基于以太网双绞线向网络终端设备供电的国际标准,直至 2003 年 6 月,该标准才被 IEEE 批准,标准号为 IEEE802.3af。该标准明确规定了远程联网系统中的电力检测和控制事项,并对路由器、交换机和集线器等网络供电设备(PSE,Power Sourcing Equipment)通过以太网电缆向 IP 电话、网络摄像机以及无线 LAN 接入点等受电设备(PD,Power Device)供电的方式进行了规定,使得具有 PoE 功能的联网设备不需外接电源适配器,接上网线就可正常工作。

很快,日本索尼公司于 2003 年 10 月推出了世界上首款支持 IEEE802.3af 标准的网络摄像机"SNC-Z20N"[①]。

PoE 技术的出现使得网络设备的接入更加便捷,也使网络视频监控系统工程更加简捷。然而 IEEE 802.3af 标准只允许为接入网络的用电设备提供最高为 12.95W 的电力,而很多大功率网络设备的功率消耗可能超过 12.95W,比如网络视频监控系统中的室外全天候球形摄像机以及多路网络视频编码器等。因此 IEEE 于 2009 年进一步发布了 802.3af 标准的增强型版本 IEEE 802.3at,其最大支持功率上升到 25.5W,部分厂家产品甚至可以支持到 50W,而最大支持电流也由 350mA 提高到 600mA,并且增加了一种电源管理模式。

思考与研讨题

1.网络摄像机是如何工作的?

2.网络视频编码器除了视频编码外,一般还具有哪些功能,是何原理?

3.如果网络摄像机或网络视频编码器的 RS-485 接口出现故障,如何检测一个云台是否能正常转动?

4.室外防护罩的自动温控部分是如何工作的?

5.报警信号如何通过网络摄像机或网络视频服务器向中心端传输?

[①]　早在 IEEE802.3af 标准发布前就已有不少网络设备制造商自主开发并投产过具有以太网供电功能的产品,如美国 Cisco 公司的 Power over Ethernet(PoE)系统和以色列 PowerDsine 公司的 In Line Power 系统等,索尼公司也曾推出过支持 PowerDsine 规格的网络摄像机"SNC-VL10N"。

第四章 网络视频存储技术与设备

■ **本章要点：**

网络视频监控存储特点

IP-SAN 存储架构

云存储技术

　　视频监控系统中的摄像机数量多，需要录像存储的时间长（少则几天，多则几十天），而对于重要监控视频（比如记录了重大突发事件或嫌疑人作案全过程的监控视频）则需要永久保存。随着全国平安城市、天网工程建设的不断推进，视频监控点位的数量越来越多，同时因高清摄像机的普遍采用，使单路视频的数据量也成倍地增加，因而视频存储问题就显得相当重要了。

　　视频应用与普通的 IT 应用差别十分明显，普通 IT 应用主要是突发数据，数据流量时大时小，落差非常大，但对延时不太敏感，主要要求瞬时的高带宽。视频应用则完全是另外一种情况，视频流是典型的持续数据流，在相当长一段时间内，数据流量基本保持不变，不能大幅度抖动，对延时非常敏感，但并不要求太高的带宽，只需要保证带宽的相对稳定。

■ **背景延伸**

　　★ 早在 1993 年，英国 DM 公司（Dedicated Micros Ltd）首先推出了应用于电视监控领域的数字硬盘录像机（DVR）。

　　★ 上世纪 90 年代中后期，美国的 INTELLEX 和德国的 MULTISCOPE 等数字硬盘录像机相继开始进入电视监控领域，只不过因当时硬盘容量不高而设备价格又极为昂贵而未能得到普及。

　　★ 本世纪初，随着计算机及其配件性能的不断提高而价格大幅度地下跌，基于计算机（工控机）插卡形式的数字硬盘录像机开始在监控市场出现并迅速得到普及。嵌入式硬盘录像机则以完整设备的形式同样开始快速发展。

★ 由于计算机可通过加配独立网卡或主板上集成的网卡实现联网,因而基于计算机(工控机)的硬盘录像机可实现联网,嵌入式硬盘录像机通过集成网卡也具有联网功能,网络视频存储概念油然而生。

★ 2003 年 2 月,可在 TCP/IP 网上进行数据块传输的 iSCSI 标准通过了 IETF(互联网工程任务组)的认证,该标准使得在高速千兆以太网上进行快速的数据存取成为可能,得到各大存储厂商的大力支持。

★ 2006 年,谷歌推出"Google101"计划,"云"的概念及理念被正式提出,随后亚马逊、微软、IBM 等公司宣布了各自的"云计划",延伸并衍生出云存储的概念。

第一节　视频监控存储特点

综合来讲,视频监控系统中采用的存储设备在数据读写方式上具有与其他类型系统不同的特点。

(1)数字视频编码器或视频服务器以流媒体方式将数据写入存储设备,实时监控点回传的图像和画面以流媒体方式保存在存储器中,回放工作站以流媒体方式来读取已存储的视频文件。这种读写方式与普通数据库系统或文件服务器系统中存储采用的小数据块或文件级读写方式完全不同,视频监控系统存储在技术参数要求方面与其他应用系统有较大的区别。

(2)大型的联网视频监控系统中往往有数千、数万甚至数十万个监控摄像机。在视频采集过程中,视频文件格式一般都不会发生变化,且码率保持恒定,视频图像的帧率一般都在 15~25 帧/秒之间。也就是说在存储的读写操作中,必须保证每 1/25s 内都能够达到一定的带宽,否则图像采集或回放就会出现丢帧现象,因此视频监控系统存储不仅要求带宽大,还要求带宽恒定。

(3)数据读写操作的持续时间长。由于联网系统中绝大多数摄像机都是 7×24h 连续地工作,即使流媒体文件采用分段保存方式,写入操作的持续时间也有可能在 2~6h,后期回放时也需要相同的时间。因此要求存储系统具有超强的长时间工作能力,保持长时间的稳定性。

(4)视频监控系统中的摄像机数量多,视频图像存储时间长,因此存储容量需求巨大,且随着图像存储时间的增加,存储容量需求呈线性的、爆炸性的增长。所以视频监控系统存储必须支持大容量,且容量具有高扩展性,满足长时间大容量视频图像存储的需求。

第二节　存储介质的演进

视频存储介质经历了磁带、磁盘、磁盘阵列的发展历程,目前以磁盘、磁盘阵列存储为主。在早期的安防视频监控系统中,存储设备是普通磁带录像机或时滞磁带录像机(又称长延时录像机),采用的是模拟视频存储技术,以磁带作为存储媒介。随着数字技术以及视频压缩编码技术的发展,2000 年前后,安防视频监控系统中开始采用数字存储技术。到 2009 年,大部分系统都是以硬盘来存储数字化的信息,而这一改变的主要因素就是 IP 视频等很多创新的应用需要采用硬盘来存储。图 4-1 示出了磁带库、DAS[①] 磁盘阵列和 NAS[②] 设备的外观。

图 4-1　磁带库、DAS 磁盘阵列和 NAS 的外观

磁带存储器由磁带机和磁带两部分组成,其读写原理基本上与磁盘存储器相同,只是它的载磁体是一种带状塑料,叫作磁带,写入时可通过磁头把信息代码记录在磁带上。磁带机按规模分为:标准 1/2 英寸磁带机、盒式磁带机、海量宽磁带存储器。因为磁带必须按顺序存取,是一种顺序存取存储器,因此数据存取比磁盘慢得多。此外,磁带具有较大的容量(从 GB 到 TB),价格便宜并可以脱机存放,一般用于存储备份数据。

磁盘存储器由磁盘盘片组与磁盘驱动器两部分组成,一个磁盘存储器往往由若干个磁盘盘片(6~11 片)组成一个盘片组,固定在一个主轴上。磁盘提供的存储容量极大,可在几百 GB。磁盘阵列(RAID)是将同一阵列中的多个磁盘视为单一的虚拟磁盘,数据是以分段的方式顺序存放于磁盘阵列中的不同硬盘上。

目前,固态硬盘(SSD)技术发展迅速,给硬盘存储带来了革命性的变化,对视频服务器的存储影响非常大。SSD 摒弃传统磁介质,采用电子存储介质进行数据存储和读取,突破了传统机械硬盘的性能瓶颈,拥有极高的存储性能。固态硬盘的全集成电路化、无任何机械运动部件的革命性设计,从根本上解决了在移动办公环境下对于数据读写稳定性的需求。作为一项新兴的技术产品,其发展速度是惊人的。

---

① DAS:Direct Attached Storage,直接连接存储。
② NAS:Network Attached Storage,网络附加存储。

第三节 存储系统的演进

图 4-2 显示了五代存储系统的演进。

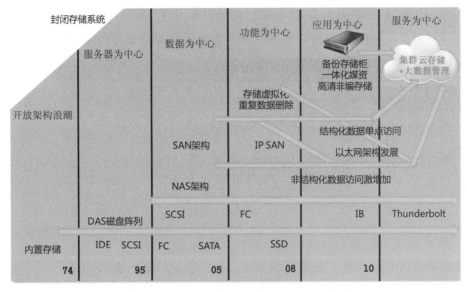

图 4-2 五代存储系统演进图

五代存储系统按照存储的体系架构划分,目前主流的有 DAS、NAS、SAN[1]、云存储四种模式,其发展的动力源于系统对于转发和存储的要求不断提高,大型复杂的系统推动了存储架构的发展。

(1)DAS 采用 SCSI[2] 和 FC[3] 技术,将外置存储设备通过光纤直接连接到一台计算机上,数据存储是整个服务器结构的一部分。

(2)NAS 是一种专业的网络文件服务器,或称为网络直连存储设备,使用 NFS[4] 或 CIFS[5] 协议,通过 TCP/IP 进行文件级访问。

---

[1] SAN:Storage Area Network,存储区域网络。

[2] SCSI:Small Computer System Interface(小型计算机系统接口),使用 50 针物理接口,外观与普通硬盘接口有些相似。SCSI 硬盘和普通 IDE 硬盘相比有很多优点;接口速度快,并且由于主要用于服务器,因此硬盘本身的性能也比较高,转速快,缓存容量大,CPU 占用率低,扩展性远优于 IDE 硬盘。SCSI 硬盘支持热插拔。

[3] FC:Fibre Channel(光纤通道技术),最早应用于 SAN(存储局域网络)。FC 接口是光纤对接的一种接口标准形式,始于 1988 年,最早是用来提高硬盘协议的传输带宽,侧重于数据的快速、高效、可靠传输。到上世纪 90 年代末,FC SAN 开始得到大规模应用。

[4] NFS:Network File System(网络文件系统),NFS 允许一个系统在网络上与他人共享目录和文件。通过使用 NFS,用户和程序可以像访问本地文件一样访问远端系统上的文件。

[5] CIFS:Common Internet File System(网络文件共享系统),是一种应用层网络传输协议,由微软开发,主要功能是使网络上的机器能够共享计算机文件、打印机、串行端口和通讯等资源。它也提供认证进程间的通信机能。

（3）SAN 以数据存储为中心的专用存储网络,网络结构可伸缩,可实现存储设备和应用服务器之间数据块级的 I/O 数据访问。按照所使用的协议和介质,SAN 分为 FC-SAN、IP-SAN 两种。

（4）云存储通过云架构设计方案将集群化、虚拟化、应用化等技术有效地应用于视频监控领域的存储业务中。云存储兼容 FC-SAN / IP-SAN 存储设备,采用虚拟存储、动态负载平衡、分布式资源管理、"带外"数据传输等技术,使用标准 FC、iSCSI、IB[①] 等存储协议互连应用服务器与存储设备,能够充分利用企业现有的资源,提供高性能、易扩展、低成本、高可靠、跨平台的集群存储解决方案。

一、DAS

DAS 是指将外置存储设备通过连接电缆,直接连接到一台计算机。由于早期的网络十分简单,DAS 是最先被采用的网络存储系统,完全以服务器为中心,存储设备作为服务器的组成部分。

DAS 存储的体系架构如图 4-3 所示,存储设备通过 IDE、SCSI 以及光纤(FC)接口与服务器直接相连。这种直连方式能够解决单台服务器的存储空间扩展、高性能传输需求。

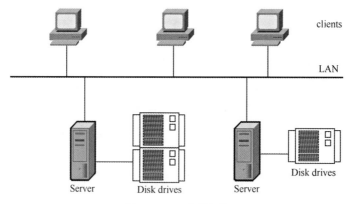

图 4-3　DAS 存储架构

在 DAS 存储体系结构中,当需要增加系统的存储容量时,一般采用增加磁盘阵列 RAID 的方式。用于 DAS 存储设备的可以是磁带、磁盘、磁盘阵列和磁带库,典型的 DAS 存储设备是各类磁盘阵列,磁盘阵列提供自动备份功能,在大型的监控存储中不容许丢失数据,所以如何提供 RAID 功能很重要。

这种存储技术架构简单,但存储设备与服务器直接相连,导致连接的存储设备及其

---

① IB:InfiniBand,一种交换结构 I/O 技术,其设计思路是通过一套中心机构(中心 InfiniBand 交换机)在远程存储器、网络以及服务器等设备之间建立一个单一的连接链路,并由中心 InfiniBand 交换机来控制流量,其结构设计得非常紧密,大大提高了系统的性能、可靠性和有效性,能缓解各硬件设备之间的数据流量拥塞状况。

存储的数据有限,而且整个系统中的数据分散、共享和管理比较困难;另外,由于客户机的数据访问必须通过服务器,然后经过 I/O 总线访问相应的存储设备,当客户连接数增多时,I/O 总线将成为一个潜在的瓶颈;DAS 方式无法实现物理存储设备对多服务器的物理共享,目前虽然单台存储设备的容量不断提高,然而随着系统整体存储容量和使用存储资源服务器数量的提升,会造成存储设备的使用效率、管理、维护以及应用软件的开发成本增加。

因此在存储系统的物理存储方式选择上,DAS 连接结构对于中心存储容量和性能要求不高的情况,仍是理想的选择。

随着整体平台容量的扩展和中心存储规模的增加,仍然需要向 SAN 或 NAS 架构迁移。

二、NAS

NAS 是在 TCP/IP 基础上提供文件的存储服务,NAS 适宜通过 LAN 传输存储文件和共享文件,客户端直接通过 NAS 系统实现与存储设备之间的数据交互。NAS 作为一种网络附加存储设备,采用嵌入式技术,具有无人值守、高度智能、性能稳定、功能专一的特点。

NAS 存储的体系架构如图 4-4 所示,NAS 存储设备功能上独立于网络中的主服务器,不占用服务器资源。NAS 产品直接通过网络接口连接到网络上,简单地配置 IP 地址后,就可以为网络上的用户共享。NAS 直接运行文件系统,如 NFS(Network File System)、CIFS(Common Internet File System)等,另外通过设置 NAS 可以实现在不同的客户端(如 NT 和 UNIX)之间的共享数据。一般来说,NAS 设备内置优化的独立存储操作系统,可以有效地释放系统总线资源,全力支持 I/O 存储,提供文件级共享服务,广泛支持各种操作系统及应用。另外,由于 NAS 设备直接接入网络,所以整个系统的扩展性好,安装简单、方便。同时 NAS 设备一般集成本地的备份软件,可以不经过服务器将 NAS 设备中的重要数据进行本地备份,而且 NAS 设备提供硬盘 RAID、冗余备用电源、风扇和控制器,可以保证其稳定运行。

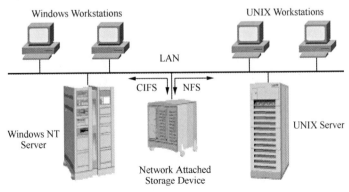

图 4-4　NAS 存储架构

NAS 设备主要用来实现在不同操作系统平台下的文件共享应用,与传统的服务器或 DAS 存储设备相比,NAS 设备的安装、调试、使用和管理非常简单,采用 NAS 可以节省一定的设备管理与维护费用。NAS 设备提供 RJ45 接口和单独的 IP 地址,可以将其直接挂接在主干网的交换机或其他局域网的 Hub 上,通过简单的设置(如设置机器的 IP 地址等)就可以即插即用地使用 NAS 设备,而且进行网络数据在线扩容时也无需停顿,从而保证数据流畅存储。

NAS 自身的共享设计使其非常适用于流媒体行业的应用,而且就目前存储技术发展来讲,NAS 和 SAN 之间的界限越来越模糊,许多厂商的 NAS 产品既支持 IP 访问又支持 FC-SAN 访问,由此也造成了 NAS 的多种连接方式。

三、SAN

SAN 采用某种通信技术建立一个专用区域网络连接所有存储资源和要访问这些存储资源的服务器,实现存储资源的物理共享。

SAN 主要是基于光纤通道的、面向数据块的存储,可以看成是传统总线的扩展。随着数据量的增加,DAS 和 NAS 暴露出不能为提高存储能力而无限制地增加存储设备的问题。

与 DAS 和 NAS 存储相比,SAN 的优势在于所有的数据处理都不是由服务器完成的。SAN 是一种将存储设备、连接设备和接口集成在一个高速网络中的技术,它本身就是一个存储网络,承担了主网络中的数据存储任务。在 SAN 中,所有的数据传输在高速网络中进行,其存储实现的是直接对物理硬件的块级存储访问,提高了存储的性能和升级能力。

SAN 存储架构如图 4-5 所示,SAN 是专门连接存储外围设备和服务器的网络,它通常包括服务器、外部存储设备、服务器适配器、集线器、交换机以及网络、存储管理工具等。SAN 在综合网络的灵活性、可管理性及可扩展性的同时,提高网络的带宽和存储 I/O 的可靠性。

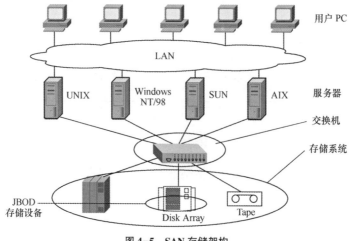

图 4-5　SAN 存储架构

SAN 作为一种独立的存储系统,采用集中存储技术,可有效提升系统资源的使用效率,并合理平衡工作量,实现快速的数据分享。SAN 架构的应用使存储系统易于扩展,物理共享的实现可以灵活调整存储资源,提高利用效率。SAN 技术本身无法实现多服务器共享文件系统,需要其他辅助技术实现,比如 GFS[①]、GPFS[②] 等。

根据存储网络所采用的传输协议和物理介质的不同,SAN 有 FC-SAN(采用光纤传输)、IP-SAN(采用以太网传输)等多种实现方式。FC-SAN 采用高速的光纤通道构成存储网络,是 SAN 的主流技术,造价高,传输速率快。随着 Ethernet 和 IP 技术的不断成熟和发展,基于 IP 的 SAN 存储通过以太网传输,组网灵活,扩展性好,集合了 Ethernet 和 IP 的开放性及块存储多方面的优点,并以 IP iSCSI 替代光纤通道协议实现端到端的 SAN 存储。

FC-SAN 采用 Fiber Channel(光纤通道)协议实现点到点的高速数据传输,其大部分功能都是基于硬件实现的,如图 4-6 所示,单通道传输速度可达 4Gbit/s。采用光纤通道组建单独的存储网络,能有效地改善数据的读写速度,提高系统运行的可靠性。目前市场上采用 FC-SAN 技术架构的存储设备一般都会采用 FC 或 SAS 接口、高转速硬盘以及高性能 RAID 控制器,使得 FC-SAN 成为高性能的、易于扩展的、海量存储的理想选择。由于 FC-SAN 自身所具有的高速、集中化存储管理及几近无限的扩充能力等特点,特别适合对海量数据进行存储、传输和实时处理,所以采用 FC 技术的 SAN 目前在很多行业得到推广,比如广播电视行业的媒体资产管理系统等,已经成为行业存储架构的标准。

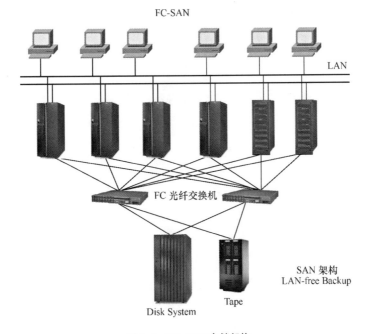

图 4-6　FC-SAN 存储架构

---

① GFS:Google File System,Google 公司为了存储海量搜索数据而设计的可扩展的分布式文件系统。

② GPFS:General Parallel File System,IBM 公司的共享文件系统。

　　FC-SAN 的缺点是采用 FC 通道传输数据的成本较高。相对 FC-SAN 产品而言,IP-SAN 产品较适用于对存储性能要求不高的业务应用,目前国内视频监控行业标准多数采用 IP-SAN 作为解决方案。

　　IP-SAN 是架构于 IP 网络上的存储网络,如图 4-7 所示,它采用 iSCSI(Internet SCSI)协议。iSCSI 是 IETF 一种新的标准协议,即透过 IP 网络,将 SCSI 区块数据转换成网络封包的一种传输标准,相对于以往的网络接入存储,iSCSI 解决了开放性、容量、传输速度、兼容性、安全性等问题,其优越的性能使其自发布之日便受到市场的关注与青睐。iSCSI 和 NAS 一样透过 IP 网络来传输数据,但在数据存取方式上,则采用与 NAS 不同,而与 SAN 相同的 Block Protocol。由此,iSCSI 给用户带来的价值在于:第一,iSCSI 使 SCSI 数据包在以太网中传输成为可能,使 SAN 摆脱昂贵的光纤网络,通过 IP 网络即可实现原先的功能,既降低管理复杂度又降低成本;第二,由于用户应用需求的复杂性,往往会同时部署 SAN 和 NAS 两种存储网络,而 iSCSI 则可以将两者融合起来。

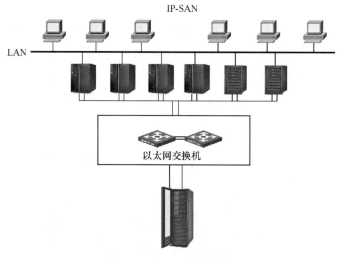

图 4-7　IP-SAN 存储架构

　　目前由于市场上的 IP-SAN 产品多采用低转速的 SATA 硬盘以及性能不高的控制器,使得其整体系统成本较低。

　　IP-SAN 的弱点也很明显:基于 TCP/IP 三层封装和以太网的二层封装,使其线路传输效率不高,传输延迟较高。虽然目前各种操作系统已陆续提供 iSCSI Initiator Driver,但由于 Initiator Driver 运行时会耗费 CPU 系统资源,降低服务器的性能,因此,仍需要采用专用 iSCSI 网卡,才能获得较好的性能表现。另外 IP-SAN 的性能还受制于网络性能。由于 10Gbit/s 以太网的价格仍然很高,所以 IP-SAN 多采用千兆以太网。

四、云存储系统

　　作为一种新的存储方式,云存储是在云计算基础上延伸和发展而来的。云计算是分布式处理、并行处理和网格计算的发展,是透过网络将庞大的计算处理程序自动分拆成无数个较小的子程序,再交由多部服务器所组成的庞大系统经计算分析之后将处理结果回传给用户。通过云计算技术,网络服务提供者可以在数秒之内,处理数以千万计甚至亿计的信息,达到和"超级计算机"同样强大的网络服务,是对现有存储方式的一种变革,即存储是一种付费的服务。

与传统的存储设备相比,云存储不仅仅是一个硬件,而是一个网络设备、存储设备、服务器、应用软件、公用访问接口、接入网和客户端程序等多个部分组成的复杂系统,如图4-8所示,各部分以存储设备为核心,通过应用软件对外提供数据存储和业务访问服务。

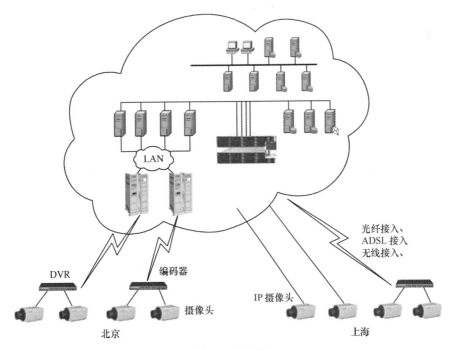

图 4-8　云存储

云存储系统的结构模型由四层组成:存储层、基础管理层、应用接口层和访问层。

存储层是云存储最基础的部分。存储设备可以是 FC 光纤通道存储设备,可以是 NAS 和 iSCSI 等 IP 存储设备,也可以是 SCSI 或 SAS 等 DAS 存储设备。云存储中的存储设备往往数量庞大且分布在不同地域,彼此之间通过广域网、互联网或者 FC 光纤通道网络连接在一起。

基础管理层是云存储最核心的部分,也是云存储中最难以实现的部分。基础管理层通过集群、分布式文件系统和网格计算等技术,实现云存储中多个存储设备之间的协同工作,使多个存储设备可以对外提供同一种服务,并提供更大、更强、更好的数据访问性能。

应用接口层是云存储最灵活多变的部分。不同的云存储运营单位可以根据实际业务类型,开发不同的应用服务接口,提供不同的应用服务。对于访问层,任何一个授权用户都可以通过标准的公共应用接口来登录云存储系统,享受云存储服务。云存储运营单位不同,云存储提供的访问类型和访问手段也不同。

云存储的特点如下:

1.通过统一的云存储接口接入云存储系统即可接受存储服务;

2.存储对用户透明,应用步骤简化,云存储管理服务器支持集群化;

3.能够实现智能负载均衡,实现故障对应用层面的透明;

4.能够兼容众多针对视频监控应用的流媒体,缓存优化机制、节能环保机制、数据保护机制。

第四节　网络视频监控存储技术点评与比较

由上可知,网络视频监控存储可采用不同的架构,对于不同规模的联网视频监控系统来说,可选择不同的存储架构以及磁盘阵列模式。

一、存储架构的比较

(一)传统存储技术的特点

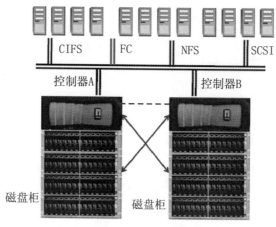

图4-9　传统存储技术

DAS、NAS、SAN 属于传统存储技术,其特点包括以下几点:

1.发展历史久、技术成熟;

2.服务器和存储设备之间可以通过 SAS、iSCSI、FC、NAS 等协议连接;

3.FC、iSCSI 等块存储协议兼容性好,部分数据库和操作系统只支持块存储;

4.NAS 设备可管理的存储容量高;

5.FC 协议可靠性高。

DAS、NAS、SAN 存储架构的比较见表 4-1,由表中所示,DAS 对于小规模(10TB 以下)的存储架构具有非常大的优势,此时开发、管理成本的体现并不明显。NAS 用于中小规模的存储架构建设,由于其共享的访问方式,可以直接建设不同操作系统平台以及多服务器下的访问方式。对于大规模的系统来说,SAN 是建设和管理以及开发成本最低的一种方式,在数据分级存储、备份和数据访问性能等方面与前两种数据访问方式相比具有无可比拟的优势,但是对于小型系统建设不如 NAS 和 DAS 方式。

表 4-1 传统存储架构的比较

类型	DAS	NAS	FC SAN	IP SAN/iSCSI
协议	SCSI	TCP/IP	Fibre Channel-to-SCSI	IP-to-SCSI
应用	块方式 I/O	文件方式 I/O	块方式 I/O	块方式 I/O
优点	低成本	长距离的小数据块传输	存储集中	存储集中
	性能中等	有限的只读数据库访问	灾难恢复	长距离的数据块传输
	管理简便	简化附加文件的共享容量、易于部署和管理	集中的数据备份,高可用性,数据传输的可靠性、减少网络流量	高可扩展性、集中管理
性能	中	中	高	高
距离扩展性	差	高	中	高
容量可扩充性	低	中	高	高
周边设备	SCSI 卡	以太网卡、以太网交换机	光纤通道卡、光纤通道交换机	以太网卡、以太网交换机
共享特性	不能共享	文件级共享	设备级共享	设备级共享
操作系统支持	高	高	中	高
软件的兼容性(数据库、备份软件支持)	高	低	高	高
应用成本	高	低	高	低
应用环境	适合小型及分布式架构 存储容量:<15TB 性能:300Mbit/s 主机连接数:<4	适合小型机集中存储架构 存储容量:<15TB 性能:200MB/s 主机连接数:<10	适合大型机集中存储架构 存储容量:<200TB 性能:2000Mbit/s 主机连接数:<100	适合低成本集中存储架构 存储容量:<50TB 性能:200MB/s 主机连接数:<40

（二）传统存储技术与云存储的特点

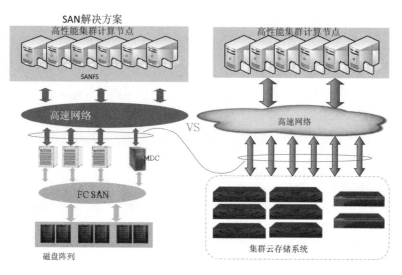

图 4-10　传统存储技术 VS 云存储技术

与传统存储方案相比,云存储有以下特点:

1.提供更大的存储容量可在线升级扩展

云存储能够通过集群技术很容易获得 PB 级以上存储容量,存储扩展没有限制可随时随地在线增加存储节点来满足存储容量扩展需求,同时容量与性能呈线性关系增长,对于客户端使用无需做任何操作或配置即可完成扩容。

2.与云计算平台弹性结合

每个存储单元都可以独立线性扩展,从而可以适应不断变化的环境和需求。如某商业区域成立之初可以用小规模的存储单元,随着区域商业规模的不断扩大,可随时增加存储节点,使视频带宽和容量均能与增长的需求相适应。反之,亦可随着规模的减小而减少存储节点。

3.标准化接口无缝融合云计算

可与 hadoop MapReduce 等云计算工具协调工作,从而能对视频进行并行搜索和深度分析,这是传统存储无法比拟的。随着技术的发展,对监控视频的分析一定是并行处理的,而 MapReduce 这种并行处理工具也是建立在弹性的存储系统之上的。

4.高性能数据存取打破瓶颈

传统存储设备的性能是有上限的,当达到时就会出现性能瓶颈,这个性能瓶颈在云存储中能够得到有效的解决,通过云存储技术可将存储节点的带宽聚合,随着存储节点的增加,可以实现带宽的线性增长,理论上带宽是无限的。

5.数据访问的安全性

数据在云存储中是经过加密传输将数据存储上去的,首先用户并不知道数据存在哪个物理硬盘上,而且数据在存储设备上是按文件块存储的,无法直接进行访问,保证了用户数据的安全性和私密性。

6.采用标准协议实现共享访问

云存储可以把一个存储池共享给多个用户,云存储提供全局统一命名空间,提供标准的文件访问接口,支持主流的文件传输协议,同时支持 API 接口与应用程序更完美地结合,实现最佳访问效率。

7.高效的网络 RAID 冗余技术升级

云存储系统可升级到网络 RAID 的存储方式,即从软件层实现跨存储节点硬件的RAID。当某一磁盘损坏时,可根据 RAID 组中其他的数据块来重建丢失的数据,从而兼顾 RAID 的高存储利用率和故障易处理的特性。

8.强大的冗余容错能力

数据在云存储中是以文件块方式跨多个物理设备进行条带化存储的,同时根据策略自动创建多个复本,这样可以保证当单个或多个物理存储节点出现故障时数据是安全的。

9.简易高效的集中管理

云存储系统是将存储相关的软硬件统一起来进行虚拟化管理,管理员通过云存储的管理系统即可对所有存储设备和服务功能进行配置、管理、监控,从而大大减少了系统管理的工作量,提高了服务质量和效率,同时降低了管理成本。

云存储与传统存储系统的比较见表 4-2。

表 4-2 云存储与传统存储的比较

特性	云存储系统	传统存储设备
大容量	PB 级以上、无容量限制	单机容量有限
扩展性	在线灵活扩展	扩展能力有限
高性能带宽	随节点数据带宽性能线性扩展,可达数十、数百 GB,无性能瓶颈	性能存在瓶颈
数据安全性	数据存储策略、访问权限管理	无权限管理和数据安全存储策略
共享访问	虚拟化集群共享存储池	各设备独立使用
容错能力	数据分散存储、多复本,一半以上硬件设备或硬盘故障系统正常运行,业务不中断	采用 RAID5、6,多块磁盘故障或设备故障系统中断,需修复后才能使用
集中管理	统一管理、监控、资源分配	独立使用
低成本	运维管理成本低	后期运维成本高

二、RAID 技术的比较

图 4-11 显示了从主机端到存储设备物理介质之间的访问环节,80% 以上的数据是用操

作系统的文件系统进行管理的,应用程序的数据文件在文件系统中由数据区和元数据区组成,数据区存放真实的数据,元数据存放文件系统维护真实数据所需的全部管理信息,如地址、权限、修改时间等。文件系统建在卷上,卷是对物理磁盘存储空间的逻辑映射,将柱面、磁道等物理寻址映射为逻辑块地址。文件系统只能使用逻辑块地址保存数据。逻辑块是SCSI 协议的标准所规定的,因此可以直接打包到传输协议,在 I/O 子系统中传输。I/O 子系统主要指主机 I/O 总线、HBA①、存储区域网等传输路径。逻辑块形式的数据从主机传送到存储设备中,存储控制器会将传输协议的包头去掉,将逻辑块交给 RAID 控制器处理,完成增加校验数据后,以物理块的方式将数据写入物理介质(磁盘)。

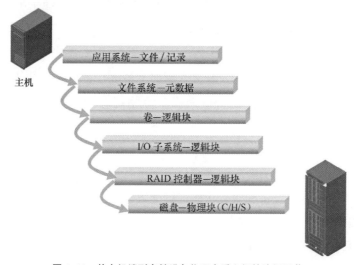

图 4-11   从主机端到存储设备物理介质之间的访问环节

RAID 技术是由美国加州大学伯克利分校 D.A. Patterson 教授在 1988 年提出的,作为高性能、高可靠的存储技术,在今天已经得到了广泛的应用。

RAID 为廉价磁盘冗余阵列(Redundant Array of Inexpensive Disks) ,RAID 技术将一个个单独的磁盘以不同的组合方式形成一个逻辑硬盘,从而提高了磁盘读取的性能和数据的安全性。

不同的组合方式用 RAID 级别来标识,RAID 技术已拥有了从 RAID 0 到 5 等 6 种明确标准级别的 RAID 级别。另外,其他还有 6、7、10(RAID1 与 RAID0 的组合) 、01(RAID0 与 RAID1 的组合) 、30(RAID3 与 RAID0 的组合) 、50(RAID0 与 RAID5 的组合) 等。

不同 RAID 级别代表着不同的存储性能、数据安全性和存储成本,在各个 RAID 级别中,使用最广泛的是 RAID 0、RAID 1、RAID 10、RAID 5。

RAID0:将数据分成条带顺序写入一组磁盘中。RAID0 不提供冗余功能,但是它却提

---

① HBA:Host Bus Adapter,主机总线适配器,是一个使计算机在服务器和存储装置间提供输入/输出处理和物理连接的电路板或集成电路适配器。

供了卓越的吞吐性能,因为读写数据是在一组磁盘中的每个磁盘上同时处理的,吞吐性能远远超过单个磁盘的读写。

RAID1:每次写操作都将分别写两份到数据盘和校验盘上,每对数据盘和校验盘成为镜像磁盘组,也可使用并发的方式来读数据时,提高吞吐性能。如果镜像磁盘组中某个磁盘出错,则数据可以从另外一块磁盘获得,而不会影响系统的性能,然后,使用一块备用磁盘将健康磁盘中的数据复制出来则可使这两块磁盘组成新的镜像组。

RAID1/0:即RAID1与RAID0的结合,既做镜像又做条带化,数据先镜像再做条带化。这样数据存储既保证了可靠性,又极大地提高了吞吐性能。

RAID0/1也是RAID0与RAID1的结合,但它是对条带化后的数据进行镜像。但与RAID1/0不同,一个磁盘的丢失等同于整个镜像条带的丢失,所以一旦镜像盘失败,则存储系统成为一个RAID0系统(即只有条带化)。RAID5是将数据校验循环分散到各个磁盘中,它像RAID0一样将数据条带化分散写到一组磁盘中,但同时它生成校验数据作为冗余和容错使用。校验磁盘包含了所有条带的数据的校验信息。RAID5将校验信息轮流地写入条带磁盘组的各个磁盘中,即每个磁盘上既有数据信息又同时有校验信息,RAID5的性能得益于数据的条带化,但是某个磁盘的失败将引起整个系统的下降,这是因为系统将在承担读写任务的同时,重新构建和计算出失败磁盘上的数据,此时要使用备用磁盘对失败磁盘的数据重建,恢复整个系统的健康。

表4-3显示了RAID技术的比较。

表4-3　RAID技术的比较

项目	RAID0	RAID1	RAID3	RAID5	RAID10
技术特点	条带	镜像	专用校验条带	分布校验条带	镜像阵列跨越
最少磁盘数	2个以上	2	3	3	4
热备用操作	不支持	支持	支持	支持	支持
数据保护	没有	有	允许一个磁盘损坏	允许一个磁盘损坏	每个RAID子阵列中允许一个磁盘损坏
可用容量	最大	最少	中等	中等	最少
减少容量	无	50%	一个磁盘	一个磁盘	50%
读性能	快(由磁盘数量决定)	中等	快	快	中等
随机写性能	最快	中等	最慢	慢	中等
连续写性能	最快	中等	慢	慢	中等

从一个普通应用来讲,要求存储系统具有良好的I/O性能,同时也要求对数据安全做好保护工作,所以RAID 10和RAID 5应该成为我们重点关注的对象。下面从I/O性能,数据重构及对系统性能的影响,数据安全保护等方面,结合磁盘现状来分析两种技术的差异。

1.I/O 的性能

读操作上 RAID10 和 RAID5 是相当的,RAID5 在一些很小数据的写操作(如比每个条带还小的小数据)需要 2 个读、2 个写,还有 2 个 XOR 操作,对于单个用户的写操作,在新数据应用之前必须将老的数据从校验盘中移除。整个执行过程是这样:读出旧数据,旧数据与新数据做 XOR,并创建一个即时的值,读出旧数据的校验信息,将即时值与校验数据进行 XOR,最后写下新的校验信息。为了减少对系统的影响,大多数的 RAID5 都读出并将整个条带(包括校验条带)写入缓存,执行 2 个 XOR 操作,然后发出并行写操作(通常对整个条带),即便进行上述优化,系统仍然需要为这种写操作进行额外的读和XOR 操作。小量写操作困难使得 RAID5 技术很少应用于密集写操作的场合,如回滚字段及重做日志。当然,也可以将存储系统的条带大小定义为经常读写动作的数据大小,使之匹配,但这样会限制系统的灵活性,也不适用于企业中其他的应用。对于 RAID10,由于不存在数据校验,每次写操作只是单纯地执行写操作,因此在写性能上 RAID10 要好于 RAID5。

2.数据重构

对于 RAID10,当一块磁盘失效时,进行数据重构的操作只是复制一个新磁盘。假定磁盘的容量为 250G,那么复制的数据量为 250G。对于 RAID5 的存储阵列,则需要从每块磁盘中读取数据,经过重新计算得到一块硬盘的数据量。如果 RAID5 是以 4+1 的方式组建,每块磁盘的容量也为 250G,那么,需要在剩余的 4 个磁盘中读出总共是 1000G 的数据量计算得出 250G 的数据。从这点来看,RAID5 在数据重构上的工作负荷和花费的时间应该远大于 RAID10,负荷变大将影响重构期间的性能,时间长意味再次出现数据损坏的可能性变大。

3.数据安全保护

RAID10 系统在已有一块磁盘失效的情况下,只有出现该失效盘的对应镜像盘也失效时,才会导致数据丢失。其他的磁盘失效不会出现数据丢失情况。RAID5 系统在已有一块磁盘失效的情况下,只要再出现任意的一块磁盘失效,都将导致数据丢失。

综合来看,RAID10 和 RAID5 系统在出现一块磁盘失效后,进行数据重构时,RAID5需耗费的时间要比 RAID10 长,重构期间系统负荷上 RAID5 要比 RAID10 高,同时 RAID5出现数据丢失的可能性要比 RAID10 高,因此,数据重构期间,RAID5 系统的可靠性远比RAID10 来得低。RAID5 在磁盘空间利用率上比 RAID10 高,RAID5 的空间利用率是(N−1)/N(N 为阵列的磁盘数目),而 RAID10 的磁盘空间利用率仅为 50%。但是考虑到目前SATA 硬盘的成本,RAID10 加上 SATA 硬盘应该是非常好的选择。

因此,在采用价格昂贵的 FC 或 SCSI 硬盘的存储系统中,对于预算有限同时数据安全性要求不高的场合,可以采用 RAID5 方式来折中;其他应用中采用大容量的 ATA 或

SATA 硬盘结合 RAID10,既降低了 RAID10 为获得一定的存储空间必须采用双倍磁盘空间的成本,又避免了 RAID5 相对 RAID10 的各种缺点。

对于可靠性特别高的场景,可以采用前端直接存储和集中存储备份(不同质量)相结合的方式。

RAID 根据实现方式有全软 RAID、半软半硬 RAID 与全硬 RAID。全软 RAID 就是指 RAID 的所有功能都是操作系统与 CPU 来完成,没有第三方的控制/处理(业界称其为 RAID 协处理器)与 I/O 芯片。这样有关 RAID 所有任务的处理都由 CPU 来完成,可想而知,这是效率最低的一种 RAID。由于全软 RAID 是在操作系统下实现 RAID,不能保护系统盘,亦即系统分区不能参与实现 RAID。有些操作系统的 RAID 配置信息存在系统信息中,而不是存在磁盘上,当系统崩溃,需重新安装时,RAID 的信息就会丢失。尤其是全软 RAID5 为 CPU 的增强方式,会导致 30%~40% 的 I/O 功能降低,所以在服务器中不建议使用全软 RAID。

半软半硬 RAID 是一种把初级的 RAID 功能附加给 SCSI 或者 SATA 卡而产生的产品,它把软件 RAID 功能集成到产品的固件上,从而提高产品的功能和容错能力。它可以支持 RAID0 和 RAID1 RAID(1+0),但因为缺乏自己的 I/O 处理芯片,所以这方面的工作仍要由 CPU 与驱动程序来完成,而且半软半硬 RAID 所采用的 RAID 控制/处理芯片的能力一般都比较弱,不支持高的 RAID 等级。

全硬 RAID 则全面具备自己的 RAID 控制/处理与 I/O 处理芯片,甚至还有阵列缓冲,CPU 的占用率以及整体性能是这三种类型中最优的,但设备成本也是三种类型中最高的。简单来说,半软半硬 RAID 是依靠主机本身的 CPU 和内存运行;全硬 RAID 自带微处理与 I/O 处理芯片及内存,不依靠主机的 CPU 内存,直接把相关信息提交给 OS 处理,从而使性能获得很大的提高,它的缺点是要占用 PCI 总线带宽,所以 PCI I/O 可能变成阵列速度的瓶颈。

如图 4-12 所示,RAID 卡根据接口方式分为 IDE RAID(Intergraded Drive Electronics)和 SCSI RAID(Small Computer System Interface,这是一种输入/输出总线和逻辑接口,主要目标是提供一种设备独立的机制用来连接主机和访问设备)。IDE RAID 为中低端应用的服务器产品提供更强的数据处理和

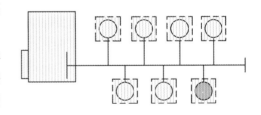

图 4-12　磁盘阵列

数据保护以及较高的性能价格比,支持 RAID 0/1/0+1/5;而 SCSI RAID 支持多个 I/O 并行操作,设备传输速度快,支持 RAID 级别多(如 RAID0/RAID1/RAID10/RAID3/RAID5/RAID30/RAID50/JBOD 等),可扩展性好,最多可连接 15 个外部 SCSI 设备,支持在线热插拔,性能更稳定,可靠性更好。

第五节 运营级视频监控存储系统的设计

一、大型监控存储系统的需求

1.大型监控存储系统面临挑战

(1)集中存储困难:监控点分散,并且上万路高清摄像机要求骨干网络支撑到百 Gb 级别。

(2)写入压力巨大:7×24h 不间断写入,实时性要求高,存储量巨大,冗余保护的数据量不能太多,否则将造成成倍的成本投入。

(3)维护困难:PB 级的存储量,存储设备上百台,一台设备宕机都将造成数十 TB 的数据维护工作量。

2.大型监控系统的存储一般须满足以下要求

(1)支持多级存储架构,可以实现前端存储、中心存储、客户端存储。

(2)支持多种视频监控录像方式,一般可以分为以下几种。

- 实时录像:根据客户实际的需求,录像点播服务器对前端监控图像实施全动态录像存储。

- 抽帧录像:是相对于实时录像而言的。为了节省存储空间,系统支持帧率为 1~25 帧/秒可调的录像存储。

- 自动录像:指系统支持定时录像和周期录像。

- 手动录像:手动操作完成录像任务。

- 报警录像:系统支持告警联动。

- 动态侦测录像:当设置告警区域内变化区域大于设定的百分比时,系统会发出告警,从而形成告警联动录像。

(3)存储管理服务器支持对分布式存储以及集中式存储的统一管理。中心集中存储宜放在中心机房,应具有冗余、纠错及 LAN-free[①] 备份等功能,支持升级实现远程容灾。

(4)所有存储设备应具有足够的存储空间,经过复核后的报警图像应按相应的报警处置规范进行长期保存。在重要应用场合,应对录像文件采取防篡改或确保文件完整性的相关措施。

(5)存储的图像数据应保证具有 CIF 格式的图像分辨率,重要目标和报警图像应具有 4CIF 的图像分辨率。

---

① LAN-free:是指数据不经过局域网直接进行备份,即用户只需将磁带机或磁带库等备份设备连接到 SAN 中,各服务器就可把需要备份的数据直接发送到共享的备份设备上,不必再经过局域网链路。

（6）应具有以太网接口，支持 TCP/IP，应扩展支持 iSCSI、SIP、RTSP、RTP、RTCP 等网络协议。

（7）单台中心存储设备应支持多台音视频存储设备（包括存储服务器和前端设备）的同时访问，支持主流厂商音视频流编码设备。

（8）应支持报警联动存储。系统接收到报警（外部开关量告警、内部移动侦测告警等）时，启动音视频信息存储。告警联动存储时，系统应支持报警前的录像功能，录像时间可配置。

二、前端存储与中心存储

根据数据存储位置的不同，可以分为前端存储、中心存储，如图 4-13 所示。这些方式的选择要结合承载网络的带宽、业务需求、客户需求以及实现成本等因素进行具体评估。

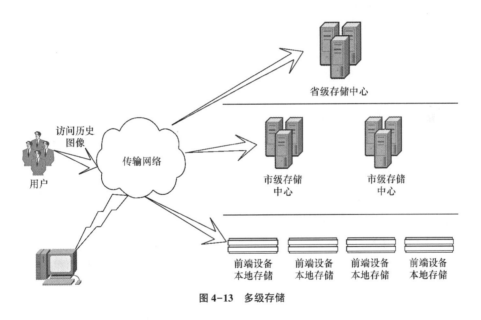

图 4-13 多级存储

1.前端存储

前端存储是指视频信息存于视频服务器或网络摄像机中。由于单个前端编码设备通常所带监控点路数不多，存储时间也不长，所以对存储容量要求不高。网络摄像机一般用 CF 卡或 SD 卡，视频服务器一般用内置硬盘，通常可设置盘满自动覆盖或停止录制，包括定时录制、手动录制和报警录制三种模式。

前端存储的优势：一是可以通过分布式的存储部署，减轻集中存储带来的容量压力；二是可以有效缓解集中存储带来的网络流量压力；三是可以避免集中存储在网络发生故障时的图像丢失。

前端存储的缺点是由于视频服务器所在物理环境大多比较恶劣,很难保证存储系统的可靠性,而提高前端系统的抗恶劣环境设计必将大幅提高系统的实现成本。由于前端系统数量巨大,系统整体成本也将大幅提高,所以前端存储用于可靠性要求较低的非关键业务。

视频服务器前端存储可以分为三种模式。

(1)DVR 存储。DVR 存储是目前最常见的一种前端存储模式,编解码器设备直接挂接硬盘,目前最多可带八盘硬盘。由于编解码设备性能的限制,一般采用硬盘顺序写入的模式,没有应用 RAID 冗余技术来实现对数据的保护。随着硬盘容量的不断增大,单片硬盘故障导致关键数据丢失的几率在同步增长,且 DVR 性能上的局限性影响图像数据的共享及分析。这种方式的特点是价格便宜,使用起来方便,通过遥控器和键盘就可以操作。在传统视频监控领域,比如楼宇等监控点非常集中的监控存储系统中,用户习惯采用 DVR 模式。DVR 模式非常适合本地监控和监控点密度高的场合,不仅投资小,而且可以很好地支持本地存储设备。其缺点是网络功能弱,扩展性差。

(2)DVS 编码器直连存储。DVS 编码器通过外部存储接口连接外挂存储设备,主要采用 SATA、USB、iSCSI 和 NAS 等存储协议。其中 SATA/USB 模式采用的直连方式,不能共享并且扩展能力较低,目前应用逐渐被淘汰;IP 网络(iSCSI 和 NAS)方式下具有更好的扩展能力和共享能力。

DVS 编码器直连存储方式,监控视频数据通过 RAID 技术在可靠性上得到了一定保证,适合于中小规模安防存储的部署。网络存储产品可和多个厂商的编码设备实现视频数据的直接写入,减少了服务器中转这一环节,在性能提升的同时也节省了用户的投资。但是这种方式由于需要依靠流媒体服务器进行数据的转发和检索,容易在流媒体转发这一环节出现瓶颈,且目前直写通常采用 NAS 存储方式,由于 NAS 自身的文件协议等原因,导致在多节点并发写入数据时效率不高。

(3)NVR 存储。在视频监控系统中,NVR 是模拟录像机和硬盘录像机的理想升级换代产品,是在原来 DVR 基础上实现的免除视窗操作系统和电脑配合的单机独立操作设备。由于 NVR 采取高度集成化的芯片技术,拥有先进的数字化录像、存储和重放功能,不需要更换和存储录像带,无需电脑配合和日常维护,因此,能够实现高分辨率(可达到 Full-D1 分辨率)、高质量实时监控,并且简单易用。具体来说,NVR 系统的安防存储将传统的视频、音频及控制信号数字化,通过 NVR 设备上的网络接口,以 IP 包的形式在网络上传输,在 DVR 的基础上,实现了系统的网络化。应用当中,尽管 NVR 系统具有计算机快速处理能力、数字信息抗干扰能力、便于快速查询记录、视频图像清晰及单机显示多路图像等优点,但是从本质上来讲,NVR 不仅没有解决 DVR 系统中存在的模拟传输的缺陷,也没有很好地解决网络传输视频流后带来的更多管理问题。实际上,每个 NVR 形成了一个独立的监控中心,给全网监控的实现造成了更大的复杂性,在诸如远程控制、多层级扩展性以及组网能力等方面还有待提高。

2.中心存储

与前端存储对应,中心存储是存储数据都集中在中心的系统。中心存储可以是一个中心或者多个分布式的中心存储系统,根据需要放在运营商侧或者客户侧的监控中心。

存储服务器连接前端编解码器,通过流媒体协议下载数据,然后存放到存储设备上。服务器和存储设备之间可以通过 SAS、iSCSI、NAS、FC 协议连接。通常可设置用户存储空间满自动覆盖或停止录制,支持定时录制、手动录制和报警录制三种模式。

对于监控点路数比较少、存储时间要求不长的应用场合,中心/分中心存储可以采用服务器插硬盘或外接磁盘柜这种比较简单的方式进行部署,称为 DAS(直接访问存储)。随着网络视频监控的优势被广泛认可,现在开始出现越来越多的大型甚至超大型视频监控系统。这些监控系统都面临前端设备的大规模接入和大容量集中存储的需求。以往的单机存储方式无法满足这些系统在容量灵活扩展方面的应用需求,必须采用更为先进的网络存储设备和存储技术,其中典型的就是 SAN、NAS 以及 iSCSI。

在很多大型的视频监控联网应用中,也可采用多级分布的中心存储方式,即分中心存储。这样一方面可以降低一个中心点集中存储带来的存储容量和网络流量的压力,另一方面可以大幅度提升系统的可靠性。分布式存储依据网络带宽和业务需求部署多个中心存储系统,需要在保证系统容量和性能可扩展的同时,实现对数据的全局统一管理和存储资源的统一管理。其特点是容量大、性能高和可用性好,并易于管理,但相对前端存储而言实现成本较高。

3.客户端存储

客户端存储是指客户在浏览视频时将视频实时存储在客户端的本地硬盘中,通常支持手动录制和报警录制两种模式,往往作为一种补充存储方式。

三、集中存储与分布存储

与平台存储和前端存储相对应,存储系统的部署可以分为集中式存储、分布式存储,以及两者的混合部署。

1.集中式存储系统

如图 4-14 所示,集中式存储架构适用于点位集中、区域较少的监控场所,中心建立网络存储区域,集中放置网络存储设备或 DVR 网络硬盘录像机。网络摄像机直接把录像资料存储到中心网络存储设备中,监控中心通过管理平台管理前端网络摄像机和中心网络存储设备,中心客户端可进行实时预览和录像回放。

2.分布式存储系统

分布式存储系统适用于多网点分布,集中管理的监控场所,各个网点分配一台网络存储设备,摄像机直接把录像资料存储到本地的网络存储设备中,监控中心通过管理平台管理前端摄像机和网络存储设备,中心客户端可进行实时预览和录像回放,如图 4-15 所示。

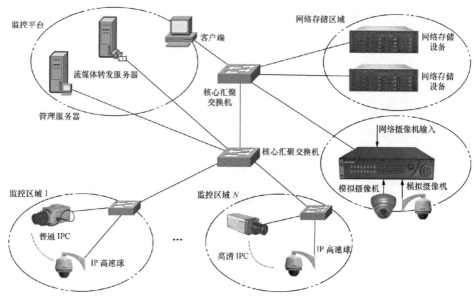

图 4-14　集中式存储模式

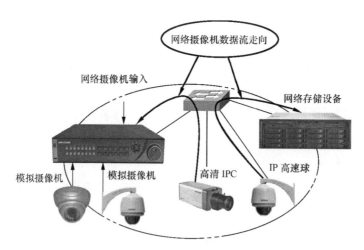

图 4-15　网络分布式存储模式数据流路径

四、存储管理方式

选择存储方案时需考虑以下方面。

(1)数字视频数量:影响存储容量和存储性能需求。

(2)存储格式:采用 H.264 或 MPEG-4/2 视频格式,各种编码器都有各自的播放库。

(3)视频流带宽/记录时间:影响存储容量和性能需求。一般视频流带宽的范围是

1~8Mbit/s,但通常都在 1~3Mbit/s 范围之内。在监控记录的时间上,有全天时记录和部分时间记录(工作时间)的区分。

(4)视频录像需保持的存储天数。

(5)视频流的记录方式:影响存储空间的接口。目前各种 DVS/NVS/编码器都使用文件系统记录视频流(录像),方法为按固定的时间间隔生产视频文件。

(6)稳定可靠性要求:一些视频监控系统对监控业务连续性要求很高,要求设备故障不能影响当前的监视和记录。

(7)随着业务发展,方便视频存储的扩容。

另外,对于分布式多中心存储系统,为实现资源的灵活调配和冗余管理,在数据写入时要选择存储资源,即存储资源管理策略;数据查询时需要找到具体存储在哪个存储系统和在系统中的具体位置。这样就需要引入存储管理的架构和理念,在存储架构的管理方面需要综合考虑以下因素。

(1)容量管理:满足容量管理规划的需求,例如未用空间/插槽、未分配卷、已分配卷的自由空间、备份数目、磁带数目、利用率、自由临时设备的百分比等。

(2)配置管理:配置管理根据要求提供信息,包括当前逻辑和物理配置数据、端口利用数据以及设备驱动器数据等,可以根据高可用性和连接性的商业要求配置。

(3)性能管理:在需要时会要求改进存储系统的性能,要求存储系统遵守公共的、不依赖于平台的访问标准。

(4)可用性管理:可用性管理负责预防故障,在问题发生时对其加以纠正,对重要事件在其发展到致命之前提出告警。例如,如果发生了路径错误,可用性管理功能会确定是一个连接故障还是其他部件故障,然后分配另一条路径,通知工程师修复故障部件,并在整个过程中维持系统的运行。

按照 IT-CMM[①] 理论,需要对整个存储平台引入存储生命周期管理理念,通过专业的数据中心对全局的关键视频数据进行存储备份,通过多种备份方式和策略的选择,对分布存储上的数据定时、定量、定条件地备份到中心存储上。图 4-16 显示了存储生命周期的管理流程。

五、存储的物理实现

1.底层硬件平台需满足哪些条件

数据存储的物理实现,也就是如何选择物理存储技术,其需要考虑的问题包括:在集中存储模式方面采用 DAS、SAN 还是 NAS;考虑 SAN 时,FC-SAN、IP-SAN(iSCSI)的适用与定位;是否需要盘阵和磁带库形成物理分级存储等。各类用户不同的投资规模使得其

---

① IT-CMM:IT-Capability Maturity Model,IT 能力成熟度横型,反映对 IT 过程的定义、管理、测量和控制等的程度。

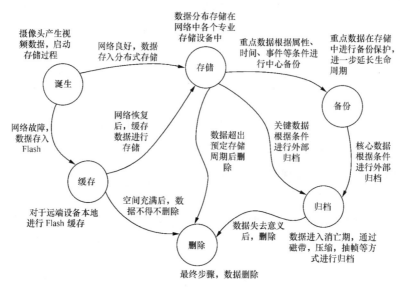

图 4-16 全局存储生命周期

对存储系统的性能、容量、可靠性、生命周期以及规划管理的要求将是多种多样的。因此在构建视频存储和管理系统时,不必拘泥于某一种存储技术或设备,应着重于建立开放的、可扩展的、灵活的内容存储管理平台,可以管理和兼容各种物理存储技术,可以根据实际市场发展状况,选择适合需求的技术和产品。

基于以上 4 种架构模型,均要求有相应的硬件平台相匹配,以便于大量的影像信息能够快速便捷地存储与回放。同时对存储硬件系统平台在不同发展阶段(5000 路、10000 路、20000 路以及 20000 路以上)的升级过程中能够做到平滑无缝地完成,因此要求底层的硬件平台满足以下基本要求:

(1)存储系统应具有高速的数据吞吐能力(单台磁盘阵列带宽≥400Mbit/s),能满足长时间、大数据量、多码流的连续写、频繁操作的应用系统的数据存储要求;

(2)存储系统应具备大容量结构,单磁盘柜硬盘插槽数≥8,支持在线扩展;

(3)存储系统必须支持成熟稳定的磁盘 RAID 技术,按照 RAID5 计算硬盘数量;热备盘数量大于总盘数的 6%(即不推荐跨磁盘柜作为 RAID,每磁盘柜内至少配置一块全局热备盘);

(4)存储系统应支持多个外部接口(多网口或多光纤通道口,数量≥2),提高系统对外服务能力;

(5)存储介质可以按需配置 FC/SAS/SATA 硬盘,硬盘转速≥7200rpm,平均失败时间≥1 000 000h;

(6)存储系统应具有电信级高可靠性、高可用性与高数据安全性,确保数据安全可靠;系统可靠性≥99.999%;应提供相关可靠性评估文件或者计算方法;

(7)中心/分中心实配存储设备在满足使用情况下还应具有 30%以上的性能(指处理

能力/缓存)和容量(指硬盘数量)扩展空间;

(8)存储系统应为开放通用的平台,可与视频监控平台灵活简单地结合,并能提供监控平台管理要求的应用开发接口,实现存储空间健康状态监控以及告警联动;

(9)存储系统可管理性强,配备便于使用的图形化存储管理工具。管理方式简单,易操作;中心/分中心存储设备和内部空间资源能够提供统一管理;

(10)平台中心的存储系统整体必须具备故障隔离功能,单一硬盘、磁盘柜、存储控制器、磁盘阵列的故障不影响整体存储系统其余部分的可用性;

(11)系统具有自动恢复功能,在断电后能够迅速重新启动;断电时存储设备对硬盘介质应能提供断电保护,以防异常电流造成硬盘意外物理损坏率增高和恢复时间过长。

2.如何选择存储硬盘

存储硬盘与普通电脑所用的硬盘不同,监控系统在选择存储硬盘的时候需要考虑以下几点。

(1)存储硬盘的容量需求弹性比较大,必须考虑可扩充性,在计算存储容量时,要考虑画面的质量要求、尺寸大小、帧率、存储时间等因素;监控存储的数据保存周期长短不一,超过使用时间后可以重复覆盖,一般的监控场所数据保存一定时间(如 10 天)以后便可以删除或覆盖。

(2)监控系统硬盘需要能够满足大数据流量长时间的连续读写,在运行时要求全天候、零故障,因为出现故障就非常麻烦,有时候要跋涉很远的地方进行修理。

(3)在视频监控系统中所用到的数据最重要的是流畅性,并不是准确性,因为仅 1 帧图像就有几十万至数百万像素,每秒就有 25 帧图像,因此源源不断的视频流有无数个数据,少了一两个甚至若干个数据其实对画面的质量完全没有影响,应着重考虑视频的流畅性。

(4)监控系统很多时间需要在高温和高湿的情况下操作,因此散热非常重要,必须考虑散热、功耗等指标。

六、存储容量的计算

为视频监控方案选择合适的存储设备,首先需要估算存储容量需求。各行业对视频存储时间的要求不同,少的只要 1~2 天,多的长达 30 天;同样是公安行业,不同地区对于存储时间的长短也不一样。公安部在《城市监控报警联网系统通用技术要求》中做出统一规范,要求大于 15 天,而有些保险公司在全国范围做出统一规范,要求大于 7 天。

存储容量的计算公式:单个通道 24h 存储 1 天的计算公式:$\sum(GB)=$ 码流大小 $(Mbit/s)\div8\times3600(s)\times24(h)\times1(天)\div1024$。

- D1 格式:按 2Mbit/s 码流计算,存放 1 天的数据总容量:2(Mbit/s)÷8×3600(s)×24(h)×(1 天)÷1024=21GB。

- 准高清 720P 格式:按 4 Mbit/s 码流计算,存放 1 天的数据总量:4(Mbit/s)÷8× 3600(s)×24(h)×1(天)÷1024=42.18GB。
- 高清 1080P 格式:按 8Mbit/s 码流计算,存放 1 天的数据总量:8(Mbit/s)÷8×3600 (s)×24(h)×1(天)÷1024 = 84.37GB。
- CIF 格式

主流视频监控产品的压缩方式有 3 种,按照 CIF 分辨率计算如下。

MPEG-4 压缩方式:200MB/h/路;

H.264 压缩方式:150MB/h/路;

MJPEG 的码流大小平均是 MPEG-4 压缩方式的 2~3 倍。

按照每天 24h 连续录像,根据视频路数和存储时间进行视频数据存储容量的测算数据见表 4-4。

表 4-4　CIF 格式录像保存天数与硬盘的容量

保存天数	硬盘容量(GB)		
	1 路	4 路	8 路
1 天	4.8	19.2	38.4
3 天	14.4	54.6	115.2
1 星期	33.6	134.4	268.8
半个月	72	288	576
一个月	144	576	1152

从表 4-4 我们基本可以估算出一个视频监控项目中所需存储设备的类型。举例来说,某银行需要 4 路视频监控系统,7×24h 监控,数据保存 3 个月便可以覆盖,那么总计容量需求为 576(GB)×3(月)= 1.7TB。目前有的厂商正在开发抽帧存储技术,如一个月内的图像存储为 25 帧/秒的录像文件,一个月到二个月之间的图像存储为 10 帧/秒的文件,二个月之前的图像存储为 1 帧/秒的文件,这样可以大大节省存储空间。

对于高清存储,以 100 个 D1 通道和 50 个高清通道保存 30 天为例,存储总量为 110TB,格式化后的总容量=110÷0.9(格式化损失容量比例)≈122TB。

根据某网络存储设备容量支持 24TB 计算(除去热备和 RAID5,单机裸容量为 22TB),总共需要 122÷22≈6 台网络存储设备,134 块 1TB 企业级存储专用硬盘(其中每台设备含 2 块 1TB 的热备份盘及 RAID5)。单体设备最多支持 8 路高清 IP 摄像机的存储。

七、存储系统的安全性

数据的可靠性和安全性十分重要。存储设备中的单点故障可能引起巨大的经济损失。要确保保存数据的完整、可靠和有效调用,必须满足以下条件。

数据快照:全球网络存储工业协会(SNIA)对快照(Snapshot)的定义是:关于指定数

据集合的一个完全可用拷贝,该拷贝包括相应数据在某个时间点(拷贝开始的时间点)的映像。快照可以是其所表示的数据的一个副本,也可以是数据的一个复制品。

数据卷复制:在同一个存储系统中,提供将一个逻辑卷(源卷)位到位地完全拷贝到另一个逻辑卷(目标卷)的能力,允许在拷贝过程中对源卷进行只读性质的访问,并挂起写操作,保证时间点数据拷贝的完整性。

数据远程同步:数据远程同步功能通过将本地数据连续地复制或镜像备份到远程存储系统中去,以形成副本的方式实现对数据的保护,也是构建异地备份、异地容灾的最佳存储解决方案。

另外,在内容索引服务器和存储资源服务器,以及需要访问他们的服务器间,应该建立安全机制,确保正确的信息写入正确的位置,获得权限范围内的信息。

八、存储系统的可靠性

存储系统应采用全冗余体系结构设计,系统无任何单点故障,必须提供良好的多平台兼容性,支持 SUN、IBM、HP 等主要的 UNIX 系统和主要的 Linux 平台。

- 针对不同的灾难原因,需要有针对性的解决方案:
- 对硬件故障,需要采用硬件冗余的方法,如防范硬盘的故障,有 RAID 技术;
- 对人为错误和软件故障,可采用数据冗余的方式,如本地时间点拷贝;
- 针对环境灾难,可采用设备冗余的方法,如远程同步或异步容灾;
- 有的容灾方法,如磁带备份,既可以防范人为的和软件的逻辑灾难,也可以防范环境的物理灾难。

九、存储系统的性能要求

1.写入流程对存储的物理性能要求

要求存储系统具有较高的多线程写能力,其 I/O 性能应满足以下计算公式,即:多线程写能力＝单视频流量×索引开销系数×存储视频头数量。存储系统容量应满足的指标计算公式为:存储系统容量＝单视频流量×索引开销系数×存储生命周期×存储视频头数量。

2.查询和读取流程对存储的物理性能要求

由于目前查询和提取用户业务量相对写入业务量非常小,所以对存储的 I/O 性能要求不高,可根据实际运营经验酌情评估。

另外,系统性能实际上由业务流程各环节功能模块共同协作而体现,所以在评估存储系统性能要求时,也需要与其他各环节的协同平衡来综合考量。如:存储应用服务器由于要对大量的视频流进行实时分割文件化,或对提取视频文件进行流式化,对其计算能力和 I/O 吞吐能力都要求比较高。

存储资源服务器要求较高 I/O 吞吐量,并要与连接的物理存储系统相匹配。

第六节　运营级视频监控存储系统架构

开放的、可共享的、可灵活扩展的存储系统架构非常重要。这里介绍一个运营级大规模监控系统的存储功能架构,如图 4-17 所示,其网络存储服务单元(NRU)构成包括存储应用服务器、存储资源服务器和内容索引服务器。摄像机所产生的视频数据存入前端存储设备或分布式存储系统中,资源由统一的存储管理平台进行调配,重要的视频数据存入中心存储设备中作为备份。

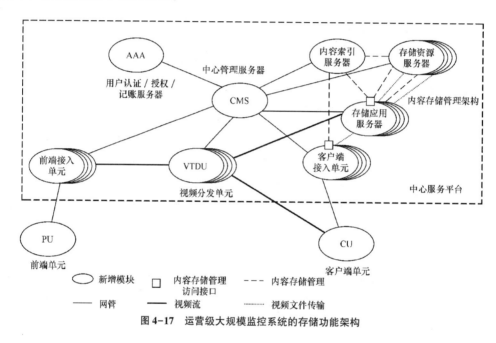

图 4-17　运营级大规模监控系统的存储功能架构

在该架构中,用户认证与授权仍由监控平台认证模块完成,在做查询的时候监控平台认证模块将查询请求发送给内容索引服务器,以返回相关的查询结果。存储应用服务器可以对监控输入视频流进行文件化分割以及建立索引信息,提交内容索引服务器和存储资源服务器进行索引与存储,内容索引服务器可以全局索引多台存储资源服务器,存储资源服务器可以采用 DAS、NAS、SAN 等任何物理存储模式,当需要扩展存储资源时,既可以选择扩展单存储资源服务器内的存储容量,也可以设立新的存储资源服务器。

存储系统的部署实施模式,主要取决于网络带宽资源的分布情况、用户业务模式、组织经营机构、行政结构以及运营商自身的运营和管理模式。其中,建议一个 CMS 管理域内采用唯一内容索引服务器,即内容索引服务器与 CMS 成对出现,内容索引服务器由于是全域存储系统的核心控制点,需要采用 HA 部署,并应支持异地的内容索引服务器备份。内容索引服务器属高计算密度的数据库应用,所以建议采用高性能计算平台,纵向扩展本机性能。

存储应用服务器可根据具体需求采用 VTDU 就近部署,即与 VTDU 成对出现,或者与存储资源服务器就近部署。由于存储应用服务器对计算密度和 I/O 要求很高,采用集群方式扩展。

可根据具体需求在全域内设立多个存储资源服务器(比如:全域部署多分布式中心存储,即异地部署多个存储资源服务器),并由域内容索引服务器统一管理。存储资源服务器对 I/O 要求较高,其性能扩展可通过自身的集群方式,或者通过设立更多的存储资源服务器实现。

一、存储应用服务器

存储应用服务器可以对监控输入视频流进行文件化分割以及建立索引信息,提交内容索引服务器和存储资源服务器进行索引与存储,另外可对存储资源服务器提供视频文件组向监控平台输出。

存储应用服务器以 RTP/RTCP 接收和发送视频流,主要功能如下。

1.实时视频流导入和分段

存储应用服务器接收来自 VTDU 的视频流数据,根据存储在索引服务器里面的分段配置信息,对流进行分段,分割成为小文件,生成包括来源(摄像机 ID)、起始时间、持续时间等索引信息。

2.直接通过网络传输协议(HTTP/FTP)接收已分段视频文件

存储应用服务器对分段完成和上传好的视频文件,通过相关内容存储接口,提交给内容索引服务器和存储资源服务器,并且对上传的来源进行记录,生成包括来源(摄像机 ID)、起始时间、持续时间等索引信息,并提交给内容索引服务器和存储资源服务器。

3.视频内容查询回放

用户向 VTDU 发出播放请求后,VTDU 将待播放的视频信息发送给存储应用服务器;存储应用服务器通过内容读取接口,以 TCP/IP(需要时可以提供加密传输)从资源管理器读取视频片段。

存储应用服务器将用户所需的视频文件流式化处理后以流的方式返回给 VTDU,供用户浏览播放,同时支持播放器提交的快进、快退请求。

用户播放完成关闭和 VTDU 的连接后或连接超时后,存储应用服务器清除该播放列表相关数据。

二、存储资源服务器

存储资源服务器负责物理存储设备的连接与管理,实现文件系统的生成与管理、多级存储管理(数据迁移)和数据复制管理、维护内容索引到文件系统的映射等功能。存储资源服务器需兼容各种物理存储技术,有效地屏蔽内容存储管理与具体的物理存储设备的技术相关性,更好地实现存储系统管理平台的开放性和灵活性。存储资源服务器的主要功能如下。

1.物理存储设备连接

存储资源服务器能够管理兼容多种标准物理存储技术设备,并能按照设计要求实现业务处理能力和存储容量的扩展。

2.视频文件存储功能

存储资源服务器接收从存储应用服务器传入的视频文件,完成视频文件的存储;将存储应用服务器传入的视频文件信息,存入事先定义的存储池(文件系统);内容存储服务器可以以高效的 TCP/IP(需要时可以提供加密传输)完成对内容的存储接口调用。

3.视频文件读取功能

存储资源服务器根据用户的请求,将视频文件返回给用户,调用时既可以将完整的视频文件返回给调用者,也可以将用户请求的视频片段返回,整个过程无论视频文件存储在具体底层的哪个文件系统或存储卷上,均对调用者透明。

4.多级存储支持能力

为了更有效地利用存储空间,降低存储成本,提高系统存储容量,要求存储资源服务器可以支持多级存储系统,可以支持与存储硬件无关的各种二级存储设备,如光盘库、带库等。整个过程要求对用户透明,并且与硬件设备类型、型号、厂商无关。

存储资源服务器配置后可以将存储在其中的视频文件根据定义的策略,自动迁移到二级存储设备上,并且当用户需要视频的时候自动回迁,将视频返回给用户。

5.数据复制技术

为了实现系统的高可用性,存储资源服务器可以相互之间进行数据复制。复制可以支持实时复制或异步复制。当用户索取数据时,可以从数据复制的备份服务器上读取视频文件。

6.数据安全和访问密钥支持

所有访问存储资源服务器的操作均可以支持访问密钥管理,访问密钥由内容索引服务器分发,实现统一管理。存储资源服务器确保不对没有密钥或密钥不正确(包括密钥所授权的操作不符、密钥所授权的操作对象不符、密钥过期等)的访问进行应答,保护数据安全。

7.数据一致性检查和异步恢复功能

存储资源服务器的视频数据要求与内容索引服务器的索引信息一一对应,系统要求有完好的机制确保数据一致性和完整性。当系统发生异常时,可以提供异步恢复工具,清除系统异常,恢复正确的数据。

三、内容索引服务器

内容索引服务器可以下辖多个存储资源服务器,对下辖的存储资源服务器进行健康状态监控,生成和维护内容索引到存储资源服务器的映射表,生成和维护存储资源策略表(确定 PU 视频内容存到哪个存储资源服务器,并能在缺省存储资源服务器故障时,选择其他存储资源),提供生命周期管理,内容索引服务器可在下辖存储资源服务器间实现存储的灵活调度和存储路径编辑。

内容索引服务器的主要功能如下。

1.按照定义的索引规范对视频进行索引建模

内容索引服务器按照用户的需求,对视频文件进行索引建模,建立视频的索引字段,如摄像机 ID、拍摄时间、持续时间等。内容索引服务器可以根据用户的需求,设计出不同的索引模型,并最小化应用和整个系统架构的改动量。

内容索引服务器可以接受来自 CMS 的管理命令,并响应建立模型的请求。

2.接收来自存储应用服务器的索引信息

内容索引服务器接收从存储应用服务器传入的索引信息,完成索引信息的存储,将存储应用服务器传入的摄像机 ID、拍摄时间、持续时间等索引信息,存入底层索引存储平台并可以供用户检索。

3.接受视频内容查询浏览门户服务器查询请求,并返回结果

内容索引服务器接受查询请求,根据查询的摄像机、时间段等条件查询,并得到符合条件的视频片段,将结果返回给调用端,同时返回给客户端访问资源的授权密钥信息。

4.管理视频文件的生命周期

内容索引服务器根据不同的视频文件类别以及不同的摄像机,设置不同的视频文件生命周期。内容索引服务器可以根据用户设定的视频文件生命周期,到时自动清除过期视频文件及其索引。

5.管理存储策略

内容索引服务器根据定义的存储管理策略,为不同的摄像机定义不同的存储资源服务器,当指定的存储资源服务器不可用时,可指定候选的存储资源服务器。内容索引服务器会对其管理的存储资源服务器的健康状况进行定期检查,并且更新其状态,为调用的存储应用服务器提供存储策略。

6.颁发存储资源服务器访问授权密钥

在用户查询到视频时,内容索引服务器就会颁发访问授权密钥给授权的用户。访问授权密钥可以确保只有授权的用户可以在授权时间内对存储资源服务器进行指定的存储、读取等操作。

通过访问授权密钥的方式,既可以让用户不需通过索引服务器而对视频文件进行操作,提高访问效率,同时还保证了存储资源服务器的安全性。

第七节　运营级视频监控存储系统工作原理

一、视频存储流程

视频分发服务器 VTDU 将某摄像机的视频流转发给存储应用服务器,存储应用服务器对视频流进行分割和文件化,按照预定义的索引策略,向内容索引服务器提出请求,通过内容索引服务器根据预定义的存储资源调度表以及健康状态信息,确定存储资源服务器,并生成相关授权密钥给存储应用服务器,存储应用服务器使用此授权密钥访问对应的存储资源服务器。

存储资源服务器把数据写入物理存储设备,更新索引与文件系统映射表,同时内容索引服务器生成相应索引。

二、视频查询流程

用户通过监控客户端 CU 定义查询条件,向内容索引服务器请求索引视频资源,索引服务器返回相关的查询结果,并展现给用户;同时内容索引服务器会提供用户 CU 与对应存储资源服务器的视频的授权密钥,为进一步的视频播放和下载使用。

三、视频播放流程

用户在检索结果界面上可以选择需要播放的历史视频信息,系统通过 CMS 和 AAA 认证查找到用户首选的 VTDU,将用户的播放请求发送到首选的 VTDU 后,然后启动监控客户端 CU 连接到首选的 VTDU;CU 向该 VTDU 提出申请并提供授权,VTDU 继续向对应的存储应用服务器提出申请并转发授权,存储应用服务器继续提交授权给存储资源服务器,存储资源服务器在认证授权通过后提取数据返回给存储应用服务器,存储应用服务器对数据流式化后分发给 VTDU,VTDU 将视频分发给 CU 进行播放。

如果用户选择直接下载文件,则由 CU 接入单元直接向查询结果相对应的存储资源服务器提取数据。

思考与研讨题

1.对于云存储单台存储节点的性能配置:即每台存储节点的性能需满足的性价比指标,也是最经济的性能与成本配置,在考虑①容量:要求存储系统的容量扩展能力至少大于20PB;②性能:要求存储系统的性能扩展能力至少满足1万路高清(6Mbps)并发录像的前提下,请思考回答如下问题:

a) 从性价比角度考虑,每单位容量(TB)需要满足的并发录像性能为多少?

b) 考虑实际负载,需增加性能余量,增加100%的写性能和100%读性能,每单位容量(TB)需要满足的并发录像性能为多少?

参考答案:a)　1万 x6Mbps/20PB＝3Mbps/TB

b)　3Mbps/TB ＊(1+100% +100%)＝9Mbps/TB(允许偏离正负5%)

第五章 中心控制与显示设备

■ **本章要点:**

视频矩阵切换器

电视墙与屏幕拼接控制器

网络视频解码器

流媒体服务器

网络视频监控管理平台

在网络视频监控系统中,所有前端摄像机采集的视频图像都是通过网络(专网或公网)传输到后端(控制中心或分控制中心)的流媒体服务器及相应的存储设备(其中对于分布式存储架构来说,存储设备不一定全部置于控制中心),其中流媒体服务器通过内置或外置的网络视频解码器解码出不同格式的模拟或数字视频信号,送往由监视器阵列拼接①构成的大屏幕电视墙去显示。

■ **背景延伸**

★在 2006 年 10 月举行的首届"中国国际社会公共安全产品博览会创新产品"评选中,天津天地伟业数码有限公司的"超级智能矩阵"成为本次评选活动的最大亮点。该矩阵将网络技术和数字技术真正应用在矩阵主机上,从而赋予矩阵主机全新的内涵,包括:内置 web 服务器,完全通过 IE 浏览器方式访问、配置和控制,属国际首创;单机容量达 384×64,在超大容量基础上性能也有大幅提高,相邻通道隔离度大于 60dB,视频信号质量优异,指标超过国外同类产品;支持久性化的宏编程,能实现几乎不受限制的切换、控制和报警响应策略,并可设定时间和条件,属国内首创;三维矢量,变速变信同时进行;多行 24×24 点阵汉字叠加、可调灰度字号及内置双字输入法体现了功能强大和智能化的特点,这些功能在国内矩阵中均属首创设计。

---

① 拼接(splicing):将某一指定输入通道的视频信号按图像显示区域拆分为 MxN 路(通常 M = N),经内插放大后送到指定的 MxN 个输出通道,使对应外接的 MxN 个显示器以多屏拼接形式显示该输入通道放大了的图像。

★为规范视频监控系统中心控制设备的功能、性能与技术参数,公安部于2006年10月12日发布全国公共安全行业标准《视频安防监控系统矩阵切换设备通用技术要求》(GA/T 646-2006),于2007年1月1日起实施。2014年,该标准被重新修订。

★随着平安城市建设的全面展开,联网视频监控系统中心管理平台越来越受到重视,在"2008年中国国际社会公共安全产品博览会创新产品"评选中,采用C/S架构、可以对联网系统中所有IPC、DVS、DVR等数字前后端设备进行统一管理并集成智能分析与智能搜索以及报警数据接入的"网络远程视频监控管理平台软件",可实现对联网系统中不同种类的模拟视频系统、数字视频系统、防范报警系统、门禁与通道管理系统、巡更系统以及其他第三方系统和设备的集中监控与整合管理的"智能融合预警通讯平台"软件,可以对多台数字矩阵设备进行统一编组管理以及操作/控制的"电视墙中心管理系统"等中心管理平台软件及系统均被评为该届创新产品。

★在"2010年中国国际社会公共安全产品博览会创新产品"评选中,杭州海康威视数字技术股份有限公司的"视频综合平台DS-B10-XY"以及北京中盾安全技术开发公司的"城市监控报警联网系统综合研判集成平台ZD8300V1"等两大平台类产品被评为第三届安博会创新产品特等奖。

第一节 视频矩阵切换器

对于联网视频监控系统,前端摄像机的数量是巨大的,一个中等规模城市的联网摄像机数量即可达数千个乃至数万个,而大城市的联网摄像机数量甚至达几十万个。如此多的摄像机采集的视频图像显然不可能在监控中心的监视器屏幕上一对一地同时显示出来,而只能是从中挑选出若干感兴趣区域的监视图像进行重点监视。一般情况下,当感兴趣监视区域的数量较多时,所要选择的前端摄像机的数量也就相应增多,因此需要通过矩阵切换器将多个前端摄像机的画面在有限数量的监视器屏幕上轮换显示(简称巡视或轮巡)。

在视频监控系统中,实现从多路视频信号中任意选择出少数几路视频输出的设备称为视频矩阵切换器,其中只接受模拟视频信号输入的设备称为模拟视频矩阵;支持SDI、DVI、HDMI等非网络数字信号输入的设备称为数字视频矩阵;同时接受模拟及数字视频信号输入的设备称为混合矩阵;而实现从多个联网摄像机中任意选择出少数几路视频流经解码还原而输出视频信号的设备也称为数字视频矩阵。无论是何种类型的矩阵,其任何一个输出端口都可实现对于多路视频图像的轮流切换(也称时序切换或巡视切换)。

图5-1给出了矩阵切换器的构成框图。由图可见,矩阵切换器包括了视频输入模块、视频输出模块、中央处理模块、电源模块、通讯接口、前端设备控制接口、报警信号处理模块、信息存储模块等。其中视频输入模块可实现输入端口视频丢失的检测,通讯接

口可实现报警输入/输出及网络通信等功能,而视频输出模块可实现屏幕字符叠加显示。

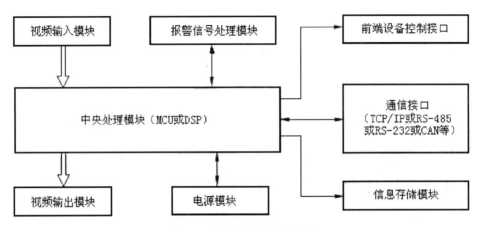

图 5-1 矩阵切换器的构成框图

在《视频安防监控系统矩阵切换设备通用技术要求》(GA/T 646-2006)中,按矩阵切换设备的功能分为基本型、增强型和扩展型三类,其中扩展型矩阵内置了对模拟视频进行数字化的电路,可将选定的模拟输入视频信号转换为数字视频输出,且可实现数字视频网络传输的功能(见表 5-1)。

表 5-1 基于产品功能的视频矩阵分类

产品功能	基本型	增强型	扩展型
视频手动切换功能	√	√	√
视频群组切换功能	√	√	√
视频巡视切换功能	√	√	√
屏幕字符显示功能	√	√	√
前端设备控制功能	√	√	√
信息自动存储功能	√	√	√
报警联动功能	√	√	√
报警信号检测功能		√	√
报警事件记录功能		√	√
视频丢失报警功能		√	√
音频同步切换功能		√	√
矩阵级联功能		√	√
数字视频输出功能			√
矩阵联网功能			√

关键术语

视频矩阵：通过阵列切换的方法将 M 路输入模拟或数字视频信号任意切换至 N 路输出端口供固定或轮巡①监看的电子装置。一般情况下矩阵的输入端口数大于输出端口数，即 M>N。有些视频矩阵同时带有音频切换功能，能将视频和音频信号进行同步切换，这种矩阵也叫做音视频矩阵。在 GA/T 646-2006 的术语和定义中，矩阵切换设备的定义是②：能完成视频输入输出的矩阵式(全交叉)切换、前端设备的控制、报警信号的处理等功能的设备。

网络接口数字视频矩阵：实现从多个联网摄像机中任意选择出少数几路视频流经解码输出视频信号的设备，通常用以实现将网络摄像机输出的压缩视频流实时解码并送往监控中心电视墙显示。

一、模拟视频矩阵

模拟视频矩阵是矩阵切换器的早期产品，它有多个模拟输入端口和两个以上的输出端口，且由各输出端口输出的信号彼此独立。也就是说，这些端口的输出信号既可以是任意某一路输入信号(可以为同一路输入信号源)，也可以是任意某几路输入信号的轮换，其中任一输出端口都可设定为轮巡输出，且任一轮巡序列中都可多次插入同一摄像机的视频图像(例如，对于重点监视的图像增加该路图像的重复频率)。当设定为成组切换模式时，矩阵切换器可将一组摄像机图像一对一地同时切换到若干相邻的监视器屏幕上。

一般情况下，矩阵切换器各端口输出的图像内容并不相同，从而构成 M×N 的结构(M 路输入×N 路输出)。

M×N 的结构由 M 条视频输入子线与 N 条视频输出母线构成，所有子母线的交点均可由开关控制。因此，每一条视频母线都是一个"M 选 1"的开关排，母线上的每一个交叉点就是一个开关。当某一子母交叉点接通时，该交叉点对应着的视频输入信号(由子线输入)就被切换到视频母线的输出端。由此，N 个"M 选 1"的开关排构成了 M×N 的结构。

需要说明的是，在上述切换方式中，同一母线上的各子母交叉点可以按一定的次序依次闭合，但不能同时闭合(也就是不能将多个视频信号简单相加混合在一起输出)。

矩阵切换器的 M×N 个交叉点可以按照任意设定的规律有选择地闭合。另外，由于矩阵切换器是多输入多输出的信号切换设备，要想知道在哪一个输出端口输出哪一路摄

---

① 除了基本的视频切换功能外，在全国公共安全行业标准 GA/T 646-2006 中还规定了群组切换、巡视切换、同步切换等多种切换方式。

② 在修订后的 GA/T 646 中，该术语被重新修订为：支持多路视(音)频信号输入和至少 4 路网络视(音)频信号输出，可实现将特定输入通道与特定输出通道连通的设备。

像机输入的视频信号,还必须有用于选择输入输出端口的数字键盘,同时还应有显示端口编号的数码管或液晶显示屏进行端口状态提示。对于矩阵切换器的所有这些功能的设定通常都是通过其面板自带的(或通过 RS-232/RS-485/RS-422 等串行通信接口外接的)控制键盘与单片机的通信过程来实现的,并通过显示屏确认设定状态。而对于具有网络接口(RJ-45)的视频矩阵来说,则可通过中心管理平台或网络客户端对其进行设置。

图 5-2 所示为 MAXIM 公司生产的专用视频矩阵切换器集成电路 MAX456 的结构图。由图可见,这是一个 8×8 视频矩阵切换电路。通过对输出选择端子及输入选择端子的控制,可以使 MAX456 的 8 个输入端中的任何一个或多个端子连到 8 个输出端的任何一个或多个端子上。另外,在每一个输出端子处还都有一个带宽为 35MHz、转换速率为 250V/μs 的输出缓冲放大器。

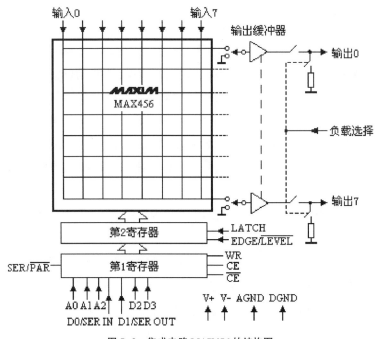

图 5-2　集成电路 MAX456 的结构图

与传统的矩阵切换器比较,把缓冲放大器与矩阵切换器集成在一起可以至少省去十几片 IC,从而极大地节省印刷板面积,进一步提高系统的稳定性。另一方面,这种做法还大大地减少了分布电容,从而使通道间的串扰更小。在 5MHz 时的实测表明,MAX456 在所有通道关闭时的隔离度达-80dB,单通道串扰为-70dB。

MAX456 的每一个输出缓冲放大器都有一个内部负载电阻,且该负载电阻可以通过负载选择控制端联通或切断。例如,当需要外接负载时,就需要将其内部的负载电阻切断。这一功能特别适合于将多个 MAX456 并联使用组成 16 路、24 路等大型矩阵切换器的场合。

根据以上分析可知,用单片 MAX456 即可方便地组成一集成化的 8×8 视频矩阵切换器。图 5-3 即为用 MAX456 构成的 8×8 视频矩阵切换器原理电路。图中的 MAX470 为四 2 倍增益缓冲器。

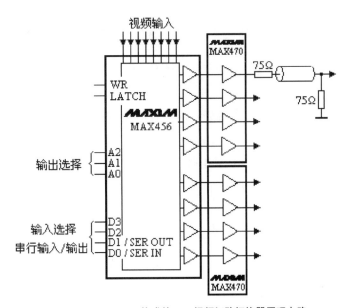

图 5-3 用 MAX456 构成的 8×8 视频矩阵切换器原理电路

MAX456 的数字控制接口与标准的微处理器兼容,可接受 7 位并行、7 位串行和 32 位串行格式的编程数据。数字命令能禁止任一不用的输出缓冲器,而禁止输出功能可以减小输出缓冲器的功耗,并使之进入高阻抗状态,以避免接入其他通道。因此,利用输出禁止的特点可以用多个多路芯片构成更大规模的矩阵切换器。

在实际应用中,模拟视频矩阵以及非网络型数字视频矩阵可接入的视频信号的数量受其物理接口(通常为 BNC 接口)数量的限制。

二、数字视频矩阵

数字视频矩阵分为只支持网络信号输入的网络型视频矩阵和可支持 SDI、DVI、HDMI 等多格式非网络数字信号输入的非网络型视频矩阵,其中后者的工作原理与模拟视频矩阵相同,仅信号形式不同。数字视频矩阵的输出同样为 SDI、DVI、HDMI 等数字视频格式,有些矩阵同时具有模拟视频输出接口。

对于只支持网络信号输入的网络型数字视频矩阵来说,其输入端口变为与输出端口形式不同的网络接口(通常为 RJ-45 接口)。

虽然表面上看这种数字视频矩阵的输入端口数量骤减(通常小于 4 个),但其理论上可访问(接入)的视频源的数量则可能大于所有可访问的 IP 地址的数量(因为可通过同一 IP 地址的不同端口获取多个视频源),而前提是其接入带宽足够宽,另外还要求其对于多路视频流的并行处理能力足够强。很多厂商在其设备规格参数中往往将矩阵的视频输入参数写为"输入路数无限制"。网络型数字视频矩阵的输出端口数由其并行软件解码或硬件解码的路数决定。图 5-4 给出了网络接口数字视频矩阵的工作原理。

图 5-4 网络接口数字视频矩阵的工作原理

由于网络接口数字视频矩阵需首先对网络视频流进行解码,再将还原后的视频信号从输出端口输出,因此对输入视频(网络视频流)来说会有一定的延时。因此在公共安全行业标准 GA/T 646 中,对网络型数字矩阵的转发延迟时间、每路视频码流的输入带宽、数字视频的帧率、音视频信息失步时间①等都有相应的要求。

三、模/数混合型视频矩阵

在实际应用中,还有一类兼具模拟和数字输入的混合型视频矩阵,通常有如下几种实现方式:

(1)在数字视频矩阵的基础上增加模拟视频输入端口及对应的模/数转换电路,使这些模拟视频输入等效为与其他数字视频输入端口同样的非网络数字视频信号,然后对各路输入视频实现统一的非网络数字矩阵切换。

(2)在数字视频矩阵的基础上直接增加一个模拟矩阵模块,该模块首先实现对模拟视频信号的 M×1 或 M×N 切换;然后对模拟矩阵模块输出的模拟视频信号进行模/数转换,形成非网络数字视频信号,最后将与模拟输入端口关联的该非网络数字视频与其他数字视频进行统一的非网络数字矩阵切换。

(3)在网络型数字视频矩阵的基础上按上述第(1)、(2)种情况进行扩充,实现同时具有模拟视频输入端口及网络接口的混合型数字视频矩阵。

以某款混合型数字视频矩阵为例。该矩阵既保留了模拟矩阵能够实现的 M×N 多路选择、切换灵活的特点,又增加了数字化网络设备的更多优点,如电子地图、预案管理、检索回放、网络录像等等。它可同时接收多个基于 IP 传输的网络数字视频信号(视频输入路数仅受限于网络带宽),其输出则是经硬件解码阵列还原的 HDMI 高清数字信号。该设备采用了 H.264 硬件加速解码技术,不占用 CPU 资源,系统稳定性高,并可基于电子地图实现与地图坐标关联的定点视频显示,实现对输出视频图像的手动切换、定时切换、编

---

① 对于同时伴有音频输入的场合,由于设备对于数字视频流和音频流的解码还原耗时不同,导致输出的视频图像与该图像应该对应的音频(如车辆碰撞的图像和碰撞时发出的声音、人说话时的口型和说话的声音等)有一定的时间差,称为音视频失步。

组切换、报警切换、预案切换等,可直接连接专用矩阵控制键盘及电视墙。

四、网络虚拟数字矩阵

除了上述介绍的模拟、数字或模/数混合型视频矩阵外,在安防视频监控领域也有厂家提出虚拟数字矩阵的概念。然而这种虚拟矩阵一般并不是监控中心中的可见实体设备,而是系统管理平台中嵌入的一个软件模块。

在实际应用中,管理平台的虚拟矩阵模块可对来自不同 IP 地址的视频源进行软件解码或硬件解码,并通过 VGA 或 HDMI 等视频通道在大屏幕电视墙上依次(轮巡)显示出来。通过管理平台,还可以对所选择的视频源的码流或帧率进行调节,并可实现对远程摄像机的云台、镜头进行控制以及响应报警关联切换等。因此仅从该模块的功能上看,相当于数字矩阵切换器。

还有一种虚拟矩阵以可视化的源/宿列表形式将联网系统中所有的前端网络摄像机(或网络视频编码器)及后端解码器分列出来,用户分别选择源/宿(编码器/解码器)的 IP 地址后,通过点击连接按钮即可实现源/宿连通,使来自选定编码器的视频流在选定解码器上解包、解码还原为标准视频信号输出。图 5-5 为这种虚拟矩阵连接应用示意图。

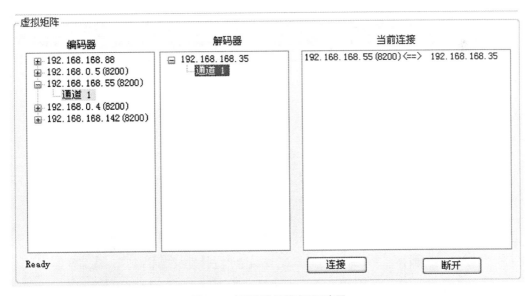

图 5-5 虚拟矩阵连接应用示意图

如图 5-5 所示,虚拟矩阵设置界面将已连接在网络上的所有编码器、解码器一一列出,当用户依次选择编码器通道和解码器通道并点击连接按钮后(有些系统会首先弹出登录对话框,用户输入用户名及密码后虚拟矩阵方可实现连接),当前连接窗口即显示出虚拟矩阵完成切换的视频码流路径。

第二节　电视墙与屏幕拼接控制器

一般来说,电视墙是大中型电视监控中心最显眼的设备,它通常是由多台监视器以阵列组合方式进行排列,既可以使每一台监视器一对一地显示一路视频图像,也可以在屏幕拼接控制器的处理下将矩阵输出的某一路视频按显示目的拆分为多路,并分别送到多个对应的监视器,使这些监视器(通常为 N×N 个)整体显示一幅大的图像,甚至可以整合构成电视墙的所有监视器整体显示一幅大的图像。然而需要注意的是,当需要将多个监视器屏幕拼接为大屏幕显示时,应保证各监视器屏幕之间的缝隙要尽可能地小,以减小因监视器边框和电视墙柜壁厚度的隔离而使拼接图像呈"块分隔"状。因此,专用于大屏幕拼接的监视器一般具有很窄的边框,并且在安装时无需电视墙机柜支撑,而只需以相互堆叠(可固定)的方式进行拼装,从而实现大尺寸图像近乎"无缝"地完整显示。

一、电视墙

顾名思义,电视墙是由多台电视机"砌"起来的"墙",其中的电视机一般为可直接接收模拟视频信号输入的专业监视器。早期的电视墙中各监视器是独立的,它们通常是嵌入到一组并排放置的机柜中,构成一堵"墙",并常常在该电视墙的中心放置一台大尺寸的监视器用于重点图像的显示。由于监视器本身的边框就有一定的宽度,再加上电视墙柜壁厚度的隔离,一般不可能多屏拼接使用,如图 5-6 所示。

图 5-6　早期的电视墙

二、大屏幕拼接电视墙

新一代网络视频监控系统中的电视墙绝大多数采用窄边的 DLP 投影监视器、液晶监视器或等离子监视器进行物理拼接,并且在拼接控制器的管理下,可将所有的监视器屏幕整合为一个超大屏幕整体,可使图形、图像、视频等各类显示元素在屏幕上以任意的尺寸组合显示,如图 5-7 所示。

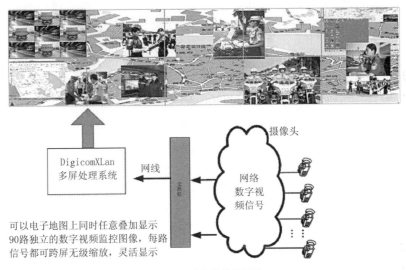

图 5-7　大屏幕拼接屏①

在上述三种拼接技术中,DLP 投影拼接技术最为成熟,也是早期应用最广泛的一种,它的拼缝仅为 0.5mm,基本上达到了无缝拼接的状态,但是由于 DLP 拼接体积较大,亮度也不高,后期维护成本高(经常需要换灯泡),市场份额正在逐步缩小。

液晶拼接技术在 2006 年才开始出现,但是由于初期的液晶拼接拼缝较宽(22mm),应用范围大大受限,直至 2009 年,韩国三星公司推出拼缝仅为 6.7mm 的超窄边液晶拼接,才使液晶拼接这一概念被市场认可。

PDP 等离子拼接的核心部件是等离子屏,但是由于等离子拼接屏成本较高,且维护成本较高,屏幕灼烧现象比较严重等问题,在市场上并不多见。

从理论上讲,对于采用屏幕拼接技术的电视墙来说,其整体像素分辨率相当于各单体监视器像素分辨率之和。例如,将 4 个 1920×1080 的高清监视器以 2×2 方式进行拼接,其整体像素分辨率就可达到 3840×2160,相当于 1 个大屏幕的超高清 4K 监视器。因此在 M×N 的大屏幕拼接屏上,就可以理论上显示出水平和垂直分辨率分别增加到 M 倍和 N 倍的超高清图像。

---

① 本图引自广东威创视讯科技股份有限公司 2010 年《VTRON 新一代全数字高性能 DLP 大屏幕投影墙技术建议书》。

事实上,在实际应用中,拼接屏幕还可以超大的幅面显示高分辨率的电子地图以及其他技术资料,并可以开窗显示多个高清视频图像,这就为公安实战指挥等实际应用提供了极大的方便。在全国城市监控报警联网系统建设中,在公安指挥中心大都建设了基于警用地理信息系统(PGIS)的监控报警指挥平台(参见图5-7)。

三、大屏幕拼接控制器

大屏幕拼接控制器也称图像拼接控制器、电视墙控制器、多屏图像处理器等,用于将某单路视频图像拆分为多路子图像,并将每一路子图像分别送往各对应的监视器,从而以多屏幕拼接的形式整体显示大幅面的原始图像(也即拆分前的某单路图像)。随着拼接处理功能的不断扩充与强化,简单的拼接控制器进一步演化为具有一定智能分析处理能力的多屏处理系统(如图5-7中所标出的 Digicom XLan 多屏处理系统),可以将网络视频信号、RGB 分量视频信号、HD-SDI 数字高清视频信号、计算机 VGA 信号以及 DVI 信号等对应的视频图像在拼接屏幕墙的任意位置以任意尺寸开窗显示,并可进行移动、缩放等控制操作。

拼接控制器主要有嵌入式和计算机插卡式两大类,其中后者由计算机+操作系统+多屏显示卡+视频采集卡+操作软件共同构成。

简单的图像拼接控制器是将某一路视频图像在水平及垂直方向分别拆分为2(对2×2拼接)或3(对3×3拼接)段,从而形成4个(对2×2拼接)或9个(对3×3拼接)子图像块,再通过像素插值算法将这4个或9个子图像块放大到独立监视器满屏显示时需要的像素分辨率,并分别送往4个(对2×2拼接)或9个(对3×3拼接)对应的独立监视器去显示。此时,由于大屏幕显示图像的一个等效像素其实是4或9个物理像素的组合,因此虽然图像的幅面加大了,但图像的分辨率并不能实质性地提高。而对于4K超高清视频源来说,若将其拆分为4个子图像并送往4个对应的高清显示屏时,则可以保证每一个高清显示屏都能以其最佳物理分辨率进行显示,4个显示屏拼接后就可达到原始的4K超高清图像质量①。

对于将拼接大屏幕整体映射为拼接控制计算机屏幕(俗称"抓屏")的拼接系统来说,拼接后的显示分辨率受控制计算机屏幕分辨率(如1024×768或1280×1024)的限制,整体分辨率只相当于原始的控制计算机的单显示屏分辨率。

因此,为了尽可能使拼接大屏幕以高分辨率显示原始图像,可将电子地图或网管图等高分辨率图像资源直接安装在图像拼接处理器上,这也是早期系统的一种解决方案。然而由于拼接处理器本身还承担着运算、拼接图像调用等繁重的工作,且运行超高分辨率的图像软件还须另外耗用大量的系统资源,因此这种拼接控制方式的系统稳定性受到

---

① 将4K超高清视频源送往单一的高清监视器时,受其物理分辨率的限制,该监视器需要对4K视频源进行亚采样处理(即在水平和垂直方向上以2∶1比率进行抽点),因此只能显示出高清质量的图像。

影响,频繁调看图像资源很可能导致系统反应过慢甚至系统瘫痪。另外,由于电子地图等超高分辨率图像直接拼接大屏幕显示后,是以整个拼接幕为单一平台显示的,进行各种操作的工具栏图标就变得很小,操作人员难以看清,操作困难。

四、"复眼"技术

从原理上说,"复眼"技术是一种视频图像拼接技术,但是与前述拼接概念不同的是,这里的图像拼接不是针对后端的大屏幕监视器,而是直接在前端对构成阵列的多个摄像机的视频图像进行拼接,也即将多个摄像机输出的图像无缝拼接成为一幅大幅面的视频图像,比如用 16 个分辨率为 1920×1080 的高清摄像机以 4×4 排列组成的"复眼"摄像机经其内部电路拼接处理后,即可得到 7680×4320 的二代超高清图像(8K 超高清)。然而为了减小传输带宽的压力,"复眼"摄像机在实际传输中,一般是以 N∶1(此例为 4∶1)的亚采样方式输出一路 1920×1080 的全景高清图像。当中心监控管理平台需要对于该高清图像中任一感兴趣区域进行放大显示时,通过在"复眼"摄像机端的关联处理,即可使该感兴趣区域的图像以原始的高清分辨率(7680×4320 像素阵列中的 1920×1080 区域)进行显示,而不像目前对于原始分辨率仅 1920×1080 的图像中的感兴趣区域进行显示时只能采用电子放大的方式(这种方式仅是对原始图像局部像素阵列的插值放大,此时屏幕上图像所对应的原始像素数小于 1920×1080)。图 5-8 为对"复眼"摄像机图像的局部放大时保持图像原始分辨率的原理示意图。

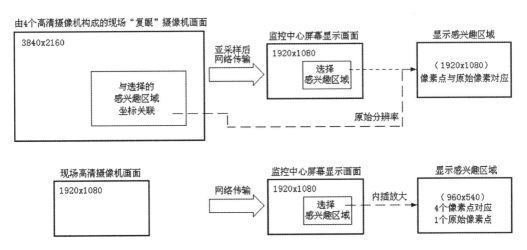

图 5-8 对"复眼"摄像机局部放大时保持图像原始分辨率的原理示意图

在实际应用中,构成"复眼"的各摄像机可以任意排列,比如从 M×1 至 M×N,摄像机数量可以多至数十个,从而可以合成输出总计数千万像素甚至上亿像素的"大图像",其中任意区域均可保持原始像素分辨率。在 2015 年 8 月举行的北京国际田联世界田径锦标赛的现场电视监控中,就使用了此类"复眼"摄像机,如图 5-9 所示。

图 5-9　在 2015 年北京国际田联世界田径锦标赛现场中的"复眼"摄像机

第三节　网络视频解码器

网络视频解码器的主要功能是从众多的网络视频流中通过 IP 地址选择出特定视频流,对其进行 TCP/IP 解包及视频解码,从而输出标准的模拟或数字视频信号,直接或通过视频矩阵送往电视墙显示。

▌关键术语

网络视频解码器:可以从网络视频流中通过 IP 地址选择出特定视频流,对该视频流进行 TCP/IP 解包及视频解码,从而输出标准的模拟或数字视频信号(如 CVBS、Y/Pb/Pr、DVI、HDMI、HD-SDI 等格式视频信号)的设备。

有些网络视频解码器同时具有串行数据接口或报警输出接口,可将与选定 IP 地址的视频采集设备(网络摄像机或模拟摄像机+网络视频编码器)关联的报警信号一并解码输出(此种情况下,网络摄像机或网络视频编码器具有接入报警传感器的 I/O 接口)。还有一些网络视频解码器同时具有双向音频接口,可与选定 IP 地址的视频采集设备关联的音频装置实现双向音频通讯(对讲)功能。

网络型数字视频矩阵一般内置有网络视频解码器,可直接将解码后的视频信号切换输出到监控中心的大屏幕电视墙。

在安防视频监控领域,也有人将网络视频解码器分为硬解码器和软解码器两大类,其中硬解码器即上面提到的基于硬件实现的解码器,包括基于通用计算机及解码板卡的 PC-based 型硬解码器和基于 DSP、ASIC 等专用处理芯片的嵌入式一体化硬解码器;而软解码器通常是基于市场上主流计算机(包括主流处理器及操作系统),通过运行解码软件来实现视频的解码及图像还原过程,解码后的图像直接在计算机(工作站)的视频窗口进行浏览显示,一般不像硬件解码器那样直接输出视频信号到视频矩阵或电视墙。

一、板卡式网络视频解码器

板卡式视频解码器也称为视频解码卡,插于流媒体服务器或工控机的插槽中,实现对网络视频的解包、解码。一般情况下,每块卡仅处理单路网络视频,随着高性能处理器以及专用 DSP 技术的发展,已有厂商推出单卡同时处理 4 路以上网络视频的产品(具体处理能力因解码图像格式及预期还原图像的质量而异)。

图 5-10 为一款机架式网络视频解码器的外观。该解码器采用了单电源配置,最多可同时插入 17 块视频解码板卡,且板卡支持即插即用功能。每块解码卡都采用了 TI 公司的 DM642 高性能多媒体专用 DSP 芯片,可以高效地完成视频解码过程中的大量数学计算,从而解码还原出标准的模拟视频信号。

图 5-10　机架式网络视频解码器外观

为了保证设备工作的稳定性,该机架式视频解码器还采用双冗余电源设计,这样在某一个电源出现故障时系统仍能正常工作。由于冗余电源需占用一定的空间位置,带冗余电源的机箱最多只能插入 14 块视频解码卡。

图 5-10 所示的机架式网络视频解码器支持画面组合和画面分割,可以将四个 CIF 图像拼合成一个 D1 分辨率的图像输出,同时支持两个通道独立的配置。例如,用一个通道输出 D1 格式图像,另一个通道输出 4 个 CIF 拼成的图像,彼此互不干扰。

每块解码卡在初次设置时需要通过 SNMP [①]客户端软件来实现,可以设置 IP 地址、子网掩码、网关等网络相关信息,以保证视频解码器可以连接在网络上正常工作。当任意两块卡的 IP 地址冲突或是因忘记某块卡的 IP 地址而无法访问时,也可以通过 SNMP 客户端软件更改或查询,使之正常工作。

当解码器连接到网络后,即可通过本章第五节介绍的网络视频监控管理平台或授权客户端对其进行基本设置。设置流程一般为:登录并打开解码器设置界面时,应用软件会以树形列表的方式自动列出网络中的所有已与 IP 地址绑定的视频解码器。选定某解码器并通过输入用户名和密码登录后,即可进入参数设置界面,此时,一般需输入欲连接

---

① SNMP(Simple Network Management Protocol):简单网络管理协议,由一组网络管理的标准组成,包含一个应用层协议(application layer protocol)、数据库模型(database schema)和一组资料物件。该协议能够支持网络管理系统,用以监测连接到网络上的设备是否有任何引起关注的情况。

的前端摄像机的 IP 地址、端口号、通道号、通道名称以及用户名、密码等,然后进行连接,此过程与上述虚拟矩阵的设置类似。

另外,每块解码卡还具有 RS-422/485 接口,用于外接控制键盘,可实现对前端摄像机的云台、镜头的各种操控。

二、嵌入式网络视频解码器

嵌入式网络视频解码器为监控中心的独立式设备,其基本原理、功能与板卡式网络视频解码器一样,但其硬件系统与处理器及操作系统捆绑较为紧密,不像板卡式解码器那样易受通用计算机系统中其他软件、硬件的影响,因此性能更稳定,且便于安装与维护,易于实现系统的模块化设计。

嵌入式网络视频解码器的核心部件是嵌入式处理器,然而与通用计算机的 CPU 不同,嵌入式处理器的种类繁多(全世界嵌入式处理器的品种已经超过 1000 种,流行体系结构也有 30 多个系列),并且对于不同性质的应用,嵌入式处理器的架构与复杂程度也不尽相同。据不完全统计,用于嵌入式网络视频解码器的微处理器已有十余种,它们来自于不同的公司,采用不同的体系结构,并可运行不同的 RTOS[①],它们的共同特点是在朝着高度集成化的多核 SoC[②] 方向发展,单芯片即可集成诸如 ARM 处理器、DSP 及 DSP 协处理器、图像/视频处理单元以及 SDRAM 控制器等多个功能模块,配合网络接收模块以及视频输出模块,即可实现网络视频流的解包、解码,输出标准格式的模拟或非网络数字视频信号。

以海康威视公司专门为高清视频监控应用而推出的 DS-6400HD-T 系列网络高清音视频解码器为例,该系列产品即基于 TI 公司的 Netra 处理器,采用 Linux 操作系统,支持对于高清 800 万像素及以下分辨率的网络视频的解码,支持 DVI-I、VGA、HDMI、BNC 等数字及模拟视频接口解码输出,支持多种网络传输协议、多种码流的传输方式,为大型电视墙解码服务提供强有力的支持。

DS-6400HD-T 系列网络高清音视频解码器具有单路及多路等 6 个型号,均具有 DVI 和 BNC 等两种视频接口(其中单路产品还具有 HDMI 数字接口)。其输出视频分辨率最高支持 1920×1080;支持 H.264、MPEG-4、MPEG-2 等主流视频编码格式;支持 PS、RTP、TS、ES 等主流数字视频封装格式;支持 H.264 的 Baseline、Main、High-profile 等不同的编码级别;支持对于 G.722、G.711A、G.726、G.711U、MPEG2-L2、AAC 等音频编码格式的解码。其中最高配置型号 DS-6416HD-T 在不同的应用时可支持对于 8 路 800 万像素,或 16 路 500 万像素,或 24 路 300 万像素,或 32 路 1080P 格式,或 64 路 720P 格式,或 100 路 4CIF 及以下格式分辨率的网络视频的解码还原。

DS-6400HD-T 系列产品除单路型号外还支持接入 VGA、DVI 信号实现上电视墙显

---

① RTOS(Real-time Operation System):专用于嵌入式设备的实时操作系统。

② SoC(System on Chip):片上系统。

示;支持主动解码和被动解码两种解码模式;支持对于远程录像文件的解码输出;支持HiDDNS①功能;支持直连前端设备解码上电视墙和通过流媒体转发的方式解码上电视墙;支持零通道解码、本地源、流 ID 模式取流解码、HiDDNS 取流解码;支持使用 URL 方式从编码设备取流解码;支持透明通道传输,可远程控制与 DVR 或 DVS 连接的云台;支持语音对讲;支持智能模式,支持智能码流解码显示,支持区域入侵等 9 种智能行为分析,智能回放,智能事件报警抓图等。图 5-11 和图 5-12 分别示出了 DS-6416HD-T 的前面板和后面板(因面板空间限制,图中标注 BNC 视频输出的端口实际上是通过电缆线束外接多个 BNC 座)。

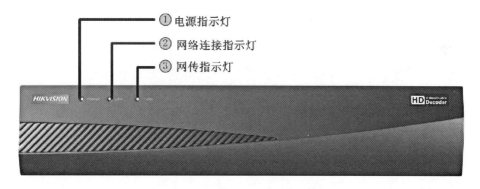

图 5-11　DS-6416HD-T 的前面板

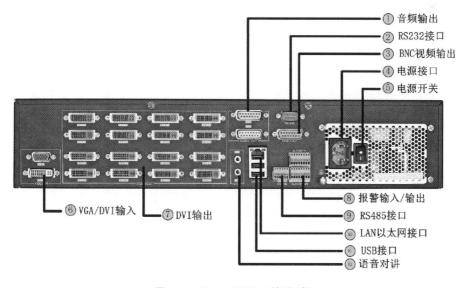

图 5-12　DS-6416HD-T 的后面板

---

① HiDDNS:海康威视公司通过路由器 PPPoE 拨号上网和在设备上通过 UPnP 实现自动端口映射的动态域名解析配置技术。

第四节　流媒体服务器

网络视频监控系统中的视频流(Video Stream)通过不同路径的网络传输后,要汇总到中心控制室的流媒体服务器,并经过流媒体服务器实现流媒体的处理与分发。因此流媒体服务器是网络视频监控系统中的核心设备之一。

一、流媒体的概念

流媒体(Streaming Media)是指利用流式传输技术传送的视、音频等连续性媒体数据,其关键词是"流"(Stream),在网络视频监控系统中,这个"流"即指由网络摄像机(或模拟摄像机+网络视频编码器)采集并经压缩编码及数据打包后按一定时间间隔要求连续地送入网络的监控视、音频数据流[①]。

与传统媒体文件需要先从媒体服务器上下载之后才能被播放的性质不同,流媒体可边下载边播放。也就是说,接收方设备在后续数据不断到达的同时,对接收到的媒体数据进行解包重组、解码和播放。因此流媒体具有连续性、实时性、时序性等3个主要特点,可以使用顺序流式传输和实时流式传输等两种方式在网络中传输。

关键术语

流媒体: 流媒体是指利用流式传输技术传送的视、音频等连续媒体数据,其核心是"流"技术和数据压缩技术,具有连续性、实时性、时序性等3个主要特点,可以使用顺序流式传输和实时流式传输等两种传输方式传输。

流媒体服务器: 网络视频监控系统中专用于处理网络视、音频数据的服务器。

在实际应用中,为了保证流媒体信息在网络上能够流畅地传输,需要在媒体压缩编码格式及参数方面结合有效网络传输带宽进行权衡考虑。一般来说,在同样媒体播放质量下,压缩编码的效率越高,流媒体的预期传输码率就越低,这样才能保证流媒体在有限网络带宽下的流畅传输,从而在终端设备上动态地显示实时视频图像、还原实时声音。否则,在源数据量过大但网络传输带宽却不足的情况下,会使经网络解码还原的视、音频出现"卡、钝"现象。

二、流媒体传输基本原理

由于视、音频媒体数据在网络中是以包(Packet)的形式传输,而网络通信路由与状

[①] 在 IEC 国际标准(IEC 62676-2-1)"Video surveillance systems for use in security applications – Part 2-1:Video transmission protocols – General requirements"中给出的定义是:process of sending video over a network to allow instant operation as the video is received, rather than requiring the entire file to be downloaded prior to operation。

态是随时间动态变化的,各个数据包选择的路由可能不尽相同,因而这些数据包到达客户端所需的时间也就不一样,并且可能出现先发出的数据包反而后到达的现象。不难想象,客户端如果简单地按照包到达的次序来播放媒体数据,必然导致重现媒体数据的混乱,因此,流媒体传输需要使用缓存机制。也就是说,客户端收到数据包后先缓存起来,播放器再从缓存中按数据包发出时的次序读取数据。

还有一种情况,在进行网络传输时,由于某种原因,经常会有一些突发流量的产生,使网络传输造成暂时的拥塞,导致流媒体数据不能实时到达客户端,结果致使客户端在媒体播放过程中出现停顿现象(等待后续数据的到来)。而缓存机制可以暂存一定数量的媒体数据,因而即使新的媒体数据无法及时到达,缓存中仍有部分之前到达的数据用于播放,这样即可解决媒体播放过程中的停顿问题。待网络恢复正常后,新的流媒体数据会继续添加到缓存中。

在实际应用中,虽然视、音频等流媒体数据容量非常大,但播放流数据时所需的缓存容量并不需要很大,因为缓存可以使用环形链表结构来存储数据,已经播放的内容可以马上丢弃,腾出的缓存空间就可用于存放后续尚未播放的新内容。相对来说,缓存容量越大,缓解网络越不易拥塞,但往往流媒体网络传输的延时也相应增大。

就媒体数据的可识性来说,传输流媒体数据显然需要使用合适的传输协议。TCP 虽然是一种可靠的传输协议,但由于需要的开销较多,并不适合传输实时性要求很高的流数据。因此,在实际的流式传输方案中,TCP 协议一般用于传输控制信息,而实时的视、音频媒体数据则是采用效率更高的 RTP/UDP 等协议来传输。在国标 GB/T 28181 对于媒体传输和媒体编解码协议的要求中即明确规定了联网视频监控系统中的媒体流在 IP 网络上传输时应支持基于 UDP 的 RTP① 传输,RTP 的负载应采用基于 PS(Program Stream)②封装的音视频数据或音视频基本流数据,其中基于 RTP 的 PS 封装要求音视频流首先按照 ISO/IEC 13818-1：2000 音视频压缩编码标准封装成 PS 包③,再将 PS 包以负载的方式封装成 RTP 包;而基于 RTP 的音视频封装则是直接将音视频数据以负载的方式封装成 RTP 包。国标 GB/T 28181 特别强调媒体流的传输应采用 RFC 3550 规定的 RTP 协议,提供实时数据传输中的时间戳信息及各数据流的同步;而传输控制则应采用 RFC 3550 规定的 RTCP 协议,为按序传输数据包提供可靠保证,提供流量控制和拥塞控制。

三、RTP/RTCP 协议

RTP 是指实时传输协议(Real-Time Transfer Protocol),RTCP 是指实时传输控制协议

---

① RTP 协议参见 RFC 3550(RTP：A Transport Protocol for Real-Time Applications,是 RFC 1889 的修订版)。用于 MPEG-4 视、音频流的 RTP 负载格式参见 RFC 3016(RTP Payload Format for MPEG-4 Audio/Visual Streams)。H.264视频的 RTP 负载格式参见 RFC 3984(RTP Payload Format for H.264 Video)。

② PS：MPEG 等视频编码标准中规定的节目流。

③ PS 包中的流类型包括 MPEG-4 视频流、H.264 视频流、SVAC 视频流、G.711 音频流、G.722.1 音频流、G.723.1 音频流、G.729 音频流、SVAC 音频流等。

（Real – Time Transfer Control Protocol），它们都是由 Internet 专家任务组 IETF（Internet Expert Task Force）制定的协议。RTP/RTCP 协议组是流媒体的应用层协议，早在 1996 年就成为 Internet 的国际标准。图 5-13 示出了 RTP/RTCP 在 TCP/IP 模型中的位置。

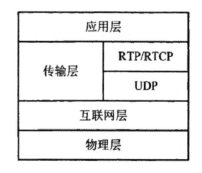

图 5-13　RTP/RTCP 在 TCP/IP
模型中的位置

在采用 RTP 协议对视频压缩编码数据（如 H.264 等）进行封装的过程中，需要将码流特征信息如时间戳、顺序号、数据类型标识、源标识、编码层次结构等拷贝到 RTP 包头（header）中，而将码流直接映射到 RTP 载荷中，从而使 RTP 分组有很强的服务质量（QoS，Quality of Service）保证，终端系统可以根据 RTP 包头内容分析传输中的差错（如拥塞、时延、丢包等），再通过一定的缓冲和补偿算法，在一定程度上修复网络差错。

RTCP 是 RTP 的控制协议，需要与 RTP 数据协议一起配合使用，用于监视网络的服务质量和数据收发双方传递的信息。当应用程序启动一个 RTP 会话时，将同时占用两个端口，分别供 RTP 和 RTCP 使用（如在 UDP 中，RTP 使用一个偶数号端口，而 RTCP 则使用其后的奇数号端口）。

RTP 本身并不能为按序传输的数据包提供可靠的保证，也不提供流量控制和拥塞控制，因此这些任务需要由 RTCP 来负责完成。通常 RTCP 会采用与 RTP 相同的分发机制，向会话中的所有成员周期性地发送控制信息，应用程序通过接收这些数据，从中获取会话参与者的相关资料，以及网络状况、丢失包的数量、分组丢失概率等反馈信息，从而对服务质量进行控制或者对网络状况进行诊断，服务器则利用这些信息动态地改变传输速率，甚至改变有效载荷类型。

四、流媒体服务器的任务

流媒体服务器是网络视频监控系统中心端的核心服务器，通常由专用服务器[①]或高配置的计算机来承担，并安装有专用的服务器软件[②]。其主要功能是以流式协议（如 RTP/RTCP、MMS、RTMP 等）将视频文件传输到客户端，供用户在线观看。

网络视频监控系统中的流媒体服务器主要用于接收由各监控前端传来的视频流（必要时还需要进行协议的转换、视频格式的转码以及码率控制等），再以 RTP/UDP 流式协

---

① 采用通用计算机架构，但其在处理能力、稳定性、可靠性、安全性、可扩展性、可管理性等方面要求高，因此其 CPU、芯片组、内存、磁盘系统、网络等硬件和普通计算机不同。

② 典型的流媒体服务器软件包括：（1）微软的 Windows Media Service（WMS），采用 MMS 协议接收、传输视频，采用 Windows Media Player（WMP）作为媒体播放器；（2）Real Networks 公司的 Helix Server，采用 RTP/RTSP 协议接收、传输视频，采用 Real Player 作为媒体播放器；（3）Adobe 公司的 Flash Media Server，采用 RTMP（RTMPT/RTMPE/RTMPS）协议接收、传输视频，采用 Flash Player 作为媒体播放器。

议将处理后的视频数据实时地分发传送到相应的客户端或存储到相应的磁盘阵列。

网络视频监控系统的客户端媒体播放器大多是由平台厂商自行开发,并与其他业务模块集成于一体,形成一体化的网络视频监控管理平台(可内嵌通用流媒体播放器)。

第五节　网络视频监控管理平台

网络视频监控管理平台是整个联网系统的核心,是网络视频传输系统的中央枢纽,相当于整个联网系统的"大脑",它一方面实现对所有视频采集设备及显示设备的接入及管理,另一方面实现对各监控点数字视频码流的汇聚、分发、存储与控制等。另外,配合网络管理服务器,视频监控管理平台还可以监视系统的运行状态,进行全系统的配置管理、告警管理、权限管理、日志管理等。

一、网络视频监控管理平台架构

图 5-14 给出了网络视频监控管理平台示意图。

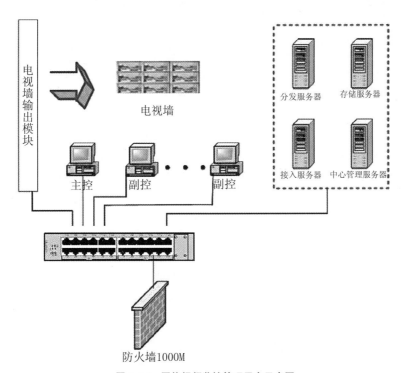

图 5-14　网络视频监控管理平台示意图

在实际应用中,大型联网视频监控系统大多涉及多级多域的管理(纵向分级、横向分域)。其中多级一般依行政权限归属进行划分,如省级、市级、县级、乡镇(街道)级等,其中公安系统就包括了省厅、市局、分局、派出所等多个不同行政级别的监控系统;而多域则是根据业务需求在同级进行业务划分,如公安信息网上的警务督察视频、可视化指挥、视频会议、警用地理信息、综合研判、情报信息、情报研判、指挥通信、侦查破案、治安防控、社会管理、反恐防暴、维稳处突、规范执法等业务应用。图 5-15 给出一种面向公安应用的平台架构。

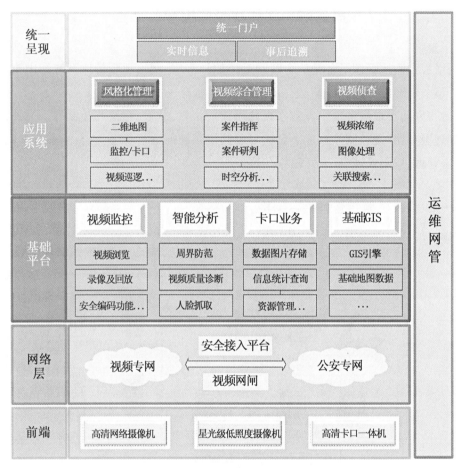

图 5-15   一种面向公安应用的平台架构

图 5-16 示出了中国电信"全球眼"系统运营级平台架构。由图可见,平台由固网侧网元和移动侧网元组成,其中固网侧网元包括中心管理服务单元、媒体分发服务单元、存储服务单元、AAA 服务器、网管服务单元等;移动侧网元包括移动视频访问单元、移动业务应用门户、移动侧流媒体服务器(可选网元)等。

1.中心管理服务器

中心管理服务器(Central Manage Server,CMS)包括一组服务器,在中心平台的系统架构中,除了 VTDU、NRU、AAA 服务器之外的一切功能都由中心管理服务器负责。该服务器是视频监控管理平台的核心单元,可实现前端设备、后端设备、各单元的信令转发控制处理,报警信息的接收与处理以及业务支撑信息的管理。

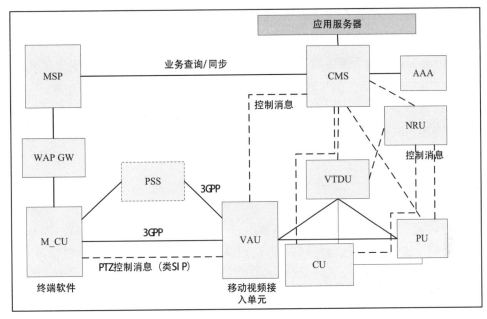

图5-16　中国电信"全球眼"系统运营级平台架构

中心管理服务器由以下几个部分组成:前端接入服务器、客户端服务器、告警服务器、平台管理服务器、业务管理服务器、调度服务器等,实际部署时可以根据实际投资大小和规模要求灵活进行。

2.媒体分发服务器

媒体分发服务器(Video Transfer Dispatch Unit,VTDU)是网络视频监控管理平台的媒体处理单元,实现音视频的请求、接收、分发。这里,音视频分发是指VTDU首先接收并缓存媒体流,然后进行媒体流的分发,可将一路音视频流复制成多路。

VTDU仅接受本域CMS的管辖,在CMS的控制下为用户或其他域提供服务。

VTDU可实现多级级联、分布式部署,即可以向监控前端或其他VTDU发起会话请求,接收NRU、CU(客户端设备)或其他VTDU的会话请求。

3.网络存储服务器

网络存储服务器(Network Record Unit,NRU)是网络视频监控中心平台系统的网络录像服务器,用于为媒体分发服务器提供海量远端存储,可实现视频数据的存储、检索,支持视频回放。NRU可实现分布式部署,录像存储的载体可为多硬盘组合或磁盘阵列。

4.AAA服务器

AAA服务器为用户认证/授权/计账服务器,提供用户使用本业务的认证/授权/计账服务,并提供相应的用户受理界面及用户信息导入方式。

5.网管服务器

网管服务器提供网络设备管理的应用支持,完整的网管功能即ITU规定的FCAPS[①]

---

① FCAPS:ITU-T规定的网络管理五种基本功能的缩写,即Fault,Configuration,Accounting,Performance and Security。

管理能力,包括故障管理、配置管理、计费管理、性能管理、安全管理。

6.应用服务器

应用服务器提供基于图像的智能服务以及其他业务,用户可以在CMS上定义业务触发点,当这些触发点的条件满足时,CMS将向这些应用服务器请求相关的业务。

7.移动视频访问单元

移动视频访问单元(Video Access Unit,VAU)的主要作用是将网络视频监控的视频流转换成适合移动视频监控的视频流。

8.移动业务应用门户

移动业务应用门户(Mobile Service Portal,MSP)主要实现移动业务统一的接入访问入口,用户认证入口,用户监控权限列表展示,并通过与监控中心平台的SM/CMS进行信息交互,协同完成用户认证、监控列表查询、用户账户信息同步及业务辅助管理等功能。

9.移动客户端单元

MCU(Mobile Client Unit,MCU)即产品的移动终端客户端软件,该单元主要完成业务请求/认证等发起、监控列表解析、视频流的解码和播放、发送PTZ控制消息等。

10.流媒体服务器

流媒体服务器(Packet-switched Streaming Service,PSS)主要响应从WAP网关(Wireless Application Protocol Gateway,WAP GW)发送过来的客户端MCU业务请求消息。与MCU、VAU协同完成从VAU实时获取流媒体内容到MCU的流媒体分发过程,为系统的可选网元。

二、视频监控管理平台功能

视频监控管理平台除具备基本的视频监控功能外,还具有极强的联网功能,包括社会监控资源、道路卡口监控、原有监控资源的接入、前端设备接入、系统间级联等;具有广泛的资源管理功能,包括系统管理、上下电、自动重启、网络容错、时间同步(北斗导航系统授时或GPS授时)、安全管理、用户认证、权限管理、日志管理、系统配置管理、基础授权管理、电视墙控制等。表5-2列出了视频监控管理平台的基本功能。

表5-2　视频监控管理平台的基本功能

分类	功能项	描述
	加密认证	需输入用户名和密码才可登录监控管理平台,用户名和密码均采用加密传输。
	实时监控	可实现单画面或4、6、9、16画面分屏显示,可将任一摄像机的视频画面放大到全屏显示。
	视频轮询	选定一个监控组,设置画面自动轮流显示组内摄像机的视频,轮询时间间隔具备配置功能,能够选择单画面交替切换或成组切换方式;也可手动在监控组间或监控组内的摄像机间进行切换。

续表

分类	功能项	描述
监控客户端	云台镜头控制	对于具备相应功能的云台,具备控制云台向上、下、左、右、左上、右上、左下、右下 8 个方向转动的功能;具备调节云台转速的功能。
	局部放大	客户端支持对实时视频或录像画面进行大小缩放调整。通过鼠标以当前窗口的中心为缩放中心进行操作,按住"ctrl"+鼠标滚轮,或者"ctrl""+"为放大,"ctrl""−"为缩小;点击并按住视频画面能够拖动视频位置(窗口);提供显示"整个窗口大小"、"实际视频大小"快捷按钮;可实现数字放大。
	帧标记	系统具备实时/录像视频以帧为单位加标记的功能,用户在查看实时视频或录像时可手动为每帧图像增加标记,从而为视频数据的结构化处理奠定基础。
	定时巡航设置	按照时间计划设置摄像机云台预置位的转动位置,时间以天为周期循环。
	巡航轨迹设置	摄像机巡航轨迹设置,可设定每个摄像机的预置位巡航次序、速度,支持 8 组巡航轨迹,每条轨迹支持 64 个预置位。
	语音对讲	支持与选定的设备进行音频对讲,在视频浏览界面提供"语音对讲"快捷按钮,按下按钮后,前端与客户端之间能够进行双向语音对讲;再次按下则选择停止;视频窗口上 OSD 叠加麦克风图标,表示正在进行语音对讲,并能够调整麦克风增益,视频关闭后语音对讲也关闭。
	语音广播	支持对一组设备进行音频广播,对预先定义多个设备组进行广播。
	摄像头分组	客户端可多选摄像机,并保存为自定义摄像机组。自定义组可保存为 XML 文件。
	手动前端抓拍	可在客户端通过视频窗口边上的快捷按钮手动触发前端进行抓拍。
	客户端快照	可对监控中的某一路摄像机的画面进行抓拍,抓拍文件保存路径可预配置,文件以 JPG 格式保存,可在观看实时视频或者录像时进行快照,分辨率为原始视频分辨率;保存截图的文件夹可在客户端属性页面进行配置,缺省值为"系统缺省图片保存目录";保存截图的文件名缺省值为"摄像头名称+年月日时分秒序号.jpg"。
	客户端录像	可对监控中的某一路摄像机的画面进行录像,录像文件保存路径可预配置,文件以 AVI 格式保存,根据需要能够对所观看的实时视频或者远程录像时进行本地录像。保存视频的文件夹能够在客户端属性页面进行配置;保存视频的文件名缺省为"摄像头名称+年月日时分秒序号"。
	录像查询	对于保存在本地和中心的录像能够按时间段和摄像机编号进行查询,返回录像文件的开始时间、录像时长、录像文件大小等信息,能够将查询到的录像文件下载播放,单个文件或者批量文件进行下载。能够对查询到的录像文件进行管理。
	图片查询	客户端在信息查询界面提供对某一视频源的历史抓拍图片查询的界面,能够查询保存在服务器及前端的图片。能够根据选择摄像机名称、指定时间进行查询。客户端能够下载保存查询到的图片至本地硬盘,能够选择单个文件或者批量文件进行下载。
	录像回放	支持在线回放存储在监控平台中心磁盘阵列的录像或者 DVR、NVR 设备上的录像;在线回放录像提供变速控制功能(包括 2、4、8、16 倍速快放以及 1/2、1/4、1/8 倍慢速播放),支持暂停、拖动定位、全屏播放;支持 1 路或者 4 路录像同时回放。
	录像计划设置	可定制前端录像、中心平台录像的录像计划,按周循环的录像计划,最小半小时时间颗粒度;针对每一台摄像机,能够设置录像循环覆盖或者录满停止。

分类	功能项	描述
监控客户端	视频流转发	数字码流支持一个源分发给一个或多个用户,其网络连接方式能够为单播、组播和 TCP 方式。
	视频存储	系统支持将事件视频图像指定转发到相应存储区域实现存储,系统支持将报警图像存储在特定的存储区域中。
	抓拍计划设置	能够设置视频服务器的图片抓拍计划。抓拍时间间隔设置可为连续、1 秒、2 秒、5 秒;抓拍计划为按周循环,能够对每个摄像机分别设置抓拍计划。
	即时告警通知	能够配置接收特定类型的告警,能够选择客户端弹出告警、短信或者邮件通知告警,即时告警会在 Windows 系统的图标通知栏以气泡方式弹出告警消息;消息的内容为中文告警信息,包括对象名称、时间、告警类型。
	即时告警查看	即时告警消息的在客户端下发滚动显示,显示告警信息内容(包括告警对象、时间、类型、等级、附加信息),能够清除告警显示。
	电视墙控制	能够在客户端界面以方格图形式模拟电视墙的输出,并指定每个屏幕的解码设备输出。方格图能够最大支持 16 * 16 的布局;对感兴趣的视频,可通过右键选择直接投射到电视墙上,能够:1.显示电视墙布局;2.打开或关闭显示通道;3.设置监视器上的分屏设置,每个输出通道的分屏数(1、4、9、16);4.设置轮巡时间间隔;5.把实时监视视频图像投射到电视墙;6.给监视器分配视频信号;5.每个分屏的轮巡可启动或停止。
	键盘操作	中心管理服务器通过串口支持连接多厂家的矩阵键盘,操作员能够通过键盘完成绝大多数实时监视的操作。
	专业虚拟键盘	可实现监视器操作、摄像机操作、云台镜头控制操作、键盘宏/扫描序列。
	客户端升级	当客户端有新版本时,在登录时会自动收到升级通知。对于不影响兼容性的小版本升级,能够忽略升级通知,并继续使用旧版本;对于大版本升级,则不能忽略,必须升级后才能继续使用。
	个人参数配置	客户端能够配置个人用户密码修改,是否接收告警通知等个性化参数。
	锁屏	用户暂时离开客户端时屏幕能够在一定时间内自动锁定,直到输入用户密码后才能继续使用。
	操作系统	支持安装在 Windows 7,32 位及 64 位操作系统上。
平台网管	用户组管理	在监控系统中具有相同权限特征的用户归为一个用户组,代表一个角色,拥有相同的操作动作命令发送权限;系统中预先分配的用户组包括:系统管理员组、系统操作员组、客户管理员组、前端管理员组。能够自行修改或者创建新的用户组,并且在用户组中添加用户。一个用户能够同时属于不同的用户组。
	用户管理	能够创建一个新的用户,填写用户属性信息,并加入用户组。用户的权限除了同所属用户组相关,还同用户授权的地区或者设备有关。用户的权限的设定是按照用户所属的组以及指定授权的地区或者设备的集合,只有用户被授权访问某个设备或者某一地区下所有设备,并且属于一个用户组时,才具备相应的权限。
	权限管理	系统中的权限细分为对实时视频浏览、云台控制、语音功能、图像参数设置、前端存储回放下载和设置、中心存储回放下载和设置、图像抓拍、告警接收查询、告警联动设置、系统设备管理、前端设备管理和电视墙矩阵管理;权限能够按照设备划分,也能够按照设备所属地区进行划分。

续表

分类	功能项	描述
平台网管	基础授权管理	基础联网平台基础服务授权管理通过加载视频中间件模块,可实现对主流厂商的矩阵、硬盘录像机、网络视频服务器、报警主机等设备的中心管理和视频联网、智能分析、视频诊断、移动监控、电子地图和接入等应用服务功能。
	权限控制	系统采用多级权限控制管理,按实际的管理架构对每个用户赋予不同的权限和级别,系统登录、操作都需要进行权限验证,多个用户具备同样权限时,高级别的用户能够抢占低级别用户的资源;用户权限漫游,用户在全系统中只需通过一个帐号和密码就能够漫游全网,访问任何有权限的资源;级别高的用户应可抢占级别低的用户对某资源的控制权,反之则不行。低级别用户的控制权被抢占时应得到明显的通知。
	用户认证	用户登录系统,用户名和密码通过 MD5 加密后保存在数据库,系统采用 Radius 协议方式进行认证。
	平台设备管理	提供对系统平台设备的网管配置界面。能够按地理位置显示机房节点管理节点,每个机房节点下列出所有的中心平台设备的信息,可列表显示的设备包括服务器、磁阵、交换机和防火墙。设备信息包括名称、地址、维护人信息、其他补充信息。能够显示服务器的 CPU、内存、磁盘容量、每个网卡的 IP 及进出流量;能够定时及手动刷新,支持 SNMP 协议上报网管信息。选择硬件设备能够在下方看详细信息,包括以上简略信息以及 CPU 曲线、内存曲线、硬盘饼图。
	系统配置管理	配置管理系统管理对象应包括:用户和用户组、资源以及用户对资源操作的权限。配置管理系统的功能包括:资源的统一编号与管理、用户及用户组信息编号与管理、划分用户所能使用的资源以及分配用户使用对于资源的权限。
	软件模块管理	系统能够添加、查看、修改、删除服务器模块,并配置相应参数,包括中心管理服务器,信令控制服务器,媒体分发服务器,存储代理服务器,数据库、门户等模块。
	前端设备安装	能够在管理门户对视频服务器、摄像机、解码器、电视墙进行安装配置。多种编码器/硬盘录像机接入管理,网络摄像机接入管理,网络硬盘录像机接入管理,矩阵接入管理。设备以树状图和列表方式两种视图呈现。设备以地区方式组织,能够建立多层子地区。在平台安装配置设备,保存的设备信息包括: 1)设备名称、设备编号、密码; 2)设备型号信息,设备类型、生产厂家、内部厂家代码、编码能力、视频通道数、告警输入、告警输出、透明通道、硬件版本、软件版本;在线回放能力、告警抓拍能力、在线升级能力、云台自动归位能力;音频、本地存储、视频遮挡、移动侦测、子码流能力; 3)安装信息包括地点、时间、线路、方向; 4)视频通道配置;编号、名称、安装信息等; 5)输入输出配置;数量和名称。
	双网络支持	为了方便对复杂网络的部署支持,系统模块支持双网络配置的部署方式。这两个网络能够是一个公网、一个私网,也能够是两个独立的 IP 地址段。
	媒体服务器分配	在安装前端设备时,用户能够指定设备的媒体服务器,能够指定单独的存储和转发服务器,也能够由系统自动分配给负荷较小的服务器。若用户不强制指定服务器,则存储和转发模块总是在一台设备上。
	告警管理	告警分为监控业务告警、前端网管告警、平台网管告警三大类,管理员能够指定某类告警由哪个用户接收,无需用户自己订阅;能够将某个地区及其下级地区所有设备的告警都发给指定用户,也支持设备级别的告警接收指派;每个用户能够自行定义告警接收方式,管理员能够强制修改;用户能否接收某类告警由其权限限制。

分类	功能项	描述
平台网管	事件管理	用户可根据告警摄像机或报警类型制定相应的告警联动计划,由客户端做出联动动作,提高用户对重点监控区域的告警事件的警觉度。
	告警联动预案	支持用户编制预案,通过告警消息来联动设备的各种动作,即平台收到设备告警后,触发前端摄像机转动、平台录像、发送短信等联动动作的功能。预案能够由系统的告警触发也能够由用户人工触发或者系统定时触发;预案触发的动作包括:预置位联动、平台录像、前端抓拍、设备 I/O 口状态变化、消息发送。
	日志查询	平台支持操作日志及事件日志的查询操作,可通过时间、摄像机、操作类型、时间类型、操作用户等条件进行日志查询的过滤查询,查询结果支持导出表格。
	操作日志管理	操作日志管理可将用户对基础联网平台系统以及通过客户端操作信息进行详细记录,并形成日志记录。平台日志,客户端日志,视频丢失日志通过中心服务器查询数据库均可取得。日志类型包括:平台日志、客户端日志、DVR 整合日志、摄像机日志、键盘用户日志;日志管理内容包括:登陆时间、视频录像、下载资源及路径、触发抓拍信息、视频图像异常信息、系统支持客户端或者 WEB 模式对日志服务器进行访问。
前端网管	独立注册	平台支持 TR069 协议对前端设备进行网管,前端网管系统与中心管理服务器独立,前端网管版本升级过程不受业务平台的影响。
	设备状态	实时显示设备的状态信息,远程控制设备重启。
	参数查询	查询设备基本信息、业务信息、业务配置。
	设备告警	查询设备的告警信息。
	配置备份	备份和下载前端的参数配置和日志;恢复前端备份参数,或者恢复出厂设置。
	前端升级	对前端进行远程升级。
业务运营	客户管理	支持在系统内创建独立的托管客户,客户拥有自己的权限范围及单独的管理员。客户管理员能够在权限范围内对客户自己的业务进行设置。拥有自己创建用户的权利,且不与其他客户端互相影响。
	客户自服务	客户管理员能够登录客户自服务门户对本客户内的信息进行操作管理,包括进行用户管理、告警管理、日志查询。
平台互联	访问其他平台	通过系统互联网关接入符合 GB/T 28181 的平台视频资源,支持对方平台向本方注册、心跳及注销;支持设备目录同步;支持实时视频、云台镜头控制及录像回放下载流程。

思考与研讨题

1.模拟矩阵以及非网络数字矩阵如何实现切换?

2.网络接口数字矩阵如何实现切换?

3.网络虚拟数字矩阵如何实现切换?

4.大屏幕拼接技术是如何实现的?

5.网络视频解码器是如何工作的?

6.什么是流媒体服务器? 其工作原理如何?

7.简要描述视频监控管理平台的架构及其主要功能。

第六章　视频监控系统的组网

■ **本章要点：**

　网络视频传输的特点

　传输网络的关键指标

　网络带宽需求与计算

　视频监控系统的组网方式

　网络视频监控系统是建立在联网基础之上的,只有合理构建视频监控传输网络,才能使网络视频监控系统发挥最大的效益。

■ **背景延伸**

　★2003 年,上海海事局电视监控系统通过光缆、微波传输设备以及无线网桥实现了本地联网,并通过租用中国电信的帧中继线路实现了与交通部中国海事局的联网;随后,烟台、海南等几个地方海事局以同样的组网方式实现了与中国海事局的联网,由此形成中国海事电视监控系统的信息整合与共享,并且在中国海事局搜救指挥中心建立了中国海事电视监控系统总控中心。

　★2006 年开始的山西省林火视频监控系统通过租用中国移动山西省公司基于太阳能供电的微波传输设备以及有条件的光缆线路,使对几近无人无电的山林区域的电视监控成为可能,并由此构建了全省林火视频监控系统专网。

第一节　网络视频传输特点及面临的挑战

1.网络视频传输特点

视频数据的特点有很多,在传输时的主要表现如下:

(1)数据海量性:视频数据量大、信息量大,使得它在传输时需要很大带宽。

(2)流量不规则性:视频数据量时大时小,使得它所需的带宽很难界定。

视频数据的以上特点决定了其在传输过程中对无线多跳自组织网络提出了很高的要求,主要体现在误码率、吞吐量、QoS 等方面。

2.网络视频传输面临的挑战

视频数据的特点使得它在传输方面面临很多挑战,特别是高质量的视频传输更是如此,高质量的视频传输面临的挑战可以归结如下:

(1)误码率高:尽管 MPEG 和 H.26x 视频编码器能有效地压缩视频,以减少所需带宽,但若信道变差时,视频在传输中仍易出错。

(2)缺乏有效的 QoS 支持:IP 网中的带宽不稳定、干扰严重以及终端随机移动,都给路由和调度造成很大的困难。

(3)丢包率高:网络拓扑的随机变化,必然导致路径变化,从而导致易丢包。同时,路径延时的增大也会产生高丢包率。

第二节 传输网络的关键指标

传输网络的技术指标对网络视频监控系统能否有效、高效地正常运行至关重要,为此,在国家公共安全行业标准《城市监控报警联网系统 技术标准 第 8 部分:传输网络技术要求》(GA/T 669.8-2009)中,对城市监控报警联网系统传输网络的配置原则、系统架构、网络整体技术要求、传输技术和各层次设备功能等均作出了具体要求。

传输网络的技术指标主要包括时延、抖动、丢包率、带宽等。

一、时延

网络视频监控系统的传输时延是指从前端设备到图像显示设备之间的网络延时(不含图像编解码的延时),其指标要求参照国家通信行业标准《互联网业务服务质量技术要求》(YD/T 1641-2007)中"7.3.2 网内城域网端到端传输时延"规定的参数,具体为:

(1)LAN 接入方式端到端传输时延平均值小于 14.5ms,最大值为 15.5ms;

(2)WLAN 接入方式端到端传输时延平均值小于 14.5ms,最大值为 17.5ms;

(3)ADSL 接入方式端到端传输时延平均值小于 168.5ms,最大值为 209.5ms;

(4)基于公网的无线接入方式端到端传输时延平均值小于 204.5ms,最大值为 209.5ms。

当联网系统的传输网络涉及跨网跨域建设时,其网络时延指标可参照 YD/T 1641-2007 中"7.3.3 网内跨域业务网络端到端传输时延"和"7.3.5 跨网业务网络端到端传输时延"的要求。

二、抖动

抖动(jitter)是网络数据传输过程中因网络时延使数据包到达接收端的时间不确定而导致的。网络视频监控系统的网络传输抖动应满足国家通信行业标准《IP 网络技术要求——网络性能参数与指标》(YD/T 1171-2001)中第 7 章所规定的 1 级(交互式)或 1 级以上 QoS 等级规定,时延抖动上限值为 50ms。

三、丢包率

丢包率(packet loss rate 或 loss tolerance)是指数据传输过程中丢失数据包数量占所发送数据包总数的比率,其计算方法如式(6-1)所示。

$$丢包率 = \frac{发送报文数-接收报文数}{发送报文送} \times 100\% \tag{6-1}$$

在操作系统的命令行运行"ping"命令即可测试丢包率。例如,输入"ping［- n count - l size］IP 地址",即可对指定 IP 地址进行链路丢包测试,其中 - n count 是发送由 count 指定数量的 ECHO 报文,默认值为 4; - l size 是发送由 size 指定大小的 ECHO 报文,默认值为 32byte。一般情况下,千兆网卡在流量大于 200Mbit/s 时,丢包率小于万分之五;百兆网卡在流量大于 60Mbit/s 时,丢包率小于万分之一。

对于网络视频监控系统,传输网络的丢包率应满足 YD/T 1171-2001 中第 7 章所规定的 1 级(交互式)或 1 级以上 QoS 等级规定,丢包率上限值为 1×10^{-3}。

四、带宽

带宽是指信号所占据的频带宽度。在被用来描述信道时,带宽是指能够有效通过该信道的信号的最大频带宽度。对于模拟信号而言,带宽又称为频宽,以赫兹(Hz)为单位。例如模拟语音电话的信号带宽为 3400Hz,我国彩色电视广播采用的 PAL-D 电视频道的射频带宽为 8MHz。对于数字信号而言,带宽是指单位时间内链路能够通过的数据量。例如 ISDN 的 B 信道带宽为 64kbit/s。由于数字信号的传输是通过模拟信号的调制完成的,为了与模拟带宽进行区分,数字信道的带宽一般直接用波特率或符号率来描述。

网络视频监控系统的传输网络带宽应满足 GA/T 669.1-2008 中 6.2.1 网络带宽要求,即网络带宽设计应能满足前端设备接入监控中心、监控中心互联、用户终端接入监控中心的带宽要求并留有余量。

网络带宽的估算方法如下:

(1)前端设备接入监控中心所需的网络带宽应不小于允许并发接入的视频路数×单路视频码率;

(2)监控中心互联所需的网络带宽应不小于并发连接的视频路数×单路视频码率;

（3）用户终端接入监控中心所需的网络带宽应不小于并发显示的视频路数×单路视频码率；

（4）预留的网络带宽应根据联网系统的应用情况确定,一般应包括其他业务数据传输带宽、业务扩展所需带宽和网络正常运行需要的冗余带宽。

CIF 分辨率的单路视频码率可按 512kbit/s 估算(25 帧/秒),4CIF 分辨率的单路视频码率可按 1536kbit/s 估算(25 帧/秒)。

第三节　网络监控带宽的计算

视频监控系统带宽需求与分辨率和帧率这两个因素密切相关。在分辨率确定的情况下,某些具有带宽自适应功能的前端设备,可以根据丢包率、传输延时等情况来自动确定发送的帧数或者图像质量。

通常视频监控系统要求视频实时码流比特率在 32kbit/s～8Mbit/s 可调,音频实时码流比特率在 8～320kbit/s 可调。

在 25 帧/秒情况下,CIF 码流大小为 384～512kbit/s,均值不高于 500kbit/s;D1 格式图像码流大小为 1000～1500kbit/s,均值不高于 2Mbit/s。

在 CIF 分辨率的情况下,不同带宽下对应的视频帧率为:64kbit/s 带宽时为 3～8 帧/秒,128kbit/s 带宽时为 6～15 帧/秒,256 kbit/s 带宽时为 12～25 帧/秒。

因此,要保证 25 帧/秒的网络视频的实时传输,考虑到网络传输的成本、线路等情况,在 CIF 格式下,每个监控点一般需要 512kbit/s(根据监控点的视频格式不同,对应的带宽也会产生相应的变化)的专用带宽到监控中心。监控中心带宽取决于需要同时查看的监控点数量,监控中心带宽等于 512kbit/s 乘以同时监控的网点数量。

另外,由于监控点前端设备的选型不同,系统平台功能对分布式存储的功能支持和管控能力不同,也会对监控中心的带宽产生较大的影响,这需要在组网中根据存储的需求做相应的设计和规划,否则将产生存储异常。如果监控系统承载的前端数量较大,一般建议前端编码设备具有存储能力,或者系统平台支持分布式存储并支持存储负载的均衡调度和管理,否则存储中心服务器会产生存储的瓶颈。

在不同行业,用户对于所需图像的实时性、流畅性要求不同,应根据实际情况,对业务网络按照前端、中心服务平台和客户端划分三部分计算。

一、前端带宽的计算

网络视频监控系统的视频编码器大都采用 MPEG-4/H.264 或 SVAC 等标准进行编码,对网络带宽的占用比较少,就单路视频服务器而言,要得到画面质量为 25 帧/秒 CIF 图像所需网络带宽至少为 384kbit/s,要得到画面质量为 25 帧/秒 4CIF 图像所需网络带宽为 1~1.5Mbit/s。因此建议用户根据实际情况来选择接入方式。例如在 CIF 图像质量要求下,若一个用户有一个摄像机,可选择 1 条上行带宽在 512 kbit/s 以上的 ADSL 作为接入线路;若一个用户有多个摄像机,前端视频编码器的网络带宽为 512 kbit/s ×N(N 为接入前端视频编码器视频端口的数量),也可选择光纤接入方式。

二、中心服务平台带宽的计算

中心服务平台带宽计算主要有两部分,一部分为前端设备上传的视频流,另一部分为中心服务平台向客户端分发的视频流。

公网运营的中心服务平台所需的带宽可以根据一个平台的满负荷前端数量 50% 的视频进行同时监看和并发的规模进行规划。

专网的中心服务平台所需的带宽可以根据一个平台的满负荷前端数量 10% ~ 20% 的视频进行同时监看和并发的规模进行规划。

三、客户端带宽的计算

1.PC 客户端

PC 客户端所需带宽取决于客户同一时间需要监看的视频路数。如果同时监看的 CIF 画面路数为 n, D1 画面路数为 m,则客户端侧的带宽规划为:n×512 kbit/s+m×1.5Mbit/s。

2.手机客户端

在移动通信网络中,如果按照最低帧率来传送图像信息,需要带宽稳定在 30 ~ 40kbit/s 的移动网络环境,才能实现视频图像平稳播放。我国现有的 GPRS 和 CDMA2000 1x 制式的移动网络,经测试平均业务速率 GPRS 为 20~40kbit/s,CDMA 1x 为 80~100kbit/s。在实际应用过程中,由于要受到周围环境影响、网络干扰等原因,真实传输速率远远低于以上平均速率。

由于目前的监控主要基于固定的 IP 网络,在带宽足够的情况下流媒体相关参数一般配置较高,这与移动网络中的相关要求有所不同,见表 6-1。

表 6-1　网络图像性能要求

	视频监控网络	移动网络
分辨率	CIF、D1	QCIF
帧率	25 帧/秒	5~15 帧/秒
带宽	384kbit/s	64~384kbit/s

可见,在分辨率、帧率、带宽等多项指标中,视频监控网络的要求和 3GPP 的要求是不一样的,要实现移动视频监控,就必须解决两网间的数据适配问题。

第四节　网络设备的需求特点

视频监控系统中的网络设备主要包括线材、路由器、交换机等。与不同线材相关的还有光端机、分光器等设备。视频监控系统中网络交换设备的需求特点如下：

（1）高性能。监控中的动态视频数据不允许丝毫的延迟，较少的丢包就会引起较为严重的马赛克现象，使得画面很不清楚。因此在网络构建初期，在投资允许的情况下，应尽可能选择高性能、高性价比的网络设备，以免造成短期内网络扩容改造的麻烦。

（2）高安全性。可根据用户级别设置配置权限，保证对用户的精确认证。

（3）完善的 QoS 功能。具有强大的流分类功能，支持简单流分类和复杂流分类，基于流分类实现 DiffServ[①]、CAR[②]、流量监管、流量整形等功能，针对带宽、时延和抖动保证提供不同的调度机制。

（4）支持基于流分类的策略路由，使网络成为一个能同时承载数据、视频业务的综合网络。

第五节　典型的组网模式

一、骨干网

监控系统平台基于 IP 网络，常会让对信息安全非常敏感的用户感到不安，如银行、公安系统，这些视频监控内容通常需要较高的安全保证，基于 IP 网络显然存在较大的安全隐患。对于这些客户的高要求，运营商通常利用技术优势，为用户提供全程全网的MPLS-VPN 接入，将视频业务的全部网元放置到 MPLS-VPN 中。在运营商的 MPLS-VPN 中，每台网络设备为用户提供独立于 IP 路由表的 VPN 路由表。该路由表由 MPLS标签前缀区别于 IP 路由，独立于公网体系，使用户业务看起来是在一个独立于互联网世界的专门网络，通常的互联网用户没有访问 VPN 路由的权限，因此，整个监控业务的安全性得到了极大的提高，外网用户几乎不可能访问 VPN 内网资源。

二、接入网

用户在选择接入技术时，需要结合分辨率设置、稳定性要求以及用户可以承受的价

---

① DiffServ（Differentiated Service），区分服务体系结构，一种在互联网上实施可扩展的服务分类的体系结构，可保证QoS。

② CAR（Committed Access Rate），承诺访问速率，也称速率限制，一种管理网络上额外流量的方法，以保证这些流量不会影响重要的通信流量。

格等因素综合考虑。表 6-2 列出了前端摄像机在各种分辨率模式下适宜采用的接入技术,供实际使用时参考。

表 6-2 摄像机建议的接入方式

分辨率	CIF 25f/s	2CIF 25f/s	4CIF 25f/s
平均码流	500kbit/s	800kbit/s	1.5Mbit/s
建议接入方式	ADSL、ADSL2+	HDSL、VDSL2、ADSL2+	HDSL、VDSL2、ADSL2+、光纤专线

下面介绍几个主要的接入方式:

1.ADSL 接入

DSL(Digital Subscriber Line,数字用户线)是通过铜线或者本地电话网提供数字连接的一种技术。在我国目前最普遍使用的是 ADSL,它是一种非对称的 DSL 技术。ADSL 在一对铜线上支持上行速率 512kbit/s~1Mbit/s,下行速率 1~8Mbit/s,有效传输距离为 3~5km。

如图 6-1 所示,视频监控终端用户或前端单元(如摄像机或网络视频编码器)在使用 ADSL 接入互联网络时,所有用户线路通过电话线连接 DSLAM(数字用户线路接入复用器),由 DSLAM 汇聚后,上行到 IP 城域网络,从而进入 Internet,以访问视频监控平台。

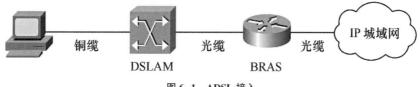

铜缆　　　　DSLAM　　　光缆　　　BRAS　　　光缆　　　IP 城域网

图 6-1 ADSL 接入

采用 ADSL 方式实现视频接入,一般采用网线将网络摄像机与 ADSL 接口连接。在一些场所不方便布线的情况下,可采用以下方案予以解决。

一种是采用无线网络摄像机方案。无线网络摄像机以 Wi-Fi 方式接入到无线路由器,无线路由器通过 ADSL 线路连接到 Internet。

另一种是选用无线 AP[①],有线网络摄像机先通过网络连接到无线 AP,AP 以 Wi-Fi 方式接入到无线路由器,无线路由器通过 ADSL 线路连接到 Internet。

2.LAN 接入方案

LAN 的方式较适合于办公大楼或居民小区,可以采用电信运营商的宽带城域网将数字视频流信号传输到监控中心。这样无需重新建设传输网络,监控点与最近的通信机房连接起来,搭建迅速,可以在最短的时间内迅速部署视频监控传输网络。

如图 6-2 所示,前端摄像机信号经过 DVS 进行数字编码压缩后,通过 LAN 接入视频

① AP(Access Point),无线网络接入点。

监控系统,各节点通过网络交换机或者路由器连接到监控中心,监控中心和监控点之间通过 IP 建立通信。

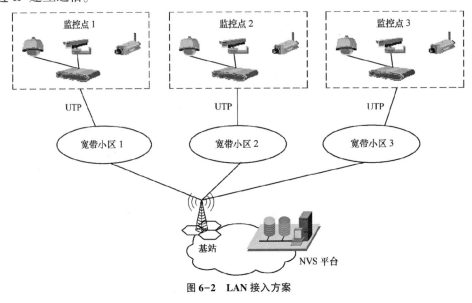

图 6-2　LAN 接入方案

3.FTTx[①](光纤直连、EPON、GPON 等)接入

由于 DSL 技术存在接入距离过短、速率相对较低等问题,PON[②] 技术逐渐在很多国家应用。PON 是指 ODN[③] 不含有任何电子器件及电子电源,全部由光分路器等无源器件组成,不需要贵重的有源电子设备。

PON 的传输距离比有源光纤接入系统短,覆盖的范围较小,但造价低,无需另设机房,维护容易,因此这种结构可以经济地为居家用户服务。由于可在一定距离内为多个用户提供较高质量的带宽接入,在基于 IP 的视频监控网络中,这种技术较为适合于视频监控单元(前端单元)监控点相对汇集的应用场合,如聚类市场中的多个小商铺。

如图 6-3 所示,采用 PON 技术接入互联网时,终端用户或视频监控前端设备(如摄像头)通过 ONU[④] 汇聚到 OLT[⑤] 后,接入上行交换机后连接到互联网。由于 PON 技术上下行速率一致,并且可加载较高的速率,因此不会发生因带宽过小而造成图像质量下降的问题。

在安全及带宽要求非常高的情况下,可以通过这种方式将用户与监控前端单元接入互联网。用户端设备通过转换器连接到光缆后,进入运营商交换机,运营商会对这类用户业务赋予更高的 QoS 等级,以保证用户通信的质量。

———————————

① FTTx(Fiber to The x),其中 x 指光纤接入到的最终目的地,比如 FTTH(H = Home)即指光纤到户,而 FTTB(B = Building)是指光纤到大楼。
② PON(Passive Optical Network),无源光纤网络。
③ ODN(Optical Distribution Network),光分配网络,这里指基于 PON 设备的 FTTH 光纤网络。
④ ONU(Optical Network Unit),光网络单元。
⑤ OLT(Optical Line Terminal),光线路终端。

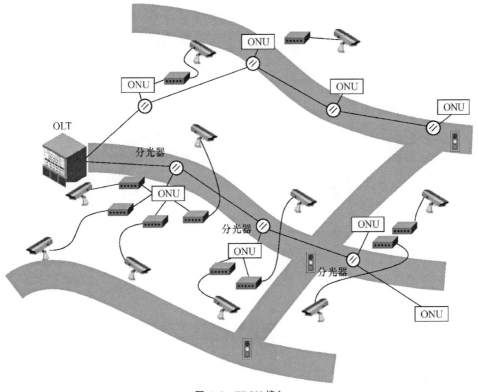

图 6-3　EPON 接入

由于用户需求各不相同,可承受的资费状况也不一样,因此可根据成本和需求来选择接入手段,进行视频内容的接入。

对于清晰度要求相对较低,只要求看到被监控场所基本情况的用户,一般可采用 ADSL 方式接入。该方式接入简单,覆盖范围广,并且接入成本较低,但 ADSL 技术上下行速率不统一,上行一般只提供 512kbit/s,甚至更低的速率,如要提供高清晰的图像采集,应该使用光纤接入。

PON 技术的出现弥补了 ADSL 的很多不足,特别是上行速率可为图像采集工作提供较好的质量保证,但目前该技术覆盖率较低,成本较高,对资费敏感的用户难以接受。适用于监控质量要求高、监控点多并且分区广泛、多种业务应用的情况。

以某厂商 GPON 为例,每块单板支持约 1900 路 CIF 格式视频流或 256 路 D1 格式视频流传送。

使用 GPON 接入前端设备,具备较多优势,如下所述。

- GPON 提供充足的上行带宽,使前端接入在各种网络环境下都没有带宽瓶颈。
- GPON 能够覆盖 20km 范围,上行带宽不受接入点距离影响。
- GPON 的 OMCI 协议可以通过 OLT 管理 ONT,对终端的管理手段大大增强;OLT 和 ONT 之间的光网络是无源的,提高了环境适应性的同时,大大降低了维护成本。

● GPON 会向更高的 10Gbit/s 带宽演进,符合 FTTH 的网络演进趋势。

其他如光纤直连运营商城域网等接入技术(如图 6-4 所示),可提供非常好的业务感受,但其价格一般只能为高端用户所接受,通常运营商为这些用户提供较高的 QoS 保证体系。

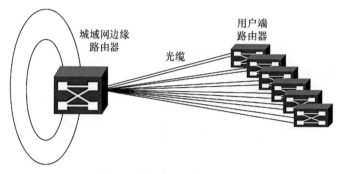

图 6-4　光纤直连运营商城域网

4.短信告警组网

为了能够将告警信息在第一时间内告知客户,运营商结合自身短信网关的优势,开发了短信告警功能。当客户监控场所发生险情时,能够以短信的方式通知客户,减少客户的损失。

以中国电信全球眼视频监控平台为例,为了实现该功能,要求实现运营商视频监控业务和电信短信网关的互通,如图 6-5 所示。

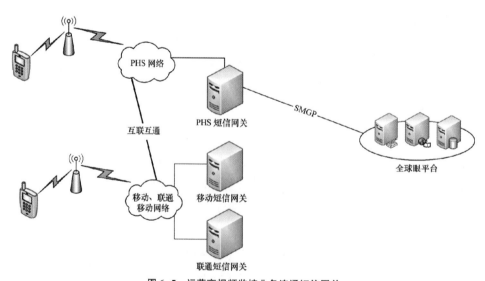

图 6-5　运营商视频监控业务连通短信网关

电信运营商视频监控业务平台通过互联网或 VPN 的方式连接所在省的短信二级网关,通过在视频监控业务平台配置普通 PHS[①] 终端号,当前端有告警发生时,平台能够以短信的方式通知相关的管理人员,如图 6-7 所示。

为了使该业务功能更加人性化、合理化,在报警短信系统的开发过程中,可结合运营商视频监控业务平台提供的客户管理体系,优化对接警用户的配置管理,比如可以根据不同报警类型定义不同的接警用户或接警用户组。为便于客户对告警信息的分析、判断、处理,对于告警短信的内容进行定制开发,对各种业务报警(开关量告警、图像检测告警)配置不同的短信联动,如"<报警点(报警通道名称)>发生警情!",短信内容可由电信管理员或用户管理员设置。报警短信发送对象可选择报警用户分组、报警用户。

三、无线传输网络

无线传输网络包括 GSM(GPRS、EDGE)、CDMA、卫星、3G、WiMAX 和 Wi-Fi 等。其中 2G、卫星支持的最高分辨率可达到 CIF,3G、WiMAX 和 Wi-Fi 等无线网络支持的最高分辨率可达到 D1。

GSM(GPRS、EDGE)、CDMA、3G、WiMAX 和 Wi-Fi 等无线通信系统由发送设备、接收设备、传输媒体等组成,该类无线通信系统主要靠地面中继站传送信号,信号优于卫星通信,接收设备简单。发送设备(变换器、发射机和天线)将发送的信息变成电磁波从发射机天线向传输媒体辐射,经电磁波辐射后,电波的能量会扩散,且电波的能量会被地面、建筑物或高空的电离层吸收或反射,接收机能收到其中极小的一部分并将电磁波还原成信息。该类无线通信系统需在地面区域覆盖交换网络、无线基站等设备。

卫星通信系统由通信卫星、地面上行站和地面接收站三部分组成。卫星在空中起中转站的作用,即把上行站发送上来的电磁波放大处理后再返回地面接收站;地面接收站则是卫星系统与地面互联网的接口,地面用户通过接收站与通信卫星组成一个完整连接。车载卫星视频监控系统需要在应急指挥车上配置卫星设备,主要包括双向天线、室内卫星终端等,以通过卫星通信系统将视频信息传到互联网(或专网)上。

1.2G 移动网络技术

2G 移动网络技术属窄带无线接入,单通道几十 kbit/s,无法满足无线视频监控几百 kbit/s 应用带宽的需求,所以在实际应用中多采用 2/4/8 等多通道捆绑的方式提供监控带宽。2G 移动网络技术包括 GPRS(通用分组无线业务)和 EDGE(增强型数据速率 GSM 演进技术)。EDGE 所提供的数据速率大于 GPRS,但抗干扰能力稍弱,无线信道单用户传输峰值速率理论值可达 384kbit/s,一般为 60~80kbit/s。

---

① PHS(Personal Handy-phone System),个人手持式电话系统,一种采用微蜂窝通信技术的无线本地电话网络,是固定网络的补充和延伸,也被称为无线市话,俗称"小灵通"。

2.卫星

以海事卫星 BGAN[①] 业务为例,支持 64 kbit/s、256 kbit/s、432kbit/s 的 IP 数据业务。

3.3G

CDMA2000(EV-DO Rev.B,3 载频)下行带宽 9.3Mbit/s,上行带宽 5.4Mbit/s;TD-SCDMA 下行带宽 2.8Mbit/s,上行带宽 384kbit/s;WCDMA 下行带宽 16.4Mbit/s(HSPA+在建,28Mbit/s),上行带宽 5.76Mbit/s。

4.WiMAX

WiMAX 标准包含 IEEE 802.16d 和 IEEE 802.16e 两种。基于 IEEE 802.16e 提供的主要是具有一定移动特性的宽带数据业务,其在 10MHz 载频带宽下能实现 32Mbit/s 的传输速率。由于 WiMAX 数据带宽优于 3G 系统,比 Wi-Fi 有更强的覆盖能力,预计将成为无线宽带接入的一种主流技术,但其终端普及度不够,且存在政策风险。

5.Wi-Fi(以及 Mesh)

Wi-Fi 是基于 IEEE 802.11 系列标准的一种无线宽带通信技术,包括 802.11a／802.11b/802.11g,其中 802.11g 的数据速率可以达到 20Mbit/s。Wi-Fi(以及 Mesh)技术在接入带宽和移动性方面能够满足视频监控业务要求,且技术产品成熟,终端占有量大,是目前可以选择的主流技术。

思考与研讨题

1.网络视频传输有哪些特点?
2.传输网络主要有哪些指标?
3.如何根据实际应用需求计算所需带宽?
4.网络视频监控系统的组网模式如何?

---

① BGAN(Broadband Global Area Network),是具有全球无缝隙的宽带接入、移动实时视频直播、兼容 3G 等多种前卫通信能力的新一代国际海事卫星全球宽带局域网(Inmarsat)的简称。BGAN 实现了宽带、多业务融合、移动的完美结合,保持了全球任何地点、任何时间、随机接入的优势。

第七章　视频监控安全技术

■ 本章要点：

网络视频监控安全要求

网络视频监控业务安全性

网络视频监控数据安全性

视频监控传输与接入安全性

网络视频监控物理安全性

　　网络视频监控系统的安全性要求很高，除了基本的防攻击、防非法入侵、防病毒等要求外，还需要保证只有合法用户才可以访问和使用视频监控系统提供的服务。为实现这些要求，网络视频监控业务运营管理系统中应设计完善的安全性机制，从多方面保证系统的安全性。

■ 背景延伸

　　★2015 年 2 月末，以"国内一款监控设备被境外控制"为题的消息在网络上快速传播，并迅速在国内安防界掀起轩然大波。某省公安厅以某品牌监控设备"存在安全隐患"为由，要求各地立即进行全面清查，并开展安全加固。涉事设备厂商于当日连夜发布说明，指出了安全隐患的原因并给出了加强方式。受此事件影响，该公司的股票交易也于下一个交易日开市起临时停牌一天。

　　★2015 年 3 月 8 日，在十二届全国人大三次会议第二次全体会议上，张德江委员长在工作报告中明确指出，要加强推进国家安全法治建设，制定国家安全法、反恐怖主义法、境外非政府组织管理法、网络安全法等重点领域立法。其中网络安全法涉及的安全审查范围包括"关系国家安全和公共安全利益的系统使用的重要信息技术产品和服务"。此立法不仅仅针对互联网、计算机企业，而是所有网络设备生产厂商，包括 IP 化的安防设备厂商及其产品。

第一节　视频监控安全要求

从体系结构来看,安全体系应该是一个多层次、多方面的结构,既应有总体上的安全原则性要求,又要有具体的技术和设备可操作的要求。

在总体性要求方面,监控系统安全性设计的总体原则为:规范性、先进性和实用性、可扩展性和兼容性、开放性、可靠性、系统性、技术和管理相结合、分层、最小权限原则。

在具体技术和设备要求方面,不同公司安全策略不同,如将 AES[①] 视频加密技术与水印技术相结合,或者提供设备密码保护以及一些额外的安全保护策略,如使用 802.1x 验证服务器和 IP 地址过滤的 HTTPS 保护机制。

通过对运营商网络视频监控系统所面临的安全状况的分析,本节将整个系统的安全性在总体结构上分为 4 个层次:物理安全、接入安全、传输和网络安全、业务安全和数据安全,保证系统从硬件到软件、前端到中心、局部到整体等进行全方位、全过程、全时段的客观、严格、周密防范。

系统安全构架如图 7-1 所示。

物理安全是指在设备部署、机房配置、网络布线、设备防护等物理实体防护方面进行相关安全性设计。如对摄像机等前端设备根

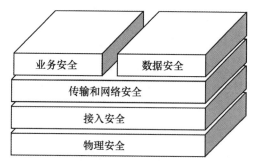

图 7-1　系统安全架构

据部署场所采用相应等级的防护防爆结构,对整体网络供电、线路安全、机房管理采取保障系统可用和防止人为破坏的相应措施等。

接入安全是指对前端设备接入的监控网络应采用相应的安全技术措施,设备入网应有系列的注册认证机制。接入安全还包括一些特殊视频监控应用的接入所采取的增加防火墙、网闸等设备。

传输和网络安全是指保证传输链路上的节点设备如路由器、交换机的安全以及保证信息在传输过程中的完整性和保密性。

业务安全是指操作平台和软件应有专门的权限管理设备和机制,用户权限可以按组、地区和任务划分,不同用户只有相应的访问权限,不能够越权访问。在用户登录应用系统时应采取用户名/口令或其他认证手段进行校验,认证信息应加密传输,认证通过后在权限最小化原则前提下,用户仅能访问指定设备资源,所有操作都应有相应的记录、安全审计等。应提取设备相关信息作为其唯一性标识,并对设备进行周期性审查和审计。应采取病毒和

---

① AES(Advanced Encryption Standard),密码学中的高级加密标准,又称 Rijndael 加密法,是美国联邦政府采用的一种区块加密标准。

恶意代码防范措施,保证监控中心应用服务器的安全,对系统故障应有应急处理措施。

数据安全是指对用户和权限等配置信息和音视频录像信息应有加密保护措施,根据不同用户需求,可采用数字水印或选用公安部、国家密码管理局等国家有关机构认证通过的硬件加密机即黑盒子方式,以保证数据的安全性。

第二节　监控系统采用的主流加密算法

通常,视频监控系统业务数据和媒体数据采用分离的通道进行操作,其传输通道类型可分为信令流和媒体流。

1.信令流加密

业务数据加密是指每个控制命令或者参数设置命令都必须进行加密处理,采取加密业务信令通道的办法来保证信息的安全性,保证数据鉴别、防篡改、防窥视、鉴别来源、防止非法访问、防伪造。

系统对信令进行加密,所有信令都使用加密技术,为了支持加密技术,需增加会话准备操作,进行握手交换标识,以读取密码生成密钥,进而对包体进行加密。

2.媒体流加密

对于视频流的实时加密流程与信令流类似,同样需要进行交换标识,以读取密码生成密钥。

视频流和视频控制信令应以不同的物理通道进行传输,视频控制信令通过信令流传输,视频流通过媒体流传输。

视频控制协议是视频监控终端与视频设备(视频管理服务器/监控平台、DVR、摄像机等设备)间的控制指令集,即建立视频监控图像连接的基本指令集。为保证通信中指令集不包含网络攻击指令、其他非法字符集或嵌入机密数据向外泄露,视频传输系统应具备视频协议安全控制功能,对所有视频监控交互指令进行严格安全过滤,阻断非法数据传输和网络攻击的入侵。

从具体的加密算法方面,针对信令流和媒体流加密,监控系统一般使用 DES[①]、3DES[②]、AES(128 位)、RSA[③](1024 或 2048 位)等加密算法。

[①]　DES(Data Encryptin Standard),数据加密标准,也叫 DEA(Data Encryptin Algorithm,数据加密算法)是一种对称加密算法,应用非常广泛,特别是在保护金融数据的安全中,很多自动取款机(Automated Teller Machine,ATM)都使用了 DEA 技术。

[②]　3DES:也称 Triple DES,是基于 DES 的三重数据加密算法,相当于对每个数据块应用三次 DES 加密算法,通过增加 DES 的密钥长度来避免暴力破解类的攻击。

[③]　RSA,一种非对称加密算法,在公钥加密标准和电子商业中已被广泛使用。该标准由工作于麻省理工学院的罗纳德·李维斯特(Ron Rivest)、阿迪·萨莫尔(Adi Shamir)和伦纳德·阿德曼(Leonard Adleman)于 1977 年一起提出,RSA 为三人姓氏首字母的组合。

DES、3DES 是对称加密算法,即加密和解密使用相同密钥的算法,DES 使用一个 56 位的密钥,3DES 使用两个独立密钥对明文运行 DES 算法三次,从而得到 112 位有效密钥强度;一般监控系统可采用 DES、3DES 算法,保证信令流和媒体流的安全性。

AES(Advanced Encryption Standard,高级加密标准) 为对称加密算法,支持长度为 128、192 和 256 位的密钥长度,其中 128 位密钥长度的 AES 是最常采用的版本,也是监控系统中采用较多的一种算法。

RSA 是非对称加密算法,是目前最优秀的公钥方案之一, 但是 RSA 的缺点是运算代价很高,尤其是速度较慢,较对称密码算法慢几个数量级,因此 RSA 一般用于对 AES 密钥的安全传输。由于 AES 加密算法是公开的,信息的保密依赖于 AES 密钥的保密,因此,对于对 AES 密钥的安全传输,可采用 RSA 非对称加密算法。

监控系统中的数据除了通过信令流和媒体流传输外,还有很多静止的数据,如存储的录像文件、音频数据,为保证安全性,同样也需要加密处理,针对录像文件加密的方法有很多,可采用 3DES、AES(128 位)、SCB2[①] 等。

此外,在监控系统中,为了确保图片和视频数据的安全可靠,监控系统可采用数字摘要、数字时间戳及数字水印等技术防止信息的完整性被破坏。

数字摘要就是采用单项 Hash 函数将需要加密的明文"摘要"成一串固定长度(128 位)的密文,数字摘要可采用信息摘要 5(MD5[②])、安全哈希算法 1(SHA-1)、安全哈希算法 256(SHA-256)等算法。

数字时间戳是用来证明消息的收发时间的,用户首先将需要加时间戳的文件经加密后形成文档,然后将摘要发送到专门提供数字时间戳服务的权威机构,该机构对原摘要加上时间后,进行数字签名,用私钥加密,发送给原用户。

数字水印技术,即在抓拍照片或视频编码过程中加入隐藏标记,防止该照片或视频在传输、存储、处理过程中被恶意篡改,确保数据的保密性,水印制作方案采用密码学中的加密体系来加强,在水印嵌入、提取时采用一种密钥甚至几种密钥联合使用。

在数据安全传输协议方面,监控系统通常用到 HTTPS 协议(Secure Hypertext Transfer Protocol,安全超文本传输协议)、IEEE 802.1X(基于端口的网络接入控制)、TLS 协议(Transport Layer Security Protocol,传输层安全协议)、SRTP(Secure Real-time Transport Protocol,安全实时传输控制协议)。

HTTPS 协议是监控系统中应用较多的安全传输协议,HTTPS 协议是由 SSL+HTTP 协议构建的可进行加密传输、身份认证的网络协议,所以一般应用于业务数据信令流的加密。

IEEE 802.1X 协议使用标准安全协议(如 RADIUS)提供集中的用户标识、身份验证、

---

① SCB2:一种由国家密码管理局批准的对称密码算法,最高加解密速度可达 1.4Gbit/s。

② MD5(Message-Digest Algorithm 5),信息摘要算法,上世纪 90 年代初由 MIT Laboratory for Computer Science 和 RSA Data Security Inc 的 Ronald L.Rivest 开发出来,历经 MD2、MD3 和 MD4 发展,在 MD4 的基础上增加了"安全—带子"(Safety-Belts)的概念。虽然 MD5 比 MD4 稍微慢一些,但却更为安全。

动态密钥管理和记账,客户端通过认证获得身份验证,为会话生成唯一密钥,该密钥可用于监控系统消息安全传输。

TLS 协议使得当服务器和客户机进行通信时,确保没有第三方能窃听或盗取信息。TLS 包括 TLS 记录协议和 TLS 握手协议。TLS 记录协议可使用如数据加密标准(DES)来保证连接安全。TLS 握手协议使服务器和客户机在数据交换之前进行相互鉴定,并协商加密算法和密钥。

视频流在传输层的加密也可使用 SRTP 对传输通道进行加密,SRTP 是在 RTP(Real-time Transport Protocol,实时传输协议)的基础上所定义的一个协议,旨在为单播和多播应用程序中的实时传输协议的数据提供加密、消息认证、完整性保证和重放保护。

第三节　业务安全性

一、权限管理

用户登录到视频监控系统后,系统提供给用户使用界面。通过使用界面,用户可以对监控点的设备进行管理和配置,浏览各监控点的实时视频图像,控制各监控点视频图像的云台转动、录像日程安排和录像方式,检索和点播保存在存储系统中的视频文件。

系统应具有完善的权限管理系统,数据库中记录所有用户对各监控点的使用权限,权限管理系统根据这些数据对用户使用权限进行管理,并对用户使用界面进行定制,使用户只能管理和使用具有相应权限的监控点的设备和视频文件,不能随意管理和查看其他监控点的设备和视频文件,保障系统的安全性和可靠性。

二、安全认证

登录验证机制:用户登录时,需要输入系统分配的用户名和密码。

授权机制:系统提供完善的授权机制,可方便地授予用户不同级别的权限,用户只能执行其权限内的操作。

用户访问视频监控系统时都将进行身份认证,用户输入用户名和密码后,认证信息采用 64 位的 DES 加密、128 位的 AES 加密或 1024 位的 RSA 加密处理,由中心管理服务器的 AAA 认证模块对其进行验证,以判断用户是否有权使用此系统。用户身份验证的资料来源于集中规划的中心数据库服务器,数据库服务器管理着网络视频监控系统中所有用户的身份资料。用户使用用户名和密码正确登录平台后,平台将会维护该用户的会话信息,用户由此使用系统提供的网络视频监控服务,高效的认证机制使非法用户无权使用网络视频监控系统。

对于有特殊需要的客户,可以用 USB-KEY 电子钥匙的方法进行认证,只有持有该电子钥匙的用户才能正常启动客户端软件,再配合加密的用户名密码,双重保证用户访问的安全性。

第四节　数据安全性

网络视频监控系统数据的安全性包括用户音视频信息的安全性和监控用户信息的安全性。对于网络视频监控的客户或认证信息,系统采取加密的办法来保证信息的安全性;对于存储的静态数据或文件,可以采用数据或文件加密的方式确保信息的完整性;对于需要高度安全和保密的系统,不但需要对访问权限进行安全认证,还需要对传输的数据和码流进行加密。

下面介绍视频监控系统的加密策略。加密策略包含视频信息数字水印技术、普通的AES 加密和基于 CA 的 AES 高级别加密。

一、数字水印技术

在监控系统中,为了确保图片和视频数据的安全可靠,可采用数字水印技术(Digital Watermark),即在抓拍照片或视频编码过程中加入隐藏标记,防止该照片或视频在传输、存储、处理过程中被恶意篡改,确保数据的保密性。

数字水印技术是通过一定的算法将一些标志性信息直接嵌入视频内容当中,达到防篡改的目的,但不影响原内容的价值和使用,并且不能被人的感知系统觉察或注意到。与传统的加密技术不同,数字水印技术可以判别对象是否受到保护,监视被保护数据的传播,鉴别真伪,为法庭提供认证证据。为了给攻击者增加去除水印的难度,水印制作方案采用密码学中的加密体系来加强,在水印嵌入、提取时采用一种密钥甚至几种密钥联合使用,如图 7-2 所示。

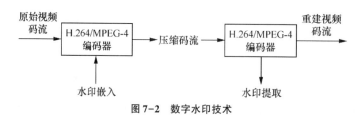

图 7-2　数字水印技术

数字水印技术按水印提取时的条件可分私有水印、半公开水印和公开水印。私有水印指提取水印时需要原始载体图像。半公开水印指提取水印时不需要原始载体图像。公开水印指提取水印时不需要原始载体图像并且水印是有意义的信息,如一段文字、一幅图像或商标、一段录音等。

按抗攻击能力,数字水印可分为鲁棒性水印和脆弱性水印,前者主要用于版权保护和使用跟踪方面,后者主要用于信息的完整性认证方面。

鲁棒性水印是实现版权保护的有效办法,已成为多媒体信息安全研究领域的一个热点,也是信息隐藏技术研究领域的重要分支。它通过在原始数据中嵌入秘密信息——水印来证实该数据的所有权,被嵌入的水印可以是一段文字、标识、序列号等。水印通常不可见或不可察,它与原始数据(如图像、音频、视频数据等)紧密结合并隐藏其中,成为源数据不可分离的一部分。

脆弱性水印除具备信息隐藏技术的一般特点外,还有其固有的特点和研究方法。例如,从信息安全保密的角度,隐藏的信息如果被破坏掉,系统可以视为安全的,因为秘密信息并未泄露。但是在数字水印系统中,隐藏信息的丢失意味着版权信息的丢失,从而失去版权保护的功能,这一系统就是失败的。因此数字水印技术必须具有较强的鲁棒性、安全性和透明性。

二、普通的 AES 加密

(一)AES 加密原理

随着对称密码的发展,DES 数据加密标准算法由于密钥长度较小(56 位),已经不适应当今分布式开放网络对数据加密安全性的要求,因此 1997 年 NIST(National Institute of Standards and Technology,美国国家标准与技术研究院)公开征集新的数据加密标准,即 AES。此算法成为美国新的数据加密标准而被广泛应用在各个领域中。尽管人们对 AES 还有不同的看法,但总体来说,AES 作为新一代的数据加密标准,汇聚了强安全性、高性能、高效率、易用和灵活等优点。AES 设计有三个密钥长度:128、192、256 位,相对而言,AES 的 128 密钥比 DES 的 56 密钥强 1021 倍。

AES 是分组密钥,算法输入 128 位数据,密钥长度也是 128 位。用 Nr 表示对一个数据分组加密的轮数。每一轮都需要一个与输入分组具有相同长度的扩展密钥 Expandedkey(i)的参与。由于外部输入的加密密钥 K 长度有限,所以在算法中要用一个密钥扩展程序把外部密钥 K 扩展成更长的比特串,以生成各轮的加密和解密密钥。

1.针对中心服务器进行加密

在监控系统中对数据的加密属于"通信加密",即对实时传输过程中的数据进行加密。对中心服务器的加密,即针对每个中心服务器进行的加密。不同的中心服务器使用不同的密钥。每个中心服务器定期随机产生一个密钥,中心服务器下的所有终端设备可以获得该密钥。终端设备使用该密钥对发送出去的数据进行加密,对接收的数据解密,保障信息在传输过程中的安全性。

2.使用 AES 加密算法

AES 即 FIPS 197,是 NIST 于 2001 年发布的加密系统。AES 采用 128 位的分组长度,支持长度为 128、192 和 256 位的密钥长度。128 位密钥长度的 AES 是最常采用的版本。128 位的密钥长度能够提供足够的安全性,而且比更长的密钥需要较少的处理时间。到目前为止,AES 还没有出现任何致命缺陷。

AES 加密算法属于对称加密系统,使用同一个密钥来对数据进行加密和解密。该算法实现速度快,适于对实时的数据流进行加解密,易于软件或硬件实现。对于嵌入式设备,多使用硬件加密的方式;对于桌面式终端,可以使用软件加密的方式。

同时,可使用非对称加密系统 RSA 实现对 AES 密钥的秘密传输,如图 7-3 所示。

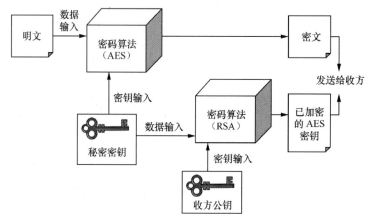

图 7-3 用 RSA 对 AES 密钥的秘密传输

3.对信令和码流加密

可以对中心服务器中的信令和码流全部进行加密,窃听者接收不到任何信息,保障监控系统的绝对安全。

4.对所有监控设备加密

对监控中的所有设备,包括编解码器、中心服务器以及录像机等外设全部进行加密,保证网络上传输的所有信令和码流都是保密的,不会被别人窃取。

5.对 AES 密钥进行安全的管理

AES 加密算法是公开的,因此信息的保密依赖于密钥的保密,如果密钥被泄露出去,别人就可以解密出所有的内容。对于密钥的保密,监控系统采用 RSA 非对称加密算法,实现对 AES 密钥的安全传输。

RSA 密钥包括秘密密钥(SK)和公开密钥(PK)。对于终端以及外设等设备,用户可以通过用户界面随机生成自己的 RSA 密钥对 SKi 和 PKi。秘密密钥 SKi 保存在本地设备上,公开密钥 PKi 可以通过电话、邮件等方式发送到中心服务器。中心服务器通过邮件或电话等方式对各个设备的公开密钥 PKi 进行确认,确认无误后,将各个设备的公开密钥 PKi 配置在中心服务器上,以后中心服务器将使用这些 PKi 传送监控的 AES 密钥。

中心服务器会定期随机产生一个 AES 密钥,分别使用各个终端及外设配置的公开密钥 PKi 对 Key 进行加密,并将加密结果 PKi(Key)发往各个设备,各个设备用自己的秘密密钥 SKi 对收到的内容进行解密,即 SKi(PKi(Key)) = Key,即可获取 AES 密钥 Key。在以后的监控过程中,所有设备就可以使用该 AES 密钥 Key 对信令和码流进行加密和解密,如图 7-4 所示。

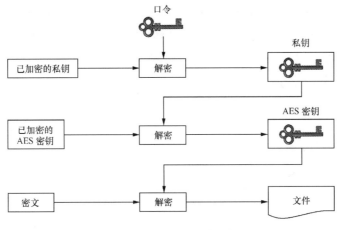

图 7-4　对 AES 密钥的解密

(二)配置数据的加密流程

配置数据加密是指每个控制命令或者参数设置命令都必须进行加密处理,如图 7-5 所示,加密的部分主要是 XML 部分内容,加密算法采用 AES 算法 AES[XML,MD5(MD5)]加密密钥用对应视频终端密码的 MD5 摘要。

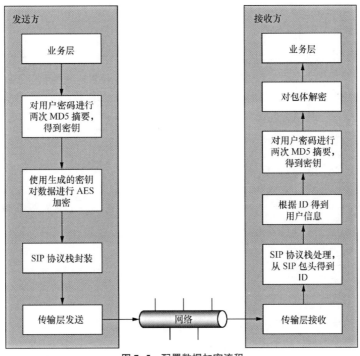

图 7-5　配置数据加密流程

加密方法采用 AES 的 CTR 模式(加密方式,密码算法产生一个 16 字节的伪随机码块流,伪随机码块与输入的明文进行异或运算后产生密文输出。密文与同样的伪随机码进行异或运算后可以重产生明文)加密,CTR 模式 IV 值取全 0,不满一个 AES 加密块的 XML 尾部补 0 对齐。AES 的密钥长度和 AES 加密块单元的长度都是 16 字节或 128 比特。

经 AES 加密后的结果用 BASE64 转码成 ASCII 码,成为在 SIP 报文中传输的 Content 字段。SIP 的 Content-Length 应该是 BASE64 转码后的 ASCII 码长度。

为了调试或进行其他选择,平台、监控终端和客户端都必须支持统一的开关,可以方便开启或关闭命令加密功能。

(三)视频数据的加密流程

监控平台、监控终端、监控客户端必须具备采用统一的加解密模块和密钥产生模块的能力,每个中心服务器定期随机产生一个密钥。中心服务器下的所有终端设备可以获得该密钥,终端设备使用该密钥对发送出去的数据加密,对接收的数据解密,保障信息在传输过程中的安全性。

视频加密可以采用视频关键帧或全数据加密两种方式。视频加密方法采用 AES 的 CTR 模式加密,每一个 RTP 包相互独立加密,每个 RTP 包的 CTR 模式 IV 值取全 0,不满一个 AES 加密块的包尾部补 0 对齐。AES 的密钥长度和 AES 加密块单元的长度都是 16 字节或 128 比特。关键帧加密和全数据加密协商采用 SDP 扩展。SDP 增加一个属性,名为 security,取值为 IFream、Whole 和 None,分别表示关键帧加密、全数据加密和不加密,如 a=security/IFream 视频加密流程如图 7-6 所示。

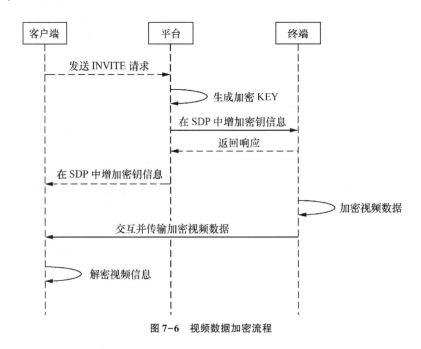

图 7-6 视频数据加密流程

三、基于 CA 进行安全管理

信息的保密依赖于密钥的保密,如果密钥被泄露出去,别人就可以解密出所有的内容。对于密钥的保密,监控系统采用 RSA 非对称加密算法,实现对 AES 密钥 Key 的安全传输。

考虑到对设备的认证,目前采用电子商务中普遍采用的 CA(数字证书认证中心)对设备进行发放、管理和废除。

由于 CA 拥有一个证书(内含公钥),有它自己的私钥,所以它有签字的能力。监控设备可以通过验证 CA 的签字从而信任 CA,任何设备都可以得到 CA 的证书(含公钥),用以验证它所签发的证书。

1.设备获取证书

RSA 密钥包括秘密密钥和公开密钥。对于中心服务器、终端以及外设等设备,可以通过用户界面随机生成自己的一对 RSA 密钥 SKi 和 PKi,秘密密钥 SKi 保存在本地设备上,公开密钥 PKi 和设备信息可以通过 CA 的公钥加密后发送到 CA。CA 收到并用 CA 密钥进行解密后,得到各个设备的公开密钥 PKi 和信息,经过确认无误后,把设备 PKi 以及设备信息绑在一起,打上 CA 的签字,形成证书,并把该证书发送到该设备,设备收到证书后用 CA 公钥进行签名认证无误后,保存证书。

2.中心服务器验证证书

设备把获取的证书发送到中心服务器,中心服务器通过 CA 的公钥进行签名验证,通过后获取设备的公钥 PKi,保存在中心服务器,以后中心服务器将使用这些 PKi 传送监控的 AES 密钥。同理,终端以及外设等设备通过同样操作,在中心服务器上验证并保存其证书。

3.生成 AES 密码

中心服务器会定期随机产生一个 AES 密钥 Key,分别使用各个终端及外设配置的公开密钥 PKi 对 Key 进行加密;对加密数据再打上自己的签名,将结果 PKi(Key)发往各个设备;各个设备收到后,先对中心服务器的公钥进行签名认证,通过后用自己的秘密密钥 SKi 对收到的内容进行解密,即 SKi(PKi(Key)) = Key,即可获取 AES 密钥 Key。在以后的监控过程中,所有设备就可以使用该 AES 密钥 Key 对信令和码流进行加密和解密。

视频监控安全防范系统采取上述系统安全和密钥管理措施,完全可以保证系统的安全性和保密性。

第五节　传输和接入安全性

视频流的加密过于耗费芯片资源,加密费用过高,因此系统在网络视频监控承载层面采用一定程度的隔离措施,如应用专线、VLAN、VPN、防火墙或者其他手段保证用户业务流的安全。

对系统进行安全保护,不是对整个系统进行同一等级的保护,而是针对系统内部的不同业务区域进行不同等级的保护。因此,安全域划分是进行信息安全建设的首要步骤。

安全域是指同一系统内根据信息的性质、使用主体、安全目标和策略等元素的不同来划分的不同逻辑子网或网络。每一个逻辑区域有相同的安全保护需求,具有相同的安全访问控制和边界控制策略,区域间具有相互信任关系,而且相同的网络安全域共享同样的安全策略。当然,安全域的划分不能单纯从安全角度考虑,而是应该以业务角度为主,辅以安全角度,并充分参照现有网络结构和管理现状,才能以较小的代价完成安全域划分和网络梳理,而又能保障其安全性。对信息系统安全域(保护对象)的划分应主要考虑如下因素。

1.业务和功能特性

(1)业务系统逻辑和应用关联性;

(2)业务系统对外连接。

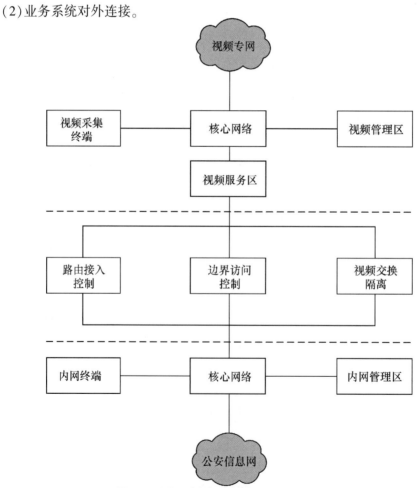

图7-7 公安网外部视频安全接入安全域划分示意

2.安全特性的要求

(1)安全要求相似性:可用性、保密性和完整性的要求。

(2)威胁相似性:威胁来源、威胁方式和强度。

(3)资产价值相近性:重要与非重要资产分离。

3.参照现有状况

(1)现有网络结构的状况:现有网络结构、地域和机房等。

(2)参照现有的管理部门职权划分。

图7-7以公安网外部视频接入为例,依据网络现状、业务系统的功能和特性、业务系统面临的威胁、业务系统的价值及相关安全防护要求等因素,对公安的信息安全网络进行安全域的划分。

一、网络隔离技术

(一)VPN

作为传统广域网连接技术的补充,VPN由于组网方便,建设和使用成本低廉等原因,近年来迅速发展。该业务利用运营商的宽带网络将分散、独立的点进行联网,实现跨区域的资源共享。随着VPN技术的发展,QoS、安全方面也得到保障。VPN常见的组网方式有IPSec VPN、MPLS VPN等。

(二)防火墙

监控中心与宽带城域网之间配置防火墙,负责监控点在宽带城域网上进行数据通信的安全、加解密传输,保证用户数据和内部网络的安全,同时具备VPN服务器/网关功能。

目前互联网上最经常出现的DDoS(Distribution Denial of Service,拒绝访问)攻击,攻击者发起大量连接会话,造成业务平台资源大量占用。这种攻击通常使用变化的源IP地址(通常是伪造的),连接业务平台服务,由于TCP的特性,要建立正常的访问连接,必须经过三次握手过程,即请求者发起请求连接后,服务器需向请求者发送确认回复。由于源IP是伪造的,因此正常的请求者回馈确认包没有办法再次递送给服务器,此时服务器会对此TCP连接进行等待,称之为TCP半开连接。半开连接占用服务器及网络资源,当半开连接过多时,则服务器资源耗尽,停止正常的服务。

对于这种攻击,通常可采用以下几种手段进行预防:一是业务平台前端架设网络安全设备,如防火墙设备,这些设备可以通过流量特征识别将攻击限制在业务平台前端,从而降低攻击者成功的机会;另一些手段则通过类似限制TCP半开连接等待时间等方法减少攻击所带来的影响。

资源型粗糙的攻击手段对应的是另一些较为"高明"的攻击方法,如通过SQL注入获取数据库及系统相关权限。这些攻击较为隐蔽,常规安全设备无法检测到攻击行为。为了避免这类攻击,应仔细检查相关服务平台软件的代码安全。

总之,对于监控实时要求较高的应用,可以在承载网络上采用传输层的机制保证网络传输的安全性。例如利用 VPN、VLAN 等机制隔离远程视频监控流量和其他流量。在特殊行业中,采用网闸在保障网络之间隔离的同时,可选择特定的数据、媒体流的通过。网络连接上,在重要网元的出口网络连接应具有备份链路。

二、视频协议安全传输

视频数据和控制信令应以不同的物理通道进行传输。视频协议是视频监控终端与视频设备(视频管理服务器/监控平台、DVR、摄像机等设备)间的控制指令集,即建立视频监控图像连接的基本指令集。为保证通信中指令集不包含网络攻击指令、其他非法字符集或嵌入机密数据向外泄露,视频传输系统应具备视频协议安全控制功能,对所有视频监控交互指令进行严格的安全过滤,阻断非法数据传输和网络攻击的入侵。

除了对视频监控交互指令进行安全过滤以外,还必须对视频监控交互指令携带的参数进行安全过滤。

三、通信端口动态关闭

视频监控业务往往需要使用广泛的端口范围,有时甚至是在 1024~65535 范围内随机使用,视频边界接入平台如果长期开放大量的网络端口,将产生严重的安全风险。因此,视频监控安全接入平台只开放一个视频管理服务端口,除此以外的所有 IP 和服务端口,包括摄像机、DVR(数字硬盘机)、流媒体服务器、视频服务器等设备的 IP 和端口连接平常均处于关闭断开状态。在视频监控终端经过用户认证、权限分配等安全管理后,动态开放客户端与视频资源的网络连接。在客户端使用结束后,该连接应立即关闭并恢复到初始状态。

四、颗粒化访问控制要求

安全接入平台必须具有能够进行细粒度访问的控制能力,严格控制访问者的权限。

(1)源、目的 IP 控制,能够进行源、目的 IP 的访问控制。

(2)服务端口控制,对访问视频管理服务器的端口进行控制,其他视频端口默认关闭,动态开放。

(3)访问时间控制,能够控制客户端访问视频资源的时间。

(4)访问行为权限管理,能够根据用户名/用户组、IP/IP 段进行视频资源的访问控制,包括摄像机访问范围、云台控制、历史视频录像查询、历史视频录像播放、日志查询、视频数据库修改等进行权限控制。

第六节　物理安全性

一、监控平台安全性

监控平台涉及非常重要的客户信息、设备配置信息、路由信息、网络管理信息系统。在电信级监控平台中,大量采用 Unix/Linux 操作系统作为核心平台软件承载,为了减少安全问题,一般系统可通过如下手段加固。

(1)通过 SSH 协议远程管理设备,SSH 采用加密协议,网络中的嗅探器无法获取设备密码。

(2)尽量关闭除 ROOT 账号以外的其他账号,对一些应用程序定义的用户,应对特定应用进行正确用户授权,并且这些为应用程序而设的用户不应正常通过 SSH 登录系统,删除其正常的"HOME"目录。

(3)对于一些程序需要使用高权限进行系统操作时,应对应用程序设置 SETGID 临时提高程序权限。

(4)关闭不必要的系统服务,如 FTP 等,经常查看系统日志,或将系统日志定期发送到网络管理软件上,方便管理。

(5)定期为系统升级。

(6)从安全性角度考虑,系统设备层采用一定的冗余备份方案,对于客户资料、费用资料等重要数据要有可靠的存储方案。

(7)监控中心平台放置防火墙之内,以保证系统的安全性。

(8)监控访问控制策略,设备控制权限划分到对每个摄像机、报警探头、电视墙的控制。对于每个摄像机分为实时视频查看、历史资料检索、远程云镜控制、参数设置等不同控制权限能力。系统对使用者的权限管理可以分为不同层次。

二、监控前端设备安全性

监控前端设备可以采取以下安全措施。

(1)系统对前端设备进行统一编码和管理,前端设备接入系统时,系统会对前端设备进行接入认证,通过对前端设备的注册和保活管理(即定时向前端设备发送信息,以确认前端的状态),保证视频源的合法性和安全性。

(2)解码设备只接收服务器指定编码设备发送的媒体流,防止恶意假造媒体流。系统设备对前端设备进行业务访问时,也需要携带相关的鉴权信息,以供前端设备进行检查和认证,编解码设备只接受合法管理服务器的控制命令,以防止被非法控制。

(3)如果前端视频服务器被盗,要保证里面存储的图像不泄密。前端视频服务器操作系统对系统账号的保护等级很高,很难轻易破解并登录。同时里面存储的图像文件系统采用专用的文件系统和读写操作指令,必须使用专用的客户端播放器和 USB-KEY 才能下载观看。

(4)前端设备安全认证,应对系统中的前端设备进行接入认证,可采用数字证书的认证方式,或者基于设备的物理标识。对于非 IP 设备,可以通过前端接入网关来进行认证。在采用数字证书认证方式时,前端设备或前端接入网关应提供安全模块。安全模块应具备的安全功能有:安全认证功能、密钥管理功能、信道加密功能。

三、客户端加密

监控业务客户端采用专用程序,并结合带有用户信息的硬件加密狗(USB-KEY),防止用户程序的非法拷贝和使用。"加密狗"是一种插在计算机 USB 接口上的软硬件结合的加密产品,一般都有几十或几百字节的非易失性存储空间可供读写,较新的"加密狗"内部还包含单片机。

客户端程序通过调用 USB-KEY 的接口模块对其进行操作,USB-KEY 响应该操作,并通过接口模块将相应的用户数据返回给客户端程序。客户端程序可以对返回值进行判定,并采取相应的动作。如果返回无效的响应,表明为非法或无授权的用户,客户端程序可以将应用程序终止运行。

硬件加密狗主要特点如下。

(1)加密算法:针对不同用户任意选择加密算法,并且可以自定义加密算法因子(256种算法,24 位算法因子,共有 1600 万种因子变化可供选择)。

(2)单片机:USB-KEY 硬件内置单片机,单片机程序用特殊方法一次性写入。固化的单片机程序不可读出或改写,从而保证 USB-KEY 不可被仿制。

(3)数据交换随机噪声技术:有效地对抗逻辑分析仪及各种调试工具的攻击,完全禁止软件仿真程序模拟并口或 USB 接口的数据。

(4)迷宫技术:在 USB-KEY 函数入口和出口之间包含大量复杂的判断跳转干扰代码,动态改变执行次序,提升 USB-KEY 的抗跟踪能力。

(5)时间闸:USB-KEY 内部设有时间闸,各种操作必须在规定的时间内完成。USB-KEY 正常操作用时很短,但跟踪时用时较长,超过规定时间,USB-KEY 将返回错误结果。

(6)AS 技术:内嵌式加密(API)与外壳加密(SHELL)相结合的方式,能够到达极高的加密强度,即使外壳被破坏,加密程序仍然能正常运行。

(7)抗共享:硬件内置对抗并口共享器。

(8)密码保护:密码错误将不能对 USB-KEY 存储区进行读写。

(9)存储器:对数据存储区存放的关键数据、配置参数等信息提供掉电保持。

(10)流水号:每只 USB-KEY 都有唯一的序号,即流水号,可以通过读流水号以区分每一只 USB-KEY。

(11)新一代外壳技术:新一代外壳工具在极大提高加密软件安全性的基础上,同时改善其易用性、兼容性和适用范围。

思考与研讨题

1.网络视频监控的安全性要求包括哪些内容?

2.网络视频监控的业务安全性涉及哪些内容?

3.网络视频监控的数据安全性涉及哪些内容?

4.网络视频传输和接入安全性涉及哪些内容?

5.网络视频监控的物理安全性涉及哪些内容?

第八章 视频监控网的智能视频监控技术

■ 本章要点：

智能视频分析的定义及涵盖的技术

智能视频运动分析技术，包括运动目标检测、跟踪与分类技术

智能视频检索与摘要技术

随着平安城市建设的全面展开，视频监控的应用越来越受到重视，特别是 2015 年 5 月，国家发展改革委、中央综治办、科技部、工业和信息化部、公安部、财政部、人力资源社会保障部、住房城乡建设部、交通运输部等 9 部委联合发布《关于加强公共安全视频监控建设联网应用工作的若干意见》，进一步推动了视频监控联网系统的建设。

然而，对于动辄数百、数千、数万甚至数十万的摄像机数量（仅北京市由公安系统直接管理的摄像机数量就达 40 多万个），依靠人力 7×24 小时地连续观看监视器屏幕并研判摄像机图像内容是否正常，显然是不现实的，由此引出智能视频分析的概念，即：通过监控中心管理平台软件甚至前端摄像机本身对视频图像进行智能分析，由软件或硬件及时发现摄像机监视场景中的异常事件、可疑目标，发出声光报警，启动录像，并对可疑目标进行自动跟踪以及身份识别。

■ 背景延伸

★2012 年，中国智能高清视频监控产业联盟年会在深圳召开。

★2013 年 12 月 17 日，SAC/TC100 报批的《安防监控视频实时智能分析设备技术要求》国家标准经国家标准化管理委员会批准发布，编号和名称为：GB/T 30147-2013《安防监控视频实时智能分析设备技术要求》，该标准于 2014 年 8 月 1 日起实施。

第一节　智能视频分析技术

一、智能视频分析的概念

　　智能视频监控分析技术(Intelligent Video Surveillance)是指在不需要人工干预的情况下,利用计算机视觉技术对视频序列图像进行处理、分析和理解,实现对监控场景中目标对象的定位、跟踪和识别,并在此基础上分析和判断目标对象的行为,在有异常情况发生时自动、及时地发出警报或提供有效信息,使得误报和漏报现象得到最大限度的降低。

　　随着"智慧"城市建设的发展,数以万计的摄像监控设备在同时工作,如此庞大的监视系统,需要成千上万的人紧盯着屏幕①。仅依靠视频监控中的人眼检测,会存在效率低下、识别率不高及存储困难等问题,常常不能实时发现突发事故。如果把监控系统中感知设备摄像机看作人的眼睛,那么智能视频监控系统则可以视为人的大脑,智能视频分析技术使得物联网的感知设备具备了"辨别"和"分析"的能力,拓展了视频监控系统的作用与能力,使监控系统智能化程度更高。视频监控的智能化必将给计算机视觉在公共安全领域的应用提供了广阔的前景,是物联网应用的必然要求。此外,智能的视频分析技术在基于内容的视频检索、视频标注、体育视频分析及虚拟现实等领域有着广泛的应用。据报道,YouTube 网站于 2013 年 5 月 20 表示,其用户每分钟上传的视频内容播放时长超过 100 小时,这相当于每分钟上传的视频播放时长超过四天。面对海量的没有标注的视频数据,大量的人工标注是不现实的,智能的视频分析技术可以自动挖掘知识,进行视频数据分析和标注。

二、智能视频分析技术简史

　　视频监控系统中的完整的分析流程如下:首先输入一段需要检测的视频进行目标物体的检测;在检测到目标物体后,根据需要对目标物体按一定的类别进行分类,如人、自行车、轿车、公交车,等等;分类之后根据各个应用系统的不同需求,对相应类别的目标进行跟踪,或者进行更加高级的行为理解(如车辆跟踪、人体检测、犯罪行为分析),最后输出结果进行分析。其中目标检测、目标跟踪、目标分类、目标行为分析,都是视频监控系统中所涉及的主要技术模块。各模块功能如下:

　　(1)目标检测:即在视频图像序列帧的全局或者特定的区域内检测或搜索到感兴趣的目标区域,其中重点关注运动的检测。

　　(2)目标跟踪:即对目标检测模块中得到的感兴趣的目标进行跟踪,同时获取并存储其相应的运动轨迹。

---

① 　http://www.chinawlw.net.cn/List-Show.aspx? id=334.

（3）目标分类：即利用被跟踪或被检测的目标表象特征和运动特征，将目标划分为人、车或其他感兴趣的类别。

（4）目标行为分析：即对被跟踪的单个或群体目标进行行为分析。

图8-1给出了智能视频分析技术在目标检测、跟踪、分类和检索及去雾等方面的应用示例。其中图8-1(a)中的方框表示检测到的运动目标，图8-1(b)是车辆轨迹跟踪，图8-1(c)是行人检测，图8-1(d)是图像去雾前后效果对比。下面章节将详细介绍视频运动目标检测、目标跟踪、目标分类三种关键技术，并系统阐述利用上述这些技术在视频检索和视频摘要中的应用。由于目标行为分析技术涉及行为的语义描述与理解，属于智能视频监控高级阶段，且目前该技术有待进一步研究，尚不成熟，考虑到难度和篇幅的原因，这里不对目标行为分析技术加以介绍，感兴趣的读者可以在 ICCV、CVPR、ECCV、PAMI、IJCV 和跟踪与监控性能评测国际讨论会 PETS（IEEE International Workshop on Performance Evaluation of Tracking and Surveillance）等国内外前沿的学术期刊会议上了解该方面的前沿技术。

(a) 运动目标检测

(b) 运动目标跟踪

(c) 行人检测

(d) 图像去雾前后效果对比

图8-1　智能视频分析的应用示例

第二节　智能视频运动分析

一、运动目标检测算法

视频每帧都包含大量的信息，一般视频帧中运动的目标是分析的重点对象，如何在视频帧中找到运动的目标，这就要借助运动目标检测算法。运动目标检测算法负责判断视频中是否存在运动目标，如存在，即确定目标位置。可以说，运动目标检测在智能视频监控中属于底层技术，目标检测的结果直接决定整个监控系统的性能。此外，借助运动目标检测技术,可以在视频监控系统中摄像机侧实现分辨率和码率动态调整,对于没有前景活动的帧,可以采用比较小的分辨率,比较低的码率,从而节省传输带宽。

根据摄像机与背景之间是否存在相对运动,运动目标检测算法一般可以划分为静止摄像头下的运动目标检测和运动摄像头下的运动目标检测两大类。静止摄像头下的运动目标检测是指场景中的运动只是由运动目标产生,背景静态,或者只存在诸如摄像机抖动、树叶摇摆等微小运动。静止摄像头下的目标检测相对简单,因此目前绝大多数实际应用的监控系统都是基于静态背景下的检测与跟踪技术。该类运动目标检测比较常用的方法有帧间差分法、背景减除法和光流法等三类[1]。运动摄像头下的目标检测是比较复杂的一种情况,由于摄像机的运动会导致图像序列中的目标和背景之间存在相对运动,目前并没有直接可行的或成熟的目标检测算法。只有基于特定条件的一些方法,包括背景拼接法、背景运动估计和补偿法、光流法,以及基于特定目标的检测方法(如可依靠人体直立的形状特点进行人体检测[2]等)。

(一) 目标检测算法概述

本章重点关注摄像头静止不动情况下的目标检测技术。常用目标检测算法包括帧间差分法、光流法,以及背景减除法中的混合高斯建模方法及 VIBE 算法。

1. 帧间差分法

帧间差分法简称帧差法,利用视频序列中相邻两帧或多帧进行差分运算,从而提取出图像中短时间内变化剧烈的部分,即运动区域。

Lipton 等[3]提出简单的帧差法如下式所示:

$$Mask_t(x,y)=\begin{cases}1 & |I_t(x,y)-I_{t-1}(x,y)|>T_d \\ 0 & otherwise\end{cases} \tag{8-1}$$

其中 $I_t(x,y)$ 和 $I_{t-1}(x,y)$ 表示 t 和 $t-1$ 时刻图像中 (x,y) 位置像素值。T_d 为阈值,$Mask_t(x,y)$ 为当前时刻目标前景掩模,$Mask_t(x,y)$ 为 1,表示 (x,y) 位置像素为目标前景,为 0 表示该像素为背景。在目标检测处理过程中,目标前景的检测结果通常用一个二值图像表示,一般称其为前景的掩模 $Mask$,掩模图像中非零的像素对应图像中的前景位置,为零的像素对应图像的背景位置。上式中将连续视频帧中对应位置像素点亮度值相减得到的差值与预先设置的阈值 T_d 进行比较,差值大于阈值就判定为目标前景,即运动区域。

式(8-1)帧差法对每个像素进行判别。除了运动目标造成场景的变化外,还有图像噪声和光照等引起的变化,所以阈值 T_d 的选择非常敏感,阈值过低不能有效地抑制图像

① 王亮,胡卫明,谭铁牛:人运动的视觉分析综述。《计算机学报》,2002,25(3):221-237.
② N. Dalai, B. Triggs, I. Rhone-Alps, and F. Montbonnot. Histograms of oriented gradients for human detection. In IEEE Computer Society Conference on Computer Vision and Pattern Recognition, 2005, volume 1.
③ Lipton A, FujiyoshiH, PatilR. Moving target classification and tracking from real-time video. In: Proc IEEE Workshopon Applications of Computer Vision, 1998, pp. 8-14.

中的噪声,而阈值过高又将抑制图像中有用的变化。通常采用局部阈值能更好地抑制光照变化,有效检测目标的运动变化轨迹。

相邻帧差法的优点是每一次帧差都是利用上一帧或相邻几帧的图像和当前图像做比较,所以对环境动态变化的运动目标检测具有较强的鲁棒性。不足是检测运动目标的前景不完整。因为一般情况下,运动目标内部或多或少都有较为均匀的纹理,帧差法在这些目标内部将获得较小的差值,从而使运动目标的检测产生空洞现象和拖影现象,不利于目标特征提取。图 8-2(a)是视频序列当前帧图像①,图 8-2(b)是当前帧的前一帧图像,图 8-2(c)是基于帧间差分的运动检测结果,其中白色像素表示判定为运动的像素,主要对应着手的运动和身体晃动。

(a)当前帧图像　　　　　(b)上一帧图像　　　　　(c)运动检测结果

图 8-2　基于帧间差分的运动目标检测

2. 光流法

光流可以定义为图像平面上坐标矢量的瞬时变化速率,也可理解为亮度引起的表观运动,即具有某个灰度值的运动点在场景中从一个位置瞬时移动到另一个位置。光流反映了这种移动的方向及快慢。

基于光流方法的运动目标检测②,采用了运动目标随时间变化的光流特征,它的优点是能够检测独立运动的目标,不需要预先知道场景的任何信息,并且可用于摄像机运动的情况。其基本方法如下:

记 t 刻图像 I 点 (x,y) 处的灰度值为 $I(x,y,t)$,$t+\Delta t$ 在刻,该点运动到 $(x+\Delta x,y+\Delta y)$,于是 $(t+\Delta t)$ 时刻图像 I 上点的灰度值可记为 $I(x+\Delta x,y+\Delta y,t+\Delta t)$,假定它与 $I(x,y,t)$ 相等光流一致性假设,即:

$$I(x + \Delta x, y + \Delta y, t + \Delta t) = I(x,y,t) \tag{8-2}$$

将式(8-2)左边在 (x,y,t) 处用泰勒公式展开,经化简并略去二次项,得:

$$I(x,y,t) + \frac{\partial y}{\partial x} \cdot \frac{\Delta x}{\Delta t} + \frac{\partial I}{\partial y} \cdot \frac{\Delta y}{\Delta t} + \frac{\partial I}{\partial t} + O(dt^2) = I(x,y,t) \tag{8-3}$$

① http://wenku.baidu.com/link? url=rnk4KpBtW-DSV0iZwtPEc9HBzADztTA3VSDVS2BZzUM6JLZdV0XssFg68WBGfG7Hj0hmR4uGz-VycPVw5FaJBskUeJ78dh4p8ou99R5NiL7.

② G. Choi, S. D. Kim. Multi-stage segmentation of optical flow field. Signal Processing, 1996, 54(2): 109-118.

记：

$$u(x,y,t) = \frac{\Delta x}{\Delta t} = \frac{dx}{dt} \tag{8-4}$$

$$v(x,y,t) = \frac{\Delta y}{\Delta t} = \frac{dy}{dt} \tag{8-5}$$

其中 $O(dt^2)$ 代表阶数大于或等于 2 的高阶项,消去 $I(x,y,t)$ 并忽略 $O(dt^2)$ 就得到光流约束方程:

$$\frac{\partial I}{\partial x} \cdot u + \frac{\partial I}{\partial y} \cdot v + \frac{\partial I}{\partial t} = 0 \tag{8-6}$$

实际上光流约束方程对每一个像素点来说都是一个含有两个未知数的标量方程,因此只用一个点上的信息不能确定光流,理论上分析仅能沿着梯度方向确定图像点的运动即法向流(Normal Flow)。这种不确定的问题成为孔径问题(Aperture Problem)。由于有孔径问题的存在,仅通过光流约束方程而不结合其他信息,就无法计算图像平面中某一点的图像速度流,为此人们在基本光流场方程基础上提出了很多约束条件和计算方法,如微分法、匹配法、频域法、马尔可夫随机场方法等。

图 8-3(a)是某视频当前帧,图 8-3(b)是当前帧的光流场,其中带箭头的线所在位置表示利用光流法根据前后帧求得当前帧运动的像素,线的长度对应运动的幅度,箭头方向对应运动的方向。

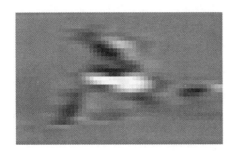 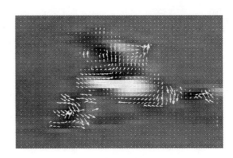

(a)当前帧 (b)当前帧的光流场

图 8-3 基于光流法的运动目标检测

光流法容易受到环境的影响,其缺点主要表现在以下三个方面:

(1)光流约束方程(公式 8-6)建立在目标亮度保持不变的基础上,对于大多数场景的图像序列来说,此条件不成立。一方面运动目标的灰度会随着位置的变化而改变,比如目标从阳光下驶入阴影区,由于目标表面对光线的反射的变化导致图像强度发生变化。另一方面,室外图像容易受到天气的影响,尤其是在阴雨天气,光照不稳定,运动目标光线强度变化较大,影响运动估计的准确性。

(2)运动估计需要利用图像序列的相邻两帧来实现,当某些目标暂时静止时,由于在相邻两帧的图像中检测不到运动信息,就难以把目标从背景图像中分离出来。

(3)光流场的计算比较复杂,对于分辨率就较高的视频,如果没有硬件的辅助,很难满足系统实时性的要求。

3.背景减除法

背景减除法是指建立背景模型 B ,将 t 时刻图像 I_t 与 B 进行比较,差别比较大的判定为运动的目标前景。

$$Mask_t(x,y) = \begin{cases} 1 & |I_t(x,y) - B(x,y)| > T_d \\ \\ 0 & otherwise \end{cases} \quad (8-7)$$

其中 T_d 为判决阈值, $Mask_t(x,y)$ 为当前时刻目标前景掩模。

基于背景差的方法概念清晰,不需要费时的光流场计算,速度比较快,检测的前景区域比较完整,是智能视频监控中最常用的运动目标检测方法。视频场景中背景描述的建模模型是影响背景减除法结果的关键因素。背景建模方法有很多,大致可分为基于全局的背景的建模方法和基于局部的建模方法。基于全局的背景建模没有考虑时间连续性信息,精度有限且模型更新困难,故往往采用基于像素特征的局部背景建模方法[1],如均值法、混合高斯法、非参数的核密度估计法和基于样本集的 VIBE 等建模方法。其中混合高斯建模方法和 VIBE 建模方法由于对背景有较好的适应能力,因此应用较广,这里重点予以介绍。

(1)混合高斯建模方法

在摄像机静止的视频中,由于背景比较固定,假设背景像素点的特征在一定时间内有很小的改变,也可认为在这段时间内背景像素点服从高斯分布。但由于存在树叶、水波的晃动等干扰,背景像素点呈现出双峰或者多峰现象,因此必须采用多个高斯分布来描述背景像素点的特征。例如,在某种情况下,由于树叶的摇晃,导致在不同时刻同一像素点有时出现的是天空,有时出现的是树叶,而且这一像素点是描述背景的像素点,因此采用单高斯模型不能完整地描述背景变化,此时需要高斯混合模型(GMM)[2]对背景进行建模。

a)模型的定义

将图像序列 I 中的像素点 (x,y) 在时刻 t 的观测值记录为 X_t ,对于同一像素点在不同时刻得到的观测值记录为 $\{X_1,...,X_t\}$,因为这些观测值和其他像素点的统计都是独立的,用包括 K 个高斯分布的高斯混合模型去描述它们,则 t 时刻点 (x,y) 的概率分布为:

① 代科学,李国辉,涂丹,袁见。监控视频运动目标检测减背景技术的研究现状与展望,《中国图像图形学报》,2006,11(7):919-927。

② StaufferC, G rimsonW. Adaptive background m ixture models for real-time tracking. In: Proc IEEE Conference on Computer Vision and Pattern Recognition, 1999, 2: 246-252;P. KaewTraKulPong and R. Bowden. An Improved Adaptive Background Mixture Model for Real-Time Tracking with Shadow Detection. Proc. European Workshop Advanced Video Based Surveillance Systems, Sept. 2001;Zivkovic, Z. and F. van der Heijden. Efficient adaptive density estimation per image pixel for the task of background subtraction. Pattern recognition letters, 2006, 27(7): 773-780.

$$P(X_t) = \sum_{k=1}^{K} w_{k,t} N(X_t, \mu_{k,t}, \sum_{k,t}) \qquad (8-8)$$

式(8-8)中，$w_{k,t}$ 是当前像素在 t 时刻第 k 个高斯分布的权值，$\mu_{k,t}$ 是均值，$\sum_{k,t}$ 是协方差矩阵，N 是高斯分布的概率密度函数，即：

$$N(X_t, \mu_t, \sum_t) = \frac{1}{(2\pi)^{\frac{n}{2}} \left| \sum \right|^{\frac{1}{2}}} e^{-\frac{1}{2}(X_t-\mu_t)^T \sum^{-1}(X_t-\mu_t)} \qquad (8-9)$$

K 的取值范围是在 3 到 5 之间，它的选择是由计算机的性能和内存大小决定的。虽然 K 的取值越大，越能准确地描述像素和背景的分布情况，但是在应用中需要更多的计算时间和更大的内存。为简化计算，假设像素通道中红、绿、蓝颜色分量是相互独立而且有相同的方差，则协方差矩阵为对角阵，即：

$$\sum_{k,t} = \sigma_k^2 E \qquad (8-10)$$

E 为 3×3 的单位矩阵。在现实中，这个假设是不成立的，会牺牲一些精度，但是不需矩阵的逆运算，降低了计算的复杂度。

b) 模型的更新

在高斯混合模型中，需要根据环境的改变对背景模型进行更新。在实现过程中，需要在每一时刻，使用最新的观测数据值，对每个像素点的高斯混合模型参数进行估计。但这个过程计算量大，无法实时进行。因此，采用在线 K-means 算法来近似的对参数进行估计。这种算法的思想是对于当前的像素 X_t，与 K 个高斯分布分别进行匹配，如果匹配成功，则用 X_t 去更新该分布的均值和方差，增大分布的权值；如果无法匹配，则该像素 K 个高斯分布中权值较小的项将会被最新得到的高斯分布取代。

求出像素的 K 个高斯分布的权值和方差之比（w/σ），接下来选择与 X_t 最近似的分布作为像素的高斯分布，即：

$$M_{k,t} = \begin{cases} 1 & |X_t - \mu_{k,t}| < \lambda\sigma \\ 0 & otherwise \end{cases} \qquad (8-11)$$

$M_{k,t}$ 为 1 表示第 k 个分布匹配，反则反之。一般情况下 λ 取为 2.5。

如果 K 个分布中没有最接近的高斯分布，就会选择替代可能性最小的高斯分布，当前的均值也将会被新的高斯分布的均值替换，K 个高斯分布的权值将会重新计算和调整。

t 时刻 K 个分布的权值调整方法为：

$$w_{k,t+1} = (1-\alpha) w_{k,t} + \alpha M_{k,t} \qquad (8-12)$$

这里 α 是学习速率，在 0-1 之间。α 越大，权值更新的越快，反则更新比较慢。经过更新后，分布中的 $M_{k,t}$ 值会根据匹配情况设定为 1（匹配）或 0（不匹配），权值的总和保持不变，仍然为 1。

对于不匹配的分布，μ 和 σ 保持不变，对于匹配的分布更新如下：

$$\mu_{t+1} = (1-\beta)\mu_t + \beta X_t \qquad (8-13)$$

$$\sigma_{t+1}^2 = (1 - \beta) \sigma_t^2 + \beta (X_t - \mu_t)^T (X_t - \mu_t) \tag{8-14}$$

这里：

$$\beta = \alpha N(X_t, \mu_k, \sigma_k) \tag{8-15}$$

β 为学习因子，可以通过 β 调整当前的分布情况。β 的取值越大，参数调整的越快，适应性也就越高。在应用中也可以采用定值以减少计算复杂度。

c）背景模型的选择

背景区域的像素值变化较小，在高斯混合模型中描述背景的高斯分布具有较大权值和较小的方差。前景区域即运动目标区域的像素值会出现两种情况：（1）不服从高斯混合模型中的任何高斯分布，则利用该目标像素值产生一个最小初始权值和最大初始方差的高斯分布；（2）可能服从高斯模型中权值较小或者最小的一个高斯分布，用它更新背景均值、方差和权值后，由于目标像素不会一直在某一个固定位置，所以更新后的方差仍然较大，权值仍然较小。

通过计算像素的 K 个高斯分布的权值和方差比（$w_{i,t}/\sigma_{i,t}$），比值越大的高斯分布在描述背景时更精确。高斯混合模型中选择 M（$1 \leq M \leq K$）个模型作为背景模型，M 由下式求得：

$$M = \arg\min_m \left(\sum_{k=1}^m w_k > T_R \right) \tag{8-16}$$

式（8-16）中，背景高斯分布的权值的设定值用阈值 T_R 表示。m 是符合条件分布的最优值，即用前 m 个最可能的分布。如果设定的阈值 T_R 值比较小，背景分布就是单高斯模型。如果 T_R 比较大，就是高斯混合模型，用更多地高斯分布来描述复杂的环境变化。

图 8-4 是文献[①]中利用混合高斯建模得到的前景目标检测结果。其中图 8-4（a）是当前含有前景目标的某视频帧，图 8-4（b）是该场景的背景图像，混合高斯模型通过对若干帧背景图像的学习建立混合高斯模型并在后续帧利用上述介绍的模型更新方法更新混合高斯模型的参数，图 8-4（c）中高亮像素处是利用混合高斯模型监测到的运动目标区域。

  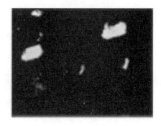

（a）当前帧图像　　　　　　　（b）背景图像　　　　　　　（c）运动目标检测结果

图 8-4　基于混合高斯模型的运动目标检测

① Stauffer C，Grimson W. Adaptive background mixture models for real-time tracking. In：Proc IEEE Conference on Computer Vision and Pattern Recognition，1999，2：246-252.

（2）VIBE 算法

Olivier Barnich 提出了 VIBE(Visual Background Extractor)算法[①]，该算法不再去估计背景像素的分布函数，只是通过在每个像素的邻域内随机选取若干个采样点对各像素进行背景建模，并且采用随机选择机制和邻域传播机制来更新背景模型，提高了算法的有效性和抗干扰能力。VIBE 算法流程如图 8-5 所示，算法实现过程大致分为三个部分：像素背景模型的初始化、前景背景像素的划分和背景模型的更新。

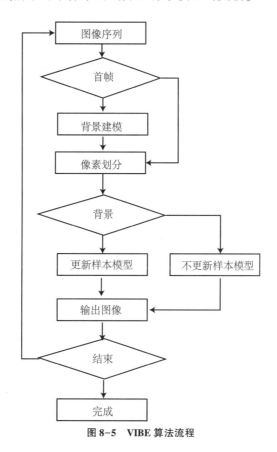

图 8-5　VIBE 算法流程

a）背景模型的初始化

VIBE 算法采用第一帧初始化背景模型，对每个像素点在其邻域内随机选取 n 个样本点 $\{p_1, p_2, \cdots, p_n\}$，为每个像素点建立一个样本模型(也叫做背景模型)。即随机选取邻域值初始化背景模型。邻域窗口的选择需满足两个条件：一是包含充分的样本，二是符合距离和相关性成反比的统计理论。这种初始化方式能快速建立背景模型。在图像中，邻域像素点拥有相近的时间和空间分布特性，VIBE 算法就是利用这一特性进行背景建模的。

① Olivier Barnich and Marc Van Droogenbroeck. ViBe: A Universal Background Subtraction Algorithm for Video Sequences. IEEE Transactions on Image Processing, 2011, 20(6):1709-1724.

b）前景背景像素的划分

从第二帧开始，每个像素值和背景模型中相应位置的 n 个样本值进行比较，如果差值的绝对值在一定范围之内，并且符合差值范围的个数在预先设定的阈值之内，就把该像素划分为背景，否则为前景。

较混合高斯需要多帧学习建立背景模型，VIBE 算法仅利用视频首帧建立背景模型，算法在第二帧就可以提取目标，实时性比较高。

c）背景模型的更新

为让背景模型适应背景目标的缓慢变化，背景更新是必要的。如果该像素被划分为背景，则利用当前像素值随机替换样本中的像素值。同样，利用该像素值随机更新该样本点邻域内的像素值。如果该像素被划分为前景，则不更新样本模型。背景模型的更新分为两个方面：第一是在时域中更新背景模型。对于样本值保留在样本集内部的概率采用单调衰减的方法是最好的。当我们更新一个像素模型时，我们设法通过随机选择的方法去更新一个像素模型。一旦被丢弃的样本值被选中要更新，则当前的像素值替换被丢弃的值。第二是在空间里更新：要保证整个图像的空间一致，可以处理较小的摄像机移动或者背景目标的缓慢变化。在现有的像素邻域中随机选择和更新像素模型。我们用 $NG(x)$ 和 $p(x)$ 表示像素 x 的空间邻域值和它的像素值。假设我们通过插入 $p(x)$ 更新 x 的样本集，然后我们也使用 $p(x)$ 随机地选择更新一个像素邻域 $NG(x)$ 中的样本集。

因为 VIBE 算法采用了像素背景模型更新的随机性、背景像素的空间传播机制更新背景模型，在复杂背景下，VIBE 算法达到了很好的效果。图 8-6 是 VIBE 算法在 PETS2001 公开测试视频库中的目标分割结果。图 8-6(b) 是基于 VIBE 模型的运动目标提取结果，图 8-6(c) 是基于上述介绍的混合高斯模型的目标提取结果。从实验结果看，VIBE 的分割结果较 GMM 方法具有噪声少、目标提取准确的优点。

（a）原图　　　　（b）基于 vibe 算法的分割结果　　　（c）基于 GMMs 算法的分割结果

图 8-6　vibe 算法的目标检测结果

基于 VIBE 背景模型的背景减除法具有思路简单、易于实现和运算效率高等优点。但仍然存在着背景模型算法的通病，即存在鬼影和阴影问题。鬼影的产生是因为背景中物体发生运动（如停靠的汽车驶离背景），或发生变化的背景像素点被错误的检测为前景点形成鬼影。虽然 VIBE 算法采用了随机的背景模型的更新机制，在一定的时间之后鬼影会消失，但是在视频序列的开始部分，如果不能抑制鬼影，将严重影响后续视频序列中运动目标的分割和提取。此外，与运动目标如影随行的投射在阴影区的背景被误检为运动目标前景,阴影的存在导致检测出来的运动目标形状不准确,影响后续目标分类、跟踪、识别和分析等其他智能视频处理模块。

(二)运动目标检测算法性能分析

1.运动目标检测算法定性分析比较

由于监控环境复杂多样,所以运动目标检测的实时性和鲁棒性显得尤其重要。为了进一步比较前面介绍的运动目标检测算法的性能,我们分别利用前面介绍的算法对同一室外视频进行目标检测,检测结果用二值图像表示,实验结果如图 8-7 所示。

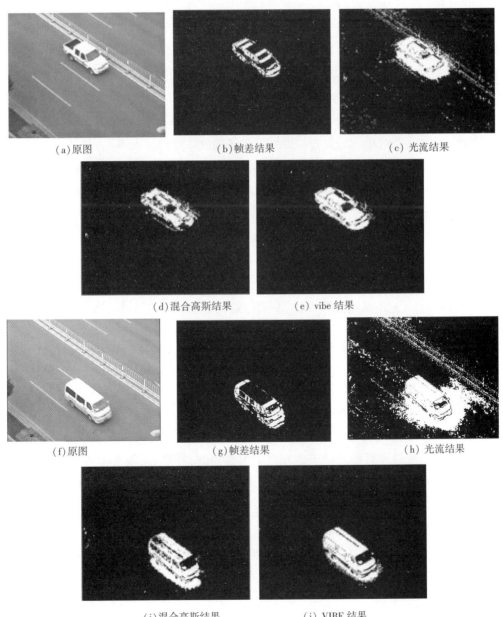

(a)原图　　　　　(b)帧差结果　　　　　(c) 光流结果

(d)混合高斯结果　　　　　(e) vibe 结果

(f)原图　　　　　(g)帧差结果　　　　　(h) 光流结果

(i)混合高斯结果　　　　　(j) VIBE 结果

图 8-7　运动目标检测算法结果比较

图 8-7(b)~8-7(e)和图 8-7(g)~8-7(j)展示了三类四种目标检测方法对相同视频的检测结果,结果图中白色表示算法检测到的运动目标,黑色表示背景区域。通过实验不难看出几种方法各自的特点和优劣:1)帧差法对背景噪声的抑制较好,但是检测出的前景容易出现空洞,特别是当前景部分颜色比较一致,目标较大且运动较慢时,这种情况尤其明显。2)光流法结果中前景较好,但是背景噪声大,主要是由于光流计算对环境光线变化比较敏感。光流的计算具有很强的假设前提,当光线变化或背景噪声较大时,光流计算会产生较大的误差,容易产生大量的误检。3)包含混合高斯模型和 VIBE 算法的背景差方法相对而言具有比较大的优势,前景比较完整,对背景噪声的抑制也比较好,其中 VIBE 的分割要好于混合高斯模型的分割结果。

虽然基于背景建模的背景差分方法在实践中取得相对较好的检测效果,但是该方法面临着诸多挑战。一是自然场景中的背景图像往往非常复杂。摄像机是固定架设的,实际上采样得到的图像并非固定不变,而是在某些因素的影响下发生着区域性的改变。例如,监控场景中光照强度的不断变化,包括室外环境下光照明亮度的逐渐变化和室内环境中开关灯时带来的光照的快速改变、随风摆动的树枝的影响以及摄像机震动造成的图像晃动等。这些干扰性的因素都将增加算法对这部分区域的检测难度,并且通常其中的部分区域还会被检测为运动目标,而对实际的目标检测结果产生一定的干扰。因此如何避免这些不相干因素对运动目标检测产生影响,也成为了一项相当有挑战性的工作。此外,实际应用场景中,还需要考虑到阴影对目标检测的干扰。一般的运动检测算法会将阴影检测为目标对象,这既会影响目标检测的准确性,而且有可能将运动目标与不相关的物体相连,导致目标跟踪和分类上的困难。例如基于颜色的混合高斯背景模型和 VIBE 算法往往将活动阴影的背景像素误判为前景像素,这是因为前景目标投射的活动阴影亮度明显不同于场景的背景,它不满足背景的概率模型,故易被误判成前景目标,这导致了阴影与前景目标的混淆。因此有必要在算法中考虑到对阴影的处理。

2.目标检测方法的定量分析

在评价目标检测的效率时,一般在公开的视频监控序列中进行测试,以便客观地评价算法的性能。相关资料[①]提供了较新的运动目标测试库。我们采用检测结果与真实数据的匹配程度来度量检测是否有效。理想情况下检测结果应该与真实数据完全匹配。但是实际上这几乎是不可能的。于是我们采用常用的检测率和误报率指标来评价检测性能:

召回率 Recall $Re = TP/(TP+FN)$

准确率 Precision $Pr = TP/(TP + FP)$

这里 TP(Truth Positive)表示正确检测到的前景像素数。FN(False Negative)表示漏

---

① N.Goyette,P.M.Jodoin,F.Porikli,J.Konrad,P.Ishwar.Changedetection.net: A new change detection benchmark dataset. in: IEEE Computer Society Conference on Computer Vision and Pattern Recognition - Workshops, 2012, pp. 1-8.

检的前景像素数。FP(False Positive)表示误判的前景像素数,TN(Truth Negative)表示背景像素数。召回率也称查全率反映,准确率也称查准率。

　　背景减除方法是运动目标检测中最常用的方法,因此这里重点比较了背景减除方法中介绍过的 GMMs 和 VIBE 算法。表 1 的数据是两者算法在公开测试视频库①中召回率和准确率的结果。

表 8-1　GMMs 和 Vibe 算法在公开测试库中检测结果比较②

方法	召回率 Re	准确率 Pr
GMMs	0.71	0.70
VIBE 算法	0.69	0.83

二、运动目标跟踪算法

　　目标跟踪是在事先不了解目标运动信息的条件下,通过来自信息源的数据实时估计出目标的运动状态,从而实现对目标的位置和运动趋势的判定。它是智能视频监控中一个基本而关键的任务,因为它是衔接运动目标检测和目标行为分析与理解的一个重要环节,是计算机视觉、图像处理和模式识别领域里非常活跃的课题。

　　对于视觉跟踪问题的处理,总体上讲有两种方法③:一种称之为自底向上(Bottom-up)的处理方法;另一种称之为自顶向下(Top-down)的处理方法。自底向上的处理方法又称之为数据驱动的方法,这种方法不依赖于先验知识,直接从图像序列中获得目标的运动信息并进行跟踪,该方法大致分为以下四个步骤解决跟踪问题:第一步为图像预处理,一般对所获得的序列图像进行消噪或增强,提高图像质量以方便后续处理;第二步为目标检测,在摄像机不动情况下一般采用上述介绍的帧差法或背景差法进行变化检测,以获取运动目标,此时得到的运动目标是一个斑点(Blob);第三步为目标分类,为此要完成两个任务,首先提取出检测到的运动目标,其次对该目标进行识别;最后一步是在目标跟踪阶段获得运动目标的相关运动信息。自顶向下的处理方法又称之为模型驱动的方法,这种方法一般依赖于所构建的模型或先验知识,在图像序列中进行匹配运算或求解后验概率,采用匹配运算时,如果相似距离最为接近,则认为跟踪上了运动目标。求解后验概率时,选择最大后验概率所对应的状态向量作为运动目标的当前状态。自顶向下思路利用先验知识对跟踪问题建立模型,然后利用实际图像序列验证模型的正确性,这种方法因具有坚实的数学理论基础,有很多数学工具可以使用,一直是理论界研究视觉跟踪问题的主流方法,故本章重点介绍自顶而下的跟踪算法。

---

① www.changedetection.net.

② N. Goyette, P.M. Jodoin, F. Porikli, J. Konrad, P. Ishwar. Changedetection.net: A new change detection dataset. in: IEEE Computer Society Conference on Computer Vision and Pattern Recognition - Workshops, 2012, pp. 1-8.

③ 侯志强,韩崇昭:《视觉跟踪技术综述》,《自动化学报》,2006,32(4):603-617.

　　自顶而下跟踪算法的代表性方法有 Kalman 滤波[1]和粒子滤波[2]等。这些方法将目标跟踪问题转换为贝叶斯(Baysian)理论框架,已知目标状态的先验概率,在获得新的量测后不断求解目标状态的最大后验概率的过程。也就是说,在贝叶斯理论框架下将视觉跟踪问题看作是"最优猜测",或者是一种"推理"过程,简单地说先猜测视频中目标的位置,然后进行验证。

　　对于一个具体工程中的跟踪问题,自顶而下的跟踪算法一般的实现过程是:首先确定视频序列中感兴趣的运动目标(可以通过在第一帧图像中手动框选或系统自动检测运动目标),然后再用目标的某些显著特征来表示目标或者建立目标模型,即计算机通过计算把一个具体的目标变成计算机可识别的数据存储起来,而这些数据正是该运动目标的特征在计算机中的状态。在后续帧图像中,计算机通过在图像上搜索,并采用一定的相似性度量方法,从候选目标集合中选取与之前选取的目标特征最相似的区域,系统便认为这个区域就是目标在新一帧图像中的位置,依此循环往复,当遍历了视频的所有帧图像后,系统就会产生运动目标跟踪的效果或运动轨迹。感兴趣目标的数量单一,则为单目标跟踪,感兴趣目标的数量为多个,则为多目标跟踪。跟踪的目标可能是任何尺度的刚性或非刚性物体。

　　根据上述自顶而下运动目标跟踪算法的一般实现过程,可以总结出此运动目标跟踪方法的一般分析结构框架,框架大致分为三个部分:运动目标特征提取与表示,后续帧运动目标候选区域预测,及运动目标特征模版与候选区域的相似性度量。在视频图像中,我们感兴趣的运动目标具有很多特征,在跟踪的过程中选择合适的特征,可以提高跟踪的可靠性。目标先验知识的表述是人工智能中的困难所在,而且人的很多先验知识也很难用数学形式来表达。目前,人们经常用到的目标外观特征包括:颜色、纹理、边缘、灰度、轮廓、形状以及运动特性等;在选择了合适的特征之后,就会相应地用某种方法来表示目标,并以此作为运动目标的特征模板,目前,比较常用的方法是用特征的直方图来表示目标,比如:颜色直方图、纹理直方图、灰度直方图等等。另外,还可以用轮廓特征模板、形状特征模板或运动矢量模板;有了特征模板以后,系统就"认识"了这个运动目标,可以采用一些基本的跟踪算法,在后续帧图像中执行跟踪操作,每个跟踪算法一般都包含相似性度量函数,相似性度量函数一般是采用计算距离的方法求得一个概率值,这个概率值越大,表明在新一帧图像中的候选目标与之前的运动目标特征模板越相似,系统会认定相似性最大的候选目标为目标的新位置。常用的相似性度量函数有:欧式距离、加权距离、巴氏系数等。

---

[1]　Kalman R E. A new approach to linear filtering and prediction problems. Journal of Basic Engineering, 1960, 82(1): 35-45.

[2]　Sanjeev Arulampalam M, Maskell S, Gordon N, et al. A tutorial on particle filters for online nonlinear/non-Gaussian Bayesian tracking. IEEE Transactions on Signal Processing, 2002, 50(2): 174-188.

(一)目标跟踪算法概述

下面介绍的目标跟踪算法多采用目标验证的方法,即先猜测目标的位置,然后进行验证,可以认为是一个自顶向下的方法。本质上就是在得到观测(当前帧的图像)之后,对状态(目标的位置)的后验概率的估计,跟踪算法一般包含有循环操作,目的是遍历视频图像的所有帧,保证跟踪的完整性。目标跟踪的研究一直是计算机视觉领域中的研究热点,新的跟踪算法也不断被推出。传统经典的跟踪算法有卡尔曼(Kalman)滤波跟踪算法、粒子滤波跟踪算法,近几年提出的有 TLD(Tracking-Learning-Detection)算法[1]、压缩感知跟踪算法[2]和利用该方法的结构输出模型进行目标跟踪 Struck(Structured Output Tracking with Kernels)[3]方法等。下面重点介绍经典的 kalman 滤波和粒子滤波,同时简要介绍 TLD 和压缩感知跟踪算法。

1.卡尔曼滤波算法

早在 1960 年,卡尔曼滤波算法就被提出[4],它采用递归方法解决离散数据线性滤波问题。后来该算法不断发展,成为数字信号处理的重要方法,尤其是针对目标跟踪和导航问题。如果已知目标运动轨迹是光滑的,或者目标的速度或加速度是恒定的,即目标运动是线性的,且图像噪声服从高斯分布,便可以应用卡尔曼滤波预测目标下一帧的位置,从而实现目标跟踪。卡尔曼滤波算法是一种状态估计方法,它利用目标状态模型预测目标下一时刻的状态,再结合观测模型计算状态后验概率密度函数,当目标的状态模型和观测模型满足高斯和线性条件时,卡尔曼滤波可以获得最小均方误差意义上的最优解。卡尔曼滤波器可分为两个部分:时间更新方程和测量更新方程,前者主要用以向前推算状态变量和误差协方差估计的值,为下一个时间的目标状态构造先验估计;后者负责反馈,将先验估计和新的测量值结合以构造目标状态的后验估计。

卡尔曼滤波器是对动态系统的状态序列进行线性最小方差估计,利用状态方程和观测方程描述动态系统,根据之前的状态序列对下一个状态作最优估计,预测时具有无偏、稳定的特点,在存在部分或短暂遮挡的目标跟踪中有很好的跟踪效果。其计算量小,实时性强,可以准确预测目标的位置和速度,在目标识别、分割、边缘检测方面应用广泛,但是经典卡尔曼滤波只适合处理线性、高斯、单模态的情况。实际的视觉跟踪过程中,后验概率的分布往往是非线性、非高斯、多模态的。

① Zdenek Kalal, Krystian Mikolajczyk, and Jiri Matas.Tracking-Learning-Detection. IEEE Transactions on Pattern Analysis and Machine Intelligence, 2010, 6(1):1-14.

② Zhang K, Zhang L, Yang M H. Real-time compressive tracking. European Conference on Computer Vision(ECCV), 2012:864-877.

③ S. Hare, A. Saffari, and P. H. S. Torr. Struck:Structured Output Tracking with Kernels. IEEE International Conference on Computer Vision(ICCV), 2011.

④ Kalman R.E. A new approach to linear filtering and prediction problems. Journal of Basic Engineering, 1960, 82(1):35-45.

2.粒子滤波算法

粒子滤波(Particle Filtering)算法是从上世纪 90 年代中后期发展起来的一种新的滤波算法,1993 年由 Gordon[1] 提出的一种新的基于 SIS 的 Bootstrap 非线性滤波方法,从而奠定了粒子滤波算法的基础。其基本思路是用随机样本来描述概率分布,然后在测量的基础上,通过调节各粒子权值的大小和样本的位置,来近似实际概率分布,并以样本的均值作为系统的估计值。

(1)系统状态转移模型

目标跟踪问题可以描述为:在给定一组观测目标的条件下,对系统的状态进行估计。根据贝叶斯滤波框架,假设跟踪目标的运动状态 $\{x_k, k = 0,1,2,\cdots\}$,观测状态 $\{z_k, k = 0,1,2,\cdots\}$,则状态转移模型和观测模型分别为:

$$x_k = f_k(x_{k-1}, v_{k-1}) \quad x_k = f_k(x_{k-1}, v_{k-1}) \tag{8-17}$$

$$z_k = h_k(x_k, n_k) \tag{8-18}$$

其中,v_{k-1} 和 n_k 为独立、同分布的零均值过程噪声和量测噪声。

(2)状态估计

若已知状态的初始概率密度函数为 $p(x_0|z_0) = p(x_0)$,则状态转移模型和观测模型就分别转化为状态转移概率和观测概率:

$$p(x_k|z_{1:k-1}) = \int p(x_k|x_{k-1}) p(x_{k-1}|z_{1:k-1}) d x_{k-1} \tag{8-19}$$

$$p(z_k|z_{1:k-1}) = \int p(z_k|x_k) p(x_k|z_{1:k-1}) d x_k \tag{8-20}$$

粒子滤波器是一种通过蒙特卡罗仿真实现递推贝叶斯滤波的方法,实质是随机采样运算将积分转化为有限样本点的求和运算,用一个带权重值的随机样本集(即粒子集 $\{x_{0:k}^i, w_k^i\}$)来表示后验密度函数,以此来计算系统的状态估计。当样本的数量变得很大的时候,这一蒙特卡罗描述近似于可以表示系统后验概率密度函数,即可达到最优贝叶斯滤波。k 时刻的后验密度可以近似表示为:

$$p(x_k|z_{1:k}) \approx \sum_{i=1}^{N} w_k^i \delta(x_k - x_k^i) \tag{8-21}$$

其中,$\delta(\cdot)$ 为狄克拉函数。

(3)粒子重采样

粒子滤波器经过几次迭代之后,很多粒子只有很小甚至接近于零的权值,因而粒子退化是粒子滤波器不可避免的现象。重采样是可以降低粒子退化现象、保持粒子多样性的一种方法,其思路是通过对粒子和相应权值表示的概率密度函数重新采样,增加权值较大的粒子数,在采样总数保持不变的情况下,权值较大的粒子被多次复制,从而实现重

---

[1] Gordon N J, Salmond D J, Smith A F M. Novel approach to nonlinear/non-Gaussian Bayesian state estimation. IEE Proceedings F (Radar and Signal Processing). IET Digital Library, 1993, 140(2): 107-113.

采样过程。

（4）粒子滤波跟踪算法流程

粒子滤波跟踪算法流程总结如下：

a）初始化阶段—提取跟踪目标特征

该阶段可以人工指定跟踪目标或者利用目标分割结果自动确定跟踪目标，程序计算跟踪目标的特征。比如可以提取目标的颜色特征，计算目标模板的颜色直方图。

b）搜索阶段

就是在待搜索区域里放入大量的粒子（particle）放入粒子的规则有很多，比如均匀放入：即在整个图像平面均匀地撒粒子（uniform distribution）；或者在上一帧得到的目标附近按照高斯分布来放入，可以理解成，靠近目标的地方多放，远离目标的地方少放。常采用的方法是让粒子的分布为高斯分布，计算每个粒子所在区域的特征直方图，与目标区域直方图进行相似性度量，所有粒子得到的相似度加起来等于1。

c）决策阶段

根据粒子的位置和与目标相似度确定当前帧目标的位置。设 i 号粒子的图像像素坐标是 (X_i, Y_i)，它报告的相似度是 W_i，于是目标最可能的像素坐标 $x = \sum_{i=1}^{N} x_i w_i$，$y = \sum_{i=1}^{N} y_i w_i$。N 是粒子总数。例如：采用巴特沃斯系数 d_i 来计算各粒子与目标模板之间颜色直方图的相似度，那么当前帧各个粒子的权重 $w_k^i = \dfrac{1}{\sqrt{2\pi}\,\sigma} e^{-\frac{1-d_i}{2\sigma^2}}$，其中，$\sigma$ 是高斯分布的方差。对权重进行归一化，使所有权值之和为1。即粒子区域的直方图与目标直方图相似性大的粒子的权重大一些，反之权重小一些。最后，以权重大小对粒子进行排序，选取最大权值的粒子位置作为当前帧的目标位置。

d）重采样阶段

一般说来，跟踪的目标运动起来常常无规律可寻。在新的一帧图像里，目标可能在哪里呢？需要靠撒粒子搜索，即对粒子进行重采样。但现在应该怎样撒粒子呢？根据粒子的重要性重新撒粒子（即重要性重采样）。在相似度最高的粒子那里放更多的粒子，在相似度最低的粒子那里少撒或者不撒。重采样的目的是为了解决序列重要性采样（SIS）存在的粒子退化现象，保持粒子的有效性和多样性。这里粒子退化是指跟踪算法经过几步迭代之后许多粒子的权重变得很小，大量的计算浪费在小权值的粒子上。

上述第 b-d 步反复循环，即完成了目标的动态跟踪。图 8-8 给出了粒子滤波跟踪算法跟踪不同目标的结果。图 8-8（a）和（b）实现体育视频中足球和球员的跟踪，跟踪结果用方框标识出来。图 8-8（c）是粒子滤波跟踪非刚体具有多自由度特性的手指结果示例。

粒子滤波算法在非线性、非高斯系统表现出优越性，使其应用范围非常广泛。同时，粒子滤波器的多模态处理能力，也是它应用广泛的重要原因。虽然粒子滤波算法可以作

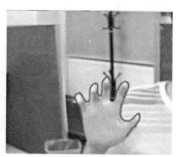

(a)跟踪足球 (b)跟踪球员 (c)跟踪人手

图 8-8 基于粒子滤波的跟踪结果

为解决 SLAM 问题的有效手段,但是该算法仍然存在一些问题,最主要的问题就是需要用大量的样本数才能很好地近似系统地后验概率密度,描述后验概率分布所需要的样本数量越多,算法的复杂度就越高,因此能够有效地减少样本数量的自适应采样策略是该算法的重点;另外,重采样阶段会造成粒子有效性和多样性的损失,导致粒子退化,如何保持粒子的有效性和多样性,克服粒子退化,是该算法研究的重点。

3.其他跟踪算法

TLD(Tracking-Learning-Detection,跟踪—学习—检测算法)是一种跟踪学习和检测相结合的算法,对每一帧图像采取自底向上的方法进行目标检测(如采用形状、肤色等特征)。压缩感知跟踪算法首先利用符合压缩感知条件的随机感知矩阵对多尺度图像特征进行降维,然后在降维后的特征上采用简单的朴素贝叶斯分类器进行分类,该跟踪算法非常简单,结果也比较鲁棒。

在城市轨道交通的监控中,监控环境比较复杂,区域大、周界长、拥有多站台多出入及众多围栏等相关设备,这种复杂的环境给智能分析带来诸多困难。而作为当前较新颖的 TLD 视觉跟踪技术,能够部分解决这些问题。TLD 技术由三部分组成,即跟踪器、学习过程和检测器。TLD 技术采用跟踪和检测相结合的策略,跟踪器和检测器并行运行,二者所产生的结果都参与学习过程,学习后的模型又反作用于跟踪器和检测器,对其进行实时更新,从而保证即使在目标外观发生变化的情况下,也能够被持续跟踪。对于跟踪目标跟丢问题,也可以借助检测器迅速完成目标的重定位。

TLD 跟踪系统最大的特点就在于能对锁定的目标进行不断地学习,以获取目标最新的外观特征,从而及时完善跟踪,以达到最佳的状态。也就是说,开始时只提供一帧静止的目标图像,但随着目标的不断运动,系统能持续不断地进行探测,获知目标在角度、距离、景深等方面的改变,并实时识别。

文献①提出了 CT(Compressive Tracking)算法,利用压缩感知算法,通过一定的宽松准则,生成一个稀疏的随机测量矩阵,然后根据随机测量矩阵压缩原始特征提取的低维特征。对这些低维特征采用朴素贝叶斯分类学习的跟踪算法框架进行目标的分类跟踪。

(二) 目标跟踪算法性能评估

目标跟踪是智能分析中重点研究的内容,国际著名的学术会议 ICCV、CVPR 和期刊 IJCV、PAMI 等每年都会有目标跟踪的最新算法发表。文献②对近年来目标跟踪算法从准确率和成功率两方面对跟踪算法性能进行了客观地评估。

准确率:计算算法跟踪的位置中心与真实位置中心的欧式距离,当其超过错误阈值时,认为跟踪不准确。

成功率:假设算法跟踪到的区域为 r_t 和真实区域为 r_a,定义重叠分数为 $S = \dfrac{r_t \cap r_a}{r_t \cup r_a}$,当 S 小于重叠阈值时,认为跟踪不成功。

图 8-9　跟踪测试视频序列首帧

图 8-9 显示了在跟踪测试视频库③中不同视频场景首帧中选定的跟踪目标,如图中方框所示。对于测试库中 25 个视频共 16970 帧,依据准确率和成功率的评价标准分析比较了粒子滤波跟踪算法和压缩感知跟踪算法的性能,2 种算法的准确率和成功率曲线如图 8-10 所示。

---

①　Zhang K, Zhang L, Yang M H. Real-time compressive tracking. European Conference on Computer Vision(ECCV), 2012:864-877.

②　Wu Y, Lim J, Yang M H. Online object tracking:A benchmark[C]. IEEE Conference on Computer Vision and Pattern Recognition (CVPR). 2013:2411-2418.

③　http://visualtracking.net.

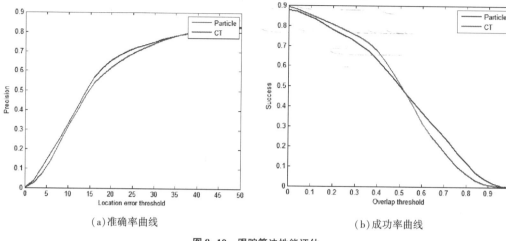

(a)准确率曲线　　　　　　　　　(b)成功率曲线

图 8-10　跟踪算法性能评估

由图 8-10 可以看出,粒子滤波和压缩感知跟踪算法性能各有特长。由于粒子滤波跟踪算法中粒子随机采样和重采样的核心思想,使得该算法对于目标有遮挡的运动有很好的跟踪效果;但粒子滤波跟踪算法中仅用到颜色特征,对于光照的变化鲁棒性很差。而压缩感知跟踪算法可以快速提取到灰度和纹理特征,有效解决粒子滤波存在的问题;却由于对正样本的不断更新,导致在目标遮挡后正样本偏离原始目标而使跟踪丢失。

三、运动目标分类算法

目标分类所要解决的其实就是下面的问题:有一个图像集合,集合中包含了若干个不同视觉种类的物体的图像,人眼可以很轻易分辨这些类别,那么如何编写一个程序或者建立一个系统对这一集合中的图像进行合理的分类,即判定给定的每张图片中是否包含某类物体(比如牛、人或车等),使得含有同一种类的物体的图像能够被归为同一个合适的类别呢? 这是一个极具挑战性的问题,至今还没有一个系统其性能能够接近 5 岁小孩的水平。因此分类系统的速度、效率、准确性乃至能够分辨的种类的多少等,都成为了研究热点。

目标分类技术常常被应用于交通监控系统、行为理解以及运动分析等领域。在实际的系统中,人们一般不会在乎图像中的全部成分,或者视频中所有的运动部分,而往往更希望对其中的某一类或者某几类进行特定的、有效的、专一的分析,然而低级的目标检测却无法完成对检测到的物体进行分类这一项工作,从而产生信息冗余,不利于后续跟踪以及行为分析的处理。例如:在车辆跟踪中,人们只关注某些车辆的捕捉,而对行人就没有多大的兴趣,那么检测出的行人就成为了冗余的信息甚至噪声干扰;而在一个人流量的监控系统中,除人以外的其他类别就成了冗余的信息。于是在进行跟踪和行为理解前,对检测出的结果智能地进行分类不仅是必要的,而且是有效的,这一过程中能够自动消除许多无关的冗余信息,找到感兴趣的目标,然后针对目标进行专一的研究分析,实现对不同目标的不同处理,并且可以摆脱依靠专人来进行目标分类这一环节,节约时间与人力。因此,目标分类在视频监控系统中是至关重要的一步。同时也是计算机视觉领域中不可或缺的一项技术,是中低级的目标检测跟踪技术向高级的行为理解等技术过渡的桥梁。欲对实际复杂场景进行自动分析与理解,首先就需要确定图像中存在什么物体(分类问题)。因此,对目标分类技术进行研究有助于对计算机视觉的深入理解和技术提升,是解决跟踪、分割、场景理解等其他复杂视觉问题的基础,有利于计算机视觉在各领域的推广应用。

目标分类是视觉研究中的基本问题,分类的难点与挑战分为三个层次:实例层次、类别层次、语义层次[①]。实例层次是指针对单个目标物体实例而言,通常由于图像采集过程中光照条件、拍摄视角、距离的不同,目标自身的非刚体形变以及其他物体的部分遮挡、使得目标物体实例的表观特征产生很大的变化,给视觉识别算法带来了极大的困难。类别层次的困难与挑战通常来自三个方面,首先是类内差大,也即属于同一类的目标物体表观特征差别比较大,其原因有前面提到的各种实例层次的变化,但这里更强调的是类内不同实例的差别,比如同样是椅子,外观却千差万别。而从语义上来讲,具有"坐"的功能的器具都可以称为椅子;其次是类间模糊性,即不同类的物体实例具有一定的相似性;再次是背景的干扰,在实际场景下,物体不可能出现在一个非常干净的背景下,往往相反,背景可能是非常复杂的、对我们感兴趣的物体存在干扰的,这使得识别问题的难度大大加大。语义层次的困难与挑战与图像的视觉语义相关,这个层次的困难往往非常难以处理,特别是对现在的计算机视觉理论水平而言。一个典型的问题称为多重稳定性。即同样的图像,不同的解释,这既与人的观察视角、关注点等物理条件有关,也与人的性格、经历等有关,而这恰恰是视觉识别系统难以很好处理的部分。近年来目标分类方法多侧重于学习特征表达,典型包括基于词包模型(Bag-of-Words)的目标分类方法和深度学习模型。

(一)目标分类的步骤简介

一般来说,目标分类算法通过手工特征或者特征学习方法对整个图像进行全局描述,然后使用训练学习得到的分类器判断是否存在某类物体。对图像进行特征描述是目标分类的主要研究内容。下面就对目标分类的各个步骤作简要介绍,并重点关注其中对目标分类结果产生巨大影响的环节——目标特征的提取和分类器训练。

目标分类的主要步骤如图 8-11 所示。首先通过前期检测目标,获得包含有目标的图片或者视频作为输入,进入到设定好的目标分类系统中;然后,在系统内对输入的含有目标的图片或视频进行目标特征的提取;之后,把含有已提取目标特征的图片或视频的

---

①　黄凯奇、任伟强、谭铁牛:《图像物体分类与检测算法综述》,《计算机学报》2013 年第 36 期。

特征集合按照需求传入相应的分类器实现分类;最终,决策输出确定目标并且标定有类别的图像或视频,并放置到该类别中。

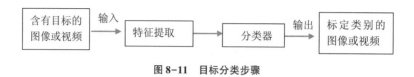

图 8-11 目标分类步骤

输入:在进入目标分类系统之前,对于视频会先进行目标的检测,一般会捕捉运动着的物体作为待分类的目标;而对于图像,目标检测和目标分类几乎是同时开始进行的,所以一般省略先前的目标检测。不论何种情况,目标分类系统的输入一定要包含有目标,否则分类是没有意义的。

特征提取:特征提取的方法有很多种,其目的都是为了得到图像中目标分类系统关注的所有类别的主要特征,系统要求这些特征的专一性尽可能强,能够明确地指定物体的类别,同时希望这些特征的鲁棒性强,不容易受到背景环境以及其他类别物体的干扰。特征提取后可以得到这些图像或视频的特征集合,然后传入分类器。特征提取是目标分类中最重要的步骤,其中用到的特征提取算法的普适性、算法的精确度以及算法的效率等,都关系到视频或者图像在分类器中的评分情况,并最终影响整个分类系统的性能。

分类器:分类器是在建立目标分类系统之前,经过大量的目标视频或图像的样本训练得到的,分类器的训练方法一般与特征提取的算法成对出现。在进行分类时,之前提取的特征集合传入已经训练好的分类器中,分类器会根据这些特征对试验样本进行打分计算,然后根据最高得分输出测试样本所属类别的标号。分类器在目标分类系统中起着决定性作用,其性能的优劣会直接影响到最终的分类效果,对系统能否对多类别进行快速的分类也起着重要作用。

输出:目标分类在分类器中最终确定测试样本所属的类别。输出前,先在原视频或图像上标定目标类别,然后把标定好类别的视频或图像传入目标跟踪系统或者行为理解系统中进行进一步的处理。

国际视觉竞赛 PASCAL VOC[①](The PASCAL Visual Object Classes Challenge)竞赛提供了目标检测和分类方面的公开图像数据库,供国内外研究学者就各自算法的优劣"华山论剑",并每年发布竞赛的结果。竞赛从 2005 年开始至今已吸引国内外众多研究学者参赛,促进了目标分割和分类技术的发展与提高。图 8-12 给出了分类结果示意图。图 8-12(a)来自于 PASCAL VOC 2011 年竞赛目标分类的结果,8-12(b)是 PASCAL VOC 2010 年竞赛行为分类的结果。

(a) 目标分类结果图

(b)行为分类结果图

图 8-12　分类结果示意图

(二) 目标特征

在目标分类中,目标特征的提取是最重要的步骤,关系到视频或者图像在分类器中的评分情况,并最终影响整个分类系统的性能。常用的目标特征主要有目标的形状特征、目标的纹理特征、目标的颜色特征以及目标的运动特征等几种。

1.目标的形状特征

目标的形状特征的提取主要是指对目标区域或者边界形状进行识别和计算从而获得图像中的形状特征。

最简单的形状特征就是周长和面积。周长是指组成目标区域边界的像素的个数,而面积是指被目标区域的边界所包围的内部的像素总数。周长特征和面积特征往往与摄像机到目标的距离有关,也即与目标所处景深有关。一般来说,对于同一类甚至同一个目标,因摄像机到目标的距离不同,目标景深的周长及面积特征差距也会很大,同时周长及面积特征还往往与目标类别中的个体有很大关系,如人的胖瘦、车的款式等,因此周长特征和面积特征都不能有效地判别目标类型的特征。

稍微复杂一点的形状特征有离散度、空隙率和三等分宽高比等。离散度定义为目标周长的平方与目标面积的比值,很显然,外形轮廓较为复杂的目标其离散度较大,而外形轮廓较为简单的目标其离散度较小。离散度中包含了周长和面积特征,但相互约束有效地降低了目标远近所造成的影响。空隙率表示为目标区域所占面积与目标最小外接矩形面积的比值,反映了目标在最小外接矩形中的饱和程度,故而又称为矩形度。三等分宽高比就是将目标区域在 1/3 高度和 2/3 高度处分别进行目标宽度和 1/3 高度的比值,这一特征对于人和车的检测有很好的效果。

更加复杂的形状特征还有 Hu 不变矩和傅立叶描述子。Hu 不变矩是区域变换域的形状特征,而傅立叶描述子是对目标边界函数的频谱进行低通滤波,仅仅需要频谱中低频脉冲的幅度和相位就可以确定目标的基本形状。这两者都具有平移、尺度、旋转不变性,但是对目标轮廓的精确度要求较高,在较大背景干扰的情况下比较容易出错。

目前相对常用的 HOG(Histogram of Gradient)特征,即梯度方向直方图描述子,可以通过将图像划分成称之为细胞的小的连通区域,对每个单元内的像素计算梯度方向或边缘方向的直方图,然后对这些直方图加以组合构成最终的描述子。HOG 特征对行人的检测更加快速,并且已经应用到了其他类别物体的分类检测上,训练时间短,检测精度高。

形状特征是目前目标分类技术中应用最多的特征,能够很全面地区分各个类别之间的不同,且容易配合使用,尤其是形状特征中的许多特征都含有平移、尺度、旋转不变性,这些性质对于目标分类而言都是很有诱惑力的。

2.目标的纹理特征

图像处理中的纹理是指一种描述区域中像素灰度级的空间分布的属性。图像中的纹理特征反映了图像像素之间的灰度的重复性变化和颜色在空间上的重复性变化。组成纹理的基本元素被称为纹元或纹理基元。纹理基元被定义为一个具有一定不变特性的引起视觉感知的基本单元,这些视觉单元在给定某区域内的不同方位上,在不同的方向以不同的形变重复出现,表现为图像在灰度或者色彩模式上的特点。

纹理特征包括粗糙性、周期性以及方向性等特征,还包括纹理的熵值、惯性、能量、同质性等。纹理特征的描述方法(即提取方法)主要有:统计计算,即通过图像中灰度级分布的随机性来描述纹理特征;模型匹配,即将纹理基元的分布与特定模型进行匹配处理及分析,从而获取特征;频谱计算,即把空间域变换到频域进行处理,一般容易获得周期性的纹理特征;结构分析,即先获得基元的形状特征,然后根据形状特征的分布确定纹理特征。

纹理特征是图像中比较显著的特征,但是存在着图像特征的冗余计算量较大,存储空间需求大等缺点难以避免,因此会造成目标分类系统运算速度降低等问题,比较难以实现高效的检测分类效果。

3.目标的颜色特征

颜色特征是人们对图像、对物体最直观的特征感受。比较常用的目标彩色特征一般有颜色直方图。

颜色直方图描述了图像全局颜色分布的特性,具有运算速度快、存储空间小的特点,并且与平移、尺度、旋转等变换相关度小。但是颜色直方图无法反映目标在空间上的特性,同时也容易受到背景和光照等因素的干扰。

还有一类颜色特征称为颜色矩,这类颜色特征与统计知识有关,通过均值、方差和斜度的计算来描述空间上颜色的分布情况,但是依然无法提供目标在空间中的位置信息。

对于颜色特征的提取相对简单,许多软件都可以轻松地完成这项工作,一般都来自于各种彩色空间,如 YUV 彩色空间、HSV 彩色空间、BGR、Lab 彩色空间等等。由于颜色特征无法表征物体的空间特性,因此在目标分类中,颜色特征往往只作为其他目标特征的辅助参数出现。

4.目标的运动特征

基于运动特征的分类显而易见只能用于视频中的目标分类。视频中目标最显著的特征往往与其运动的周期性、运动的趋势以及运动的自相关性有关,这就包括了速度、加速度、方向以及姿势等。

一般运动特征都是在视频或图像序列中通过帧与帧之间的计算得到,计算一般会用到特征点匹配或者光流法。特征点匹配就是在某一帧图像中选取合适的特征点,然后利用最小误差原理等评判标准,在下帧图像中进行匹配,通过匹配上的相对位置关系得到目标的位移信息,再结合时间得到速度、加速度等运动特征。光流法则是根据图像亮度的变化来估计目标物体的瞬时运动速度。一般来说,在提取目标的运动特征时都会对目标的运动进行运动补偿与估计,从而提高目标分类的工作效率。

由于非刚性运动相对于刚性运动具有较高的平均残余光流,因此非刚性运动的人和刚性运动的车就能很好地被区分开来。正是因为人和车的运动特征有着比较明显的差异,故仅应用运动特征进行目标分类就可以达到比较好的效果。但是需要进行分类的种类太多时,单纯基于运动特征来进行目标的分类效果就比较差;同时运动特征对目标的角度有比较严格的要求,而且对背景的轻微抖动也比较敏感,故而在进行视频的分类时,往往会在帧内提取物体的形状特征与运动特征一同对目标进行描述。

此外,目标特征按特征点采样方式来分又可分为两种:一种是基于稀疏的兴趣点检测,另一种是采用密集提取的方式[①]。稀疏的兴趣点检测算法通过某种准则选择具有明确定义的、局部纹理特征比较明显的像素点、边缘、角点、区块等,并且通常能够获得一定的几何不变性,从而可以在较小的开销下得到更有意义的表达,最常用的兴趣点检测算子有 Harris 角点检测子、FAST(Features fromAccelerated Segment Test)算子、LoG(Laplacian of Gaussian)、DoG(Difference of Gaussian)等。近年来物体分类领域使用更多的是密集提取的方式,从图像中按固定的步长、尺度提取出大量的局部特征描述,大量的局部描述尽管具有更高的冗余度,但信息更加丰富,后面再使用词包模型进行有效表达后通常可以得到比兴趣点检测更好的性能。常用的局部特征包括 SIFT(Scale-invariant feature transform,尺度不变特征转换)、HOG(Histogram of Oriented Gradient,方向梯度直方图)、LBP(Local Binary Pattern,局部二值模式)等。较好的物体分类算法都采用了多种特征,采样方式上密集提取与兴趣点检测相结合,底层特征描述也采用了多种特征描

---

① 黄凯奇、任伟强、谭铁牛:《图像物体分类与检测算法综述》,《计算机学报》2013 年第 36 期。

述子,这样做的好处是,在底层特征提取阶段,通过提取到大量的冗余特征,最大限度地对图像进行底层描述,防止丢失过多的有用信息,这些底层描述中的冗余信息主要靠后面的特征编码和特征汇聚得到抽象和简并。事实上,近年来得到广泛关注的深度学习理论中一个重要的观点就是手工设计的底层特征描述子作为视觉信息处理的第一步,往往会过早地丢失有用的信息,直接从图像像素学习到任务相关的特征描述是比手工特征更为有效的手段。

(三)分类器

分类器定义为使得待分类的对象被划归为某一类而使用的分类系统,或者说分类器是根据若干已知类型的样本所建立的一个规则,运用这个规则可以赋予一个未知类别样本相应的类别标号。通俗地说,在目标分类中,可以把视频或图像中的目标用两个集合表示,一个是目标的特征集合,包括形状特征、运动特征等,还有一个就是目标的类型,分类器的作用就是在已知目标特征的前提下通过一些映射准则把类型未知的目标准确地划分为其所属的类别。

目标分类中常用的分类器有支持向量机 SVM(Support Vector Machine)和 Adaboost、决策树和深度学习(多层神经网络)算法。

1.SVM 算法

SVM(Support Vector Machine,支持向量机算法)是基于线性可分最优分类面提出来的[①]。最优分类面不仅能使判别类别的界面将两类精准地分离开来,还能使两个类别之间的距离最大。而对于一个非线性的问题,SVM 可以采用适当的内积函数来实现非线性变换后的线性分类,却不增加计算的复杂度。其中内积函数被称为核函数,参数越多就会使优化变得越复杂。其中有一种内积函数称为径向基核函数,它有着良好的性质,可以逼近任何函数,与人的视觉特性类似,因此在实际中应用很广。因此支持向量机 SVM 在解决小样本、非线性以及高维模式识别的问题中分类精确度高,计算速度快,有较大的优势,易于推广。

2.Adaboost 算法

Adaboost 算法[②]是目前很流行的一种自适应的权重重置和组合方法。它的实现过程是重新使用和选择数据,以此达到改善分类器性能的目的,也就是将一系列弱分类器重新组合为一个新的强分类器。在 Adaboost 算法中,首先会赋予每一个训练样本一个权重,表示被分类器选入训练集作训练样本的概率。如果某一样本已经被准确分类,那么

① I. Guyon, V. Vapnik, B. Boser, L. Bottou, and S.A. Solla. Structural risk minimization for character recognition. In NIPS, 1991, pp, 471-479.

② P. Viola and M. Jones. Rapid object detection using a boosted cascade of simple features. Proc. IEEE Conference on Computer Vision and Pattern Recognition (CVPR). 2010,1:511-518.

在下一次建立训练集的时候,该样本再次被选入的概率就降低;但是,如果某一样本没有被正确分类,那么就会增加它下一次被选入的权重值,从而引起分类器的关注。通过这种方法,使得分类器能够在训练时获取分类时难易均衡的类别信息,有效地提高算法的精确度。

3.决策树

之前提到的支持向量机 SVM 和 Adaboost 算法都是针对两种类别的目标进行分类的,是一对一分类器。若要对可对多种类进行目标分类的分类器进行训练,就要对分类器进行扩展。一般可分为三种:一对多分类器、一对一分类器和决策树分类器。

一对多分类器是将某类样本作为正面样本,其余的样本为负面样本,然后传入两类分类器进行训练来获得正面样本所属类型的分类器,其余的类型也要进行同样的步骤来获得其分类器,因此训练过程简单却要进行多次重复的处理,工作效率低。

决策树分类器①是把样本传入到一个两类分类器中,分类后再把结果按类别分别输入到下一个两类分类器,以此类推。其分类流图就是一棵每个根节点都有两个子叶节点的二叉树。决策树分类器测试速度较快,但是其效果与根节点关系较大,容易受到影响,鲁棒性较差。基于决策树和 Adaboost 的思想融合的提升树被认为是统计学习中性能最好的方法之一。

在实际应用中使用最多的是一对一分类器。它把所有的样本传入所有类别的两类分类器中,然后进行类别的投票,最终选出投票得分最高的类别就是该样本的对应类别。这种方法训练样本少,训练速度快,较为实用。

4.深度学习

深度学习模型②是另一类物体识别算法,其基本思路是通过有监督或者无监督的方式学习层次化的特征表达,来对物体进行从底层到高层的描述。主流的深度学习模型包括自动编码器(Auto-encoder)、受限波尔兹曼机(Restricted Boltzmann Machine,RBM)、深度信念网络(Deep Belief Nets,DBN)、卷积神经网络(Convolutional Neural Netowrks,CNN)、生物启发式模型等。卷积神经网络主要包括卷积层和汇聚层,卷积层通过使用固定大小的滤波器与整个图像进行卷积,来模拟 Wisel 和 Hubel 提出的简单细胞③。汇聚层则是一种降采样操作,通过取卷积得到的特征图中局部区块的最大值、平均值来达到降采样的目的,并在这个过程中获得一定的不变性。汇聚层用来模拟 Wisel 和 Hubel 理论中的复杂细胞。在每层的响应之后通常还会有几个非线性变换,如 sigmoid、tanh、relu 等,

① Breiman L. Random forests. Machine learning, 2001, 45(1): 5-32.
② Breiman L, Friedman J, Stone C J, et al. Classification and regression tree. Chapman& Hall/CRC, 1984.; Y. Bengio. Learning deep architectures for Ai. Foundations and Trends(r). in Machine Learning, Now Publisher Inc, 2009,
③ Hubel, D. H. & T. N. Wiesel, Receptive fields of single neurons in the cat´s striate cortex, Journal of Physiology, 1959, 148: 574-591.

使得整个网络的表达能力得到增强。在网络的最后通常会增加若干全连通层和一个分类器,如 softmax 分类器、RBF 分类器等。卷积神经网络中卷积层的滤波器是各个位置共享的,因而可以大大降低参数的规模,这对防止模型过于复杂是非常有益的。另一方面,卷积操作保持了图像的空间信息,因而特别适合对图像进行表达。

(四) 目标分类的性能评估

目标分类数据库主要有 ETHZ Shape class、Caltech-101、PASCAL VOC、ImageNet。目标物体类别越多,导致类间差越小,分类与检测越困难。随着分类与检测算法的进步,很多算法在以上提到的相关数据库上性能都接近饱和,同时随着大数据时代的到来,硬件技术的发展,也使得在更大规模的数据库进行研究和评测成为必然。

[案例精选]

以 PASCAL VOC 测试数据库为例,介绍 Pedro Felzenszwalb 等人提出多目标分类方法[①]。Pedro Felzenszwalb 等人首先提取了一种多尺度可变组合的 HOG 特征模型,并基于 SVM 模型完成多目标的分类。HOG 特征的提出是源于一幅图像中的物体的外观和形状可以被光强梯度或者边缘方向的分布所描述,HOG 特征描述子能够很好地表征目标物体的形状特征,被广泛用于目标分类技术中。但原始的 HOG 特征仅用到了图像的灰度信息,而其最大的劣势则是 HOG 特征不存在尺度不变性。Pedro Felzenszwalb 等人提出的一种多尺度可变组合的 HOG 特征模型,在图像金字塔中进行了多尺度下的 HOG 特征计算,解决 HOG 特征不存在尺度不变性的问题,并且能更大程度上降低对目标局部形变的敏感度。图 8-13 给出了基于多尺度可变组合的 HOG 特征的目标分类方法对人体和轿车进行静态目标分类测试的结果,测试样本从 PASCAL 视觉目标分类挑战大赛提供的图像库中随机抽取了含有人和含有轿车的图片各 100 张,其中包括彩色图像和灰度图像(图中均显示为黑白图像)。

目标分类需要对每一种都进行区分,需要把本属于某类的样本尽可能多地划分为该类,而把不属于该类的样本尽可能少地划分为该类。但是单纯的描述不够直观,因此需要对目标分类的性能有一个量化的评判。目标分类系统的性能主要有正确率、误判率、漏检率和区分度几种。

人为规定:K 表示样本种类的数量;$N_{i|i}$ 表示把属于第 i 类的样本判别为第 i 类的样本数目;$N_{i|-i}$ 表示把不属于第 i 类的样本判别为第 i 类的样本数目;N_i 表示第 i 类样本的数目;N_{-i} 表示非第 i 类样本的数目;N_{TOTAL} 表示样本总数;i 的取值从 1 到 K。

正确率,即把属于第 i 类的样本判别为第 i 类的概率。

① P. Felzenszwalb, D. McAllester, D. Ramaman. A Discriminatively Trained, Multiscale, Deformable Part Model. IEEE Conference on Computer Vision and Pattern Recognition (CVPR).2008.

图 8-13　基于多尺度可变组合 HOG 特征的目标分类结果

第 i 类的正确率：

$$C_i = \frac{N_{i|i}}{N_i}\qquad(8-22)$$

总体正确率：

$$C = \frac{\sum\limits_{i=1}^{K} N_{i|i}}{N_{TOTAL}}\qquad(8-23)$$

误判率，即把不属于第 i 类的样本判别为第 i 类的概率。

第 i 类的误判率：

$$E_i = \frac{N_{i|-i}}{N_{-i}} = \frac{N_{i|-i}}{N_{TOTAL} - N_i}\qquad(8-24)$$

总体误判率：

$$E = \frac{\sum\limits_{i=1}^{K} N_{i|-i}}{\sum\limits_{i=1}^{K} N_{-i}}\qquad(8-25)$$

漏检率，即对属于第 i 类的样本没有判别为第 i 类的概率。

第 i 类的漏检率：

$$W_i = \frac{N_i - N_{i|i}}{N_i}\qquad(8-26)$$

总体漏检率：

$$W = \frac{\sum\limits_{i=1}^{K} (N_i - N_{i|i})}{\sum\limits_{i=1}^{K} N_i}\qquad(8-27)$$

区分度是指把正确率和误判率结合起来,能够更加直观地表征目标分类系统的性能。

区分度:

$$D_i = C_i - E_i \tag{8-28}$$

从上式可以看出,区分度综合考虑了目标分类系统的正确率与误判率,使得对系统的评判更加客观:正确率越大且误判率越小则区分度越高,分类性能也就越好,反之,正确率越小且误判率越大则区分度越低,分类性能也就越差。由于正确率和误判率的数值都落在区间[0,1]之内,所以区分度越接近1则性能越好。与此同时漏检率则是越小越好。

第三节　智能视频检索技术

视频检索是指用检索的方法从大量的视频数据中找到所需的视频片段。随着通信与多媒体技术的迅速发展,视频信息变得越来越丰富,视频类型增加,数据量日益庞大。如何有效地组织、管理和传输这些数据,如何有效地按照视频节目的内容和视频数据的特性去存取和获取这些数据,使用户从海量的视频数据中快速找到自己感兴趣的相关视频内容,已成为一种迫切的需求。传统的视频检索方法主要借用基于文本数据库的检索方法。即先对视频进行文本标注。在查询时,通过关键字查询定位到用户所需要的片段。这种检索方法虽然快速、简单,但自身存在很多难以克服的不足:(1)视频包含信息量大,结构复杂,很难用文字对其进行准确描述;(2)关键词和标签一般都是通过手工进行标注,而面对海量的多媒体视频,这将是一项很庞大的工程;(3)人工标注带有很大的主观性,没有统一的标准,不够客观。而基于内容的智能视频检索就可以解决以上问题。

基于内容的视频检索(CBVR, Content-Based Video Retrieval)是在提取视频数据中纹理、颜色、形状、运动等各种视觉特征,或者结合对象之间的空间关系以及行为、场景、情感等语义特征的基础上,通过对视频数据进行镜头边界的检测,将连续的视频流分割成基本的组成单元—镜头(shot),再进行关键帧的选取以及静态特征和动态特征的提取,并通过这些形成描述镜头的特征空间,依据对视频段之间特征空间的比较,通过采用相似性匹配的方法逐步求精,以获得最终的查询结果。例如,如何从一场足球比赛的视频中提取射门、进球、红牌、黄牌等精彩镜头,如果采用传统的人工视频检索方法,则需要用户通过快进快退进行人工查找。这不仅耗时巨大,而且可能会错过一些精彩的镜头,这显然无法满足容量巨大的多媒体数据库的要求。一般来说,用户希望只要给出视频的某种特征描述(文本、颜色、形状等),系统就能自动检索到所需要的视频片段,并将其标记或者提取出来,这就是基于内容的视频检索,它的研究目标是提供在没有人参与的情况下能自动地理解或识别图像视觉特征的算法。

基于内容的视频检索技术发展于上世纪 90 年代,迄今为止已得到国内外信息科学等领域众多科研机构和学术团体的广泛重视。国际上许多重要的多媒体学术大会都设有基于内容的视频检索主题和分会,而 IEEE 和 SPIE 甚至专门组织了基于内容的多媒体信息检索会议,这些都大大推进了基于内容的视频检索技术的发展。在国外,该领域的研究技术比较成熟,提出了很多的新方法,也开发出了许多实用的检索系统。目前比较出名的基于内容的视频/图像检索系统有:

IBM 的 QBIC(Query By Image Content)系统,它是基于内容的视频检索系统的代表,也是最早成功推广应用的系统,它是在静态图像检索系统的基础上发展形成的。QBIC系统提供了多种查询方式,包括:利用标准范图(系统自身提供)进行检索,用户绘制简图或者扫描输入图像进行检索,也可以选择色彩或结构查询方式,除此之外,用户还可以输入动态影像片段和前景中运动的对象进行检索。当用户输入图像或者影像片段时,QBIC系统对输入图像的颜色特征、形状特征或纹理特征进行分析和提取,然后根据用户选择的查询方式或特征进行匹配。

Virage 系统,它是由 Virage 公司开发的 VIR 图像工程系统。与 QBIC 系统一样,Virage 采用色彩、颜色布局、纹理和结构作为图像的语义进行分析,并对这四种视觉特征赋予不同的权值(0 到 10),用户可以设定一个属性权值来进行图像的检索。Virage 系统的工作原理如下:如果用户采用图像的颜色特征进行检索,那么该系统会对选出的图像的色调、色彩和饱和度(HSV)进行分析,然后在图像库中查找与 HSV 特征最接近的图像;

VisualSEEK/WebSEEK 系统,它是美国哥伦比亚大学电子工程系与电信研究中心图像和高级电视实验室共同研究的、一种在互联网上使用的基于内容的检索系统。

除此之外,还有 Excalibur 科技有限公司开发的 RetrievalWave 系统,麻省理工学院的多媒体实验室开发的 Photobook 工具,等等。

国内在该领域的研究起步较晚,技术水平相对滞后,但目前的研究氛围十分浓厚,也取得了一定的成果,实现了由理论研究向实际应用系统的转化。例如,清华大学开发的视频节目管理系统——TV-FI 系统,包括了视频数据入库,基于内容的浏览、检索等功能,该系统提供多种模式访问视频数据,包括基于关键字的查询,基于示例的查询等,浏览方式包括按视频结构进行浏览以及按用户预先定义的类别进行浏览。除此之外还有中国科学院计算技术研究所数字化研究室开发的基于 J2EE 的 iVideo 系统,国防科技大学多媒体研究开发中心研制开发的新闻节目浏览检索系统 NewVideoCAR,等等。

总的来看,视频检索是一门交叉学科,以图像处理、模式识别、计算机视觉、图像理解等领域的知识为基础,从认知科学、人工智能、数据库管理系统及人机交互,信息检索等领域,引入媒体数据表示和数据模型,从而设计出可靠、有效的检索算法,系统结构以及友好的人机界面。另外,由于视频数据规模庞大,用于表示视频内容的特征通常是高维数据向量,高维数据索引,以及视频检索并行处理,都是应该考虑的问题。经过十多年的发展,CBVR 领域已经取得了一些研究成果,但总体来说,由于受到"语义鸿沟"、"维度灾难"和"用户鸿沟"等制约,一直没有一个很好的商用系统出现,视频内容的搜索远未达到实用的程度,还有大量的问题需要解决,研究热点集中在基于非压缩域的图像检索、基于语义的图像检索、视频动态特征的提取和多维索引方法等。

一、视频检索算法概述

基于内容的视频检索系统主要包括镜头分割、关键帧提取、特征提取和相似性匹配四大功能模块。图 8-14 为基于内容的视频检索基本体系结构示意图[①]。首先将一段视频序列分割成若干个镜头(镜头分割),然后再从各个镜头中寻找能代表此镜头的关键帧图像(关键帧提取),在视频序列被结构化以后提取各个关键帧的视觉特征和运动参数(特征描述);最后利用系统相似性匹配模块处理用户构造的查询(特征匹配)。

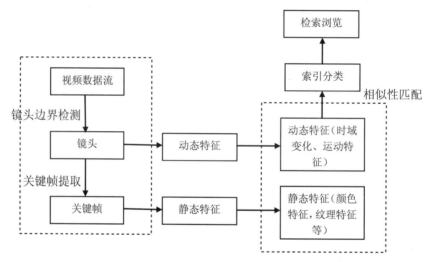

图 8-14　基于内容的视频检索系统

(一) 镜头检测

视频镜头边界检测是基于内容的视频检索系统的第一步,也是非常重要的一步,准确的镜头分割能够为系统提供优质的动态信息和静态特征,对于后期的关键帧提取、特征匹配、内容检索有着非常重要的作用,将直接影响到视频检索的成败。

若将视频序列看作一系列镜头的集合,那么将需要的镜头提取出来主要就是将视频序列图像沿时间轴进行分割或切分,所以称之为视频序列图像的时域分割,即为镜头检测。一般认为镜头之间的转换方式主要有两大类:突变(切变)和渐变。突变也称直接切割(straight cut),突变镜头边界是由一个镜头的瞬间直接转换到另一个镜头,中间没有使用任何摄影编辑效果,这种突变一般对应在两帧图像间某种模式(由于场景亮度或颜色

---

① 潘磊:基于内容的视频检索中镜头检测和关键帧提取研究。硕士学位论文,江苏科技大学,2007 年 4 月。

的改变,目标或背景的运动,边缘轮廓的变化等产生/造成的),其特点是镜头切换在两帧图像间完成,没有时间长度,突变前的帧属于上一个镜头,突变后的帧属于下一个镜头。对于镜头突变检测,可以利用镜头在切换处视频图像的直方图发生明显跳变的特点,通过对视频图像中特征变化的检测找到视频中镜头突变的位置。渐变也称光学切割(optical cut)。渐变镜头边界是指一个镜头到另一个镜头的渐渐过渡过程,加入了一些空间或者时间上的编辑效果,其特点是镜头切换没有明显的跳跃,常延续十几或几十帧,包括淡入、淡出、叠画等。故渐变镜头的检测要更为困难,常用的渐变镜头检测方法有机器学习法、双阈值法和模型法。机器学习算法首先对视频图像帧进行特征提取,然后将提取到的特征值作为机器学习的输入端。输出镜头的分类,用得最多的是基于 SVM 机器学习的方法。双阈值法首先设置两个阈值,高阈值 Th 和低阈值 Tl。当差异值大于 Th,则认为镜头发生切变,若差异值小于 Th 大于 Tl,则认为开始发生镜头渐变,此时累加此后的帧差异值,直到累加值达到 Th,则认为镜头渐变结束。若镜头累加值回落到 Tl 以下,则认为无镜头转换。

(二)关键帧检测

视频关键帧是指在视频文件的一系列图像帧序列中具有代表性,能够比较准确、全面地反映一个镜头甚至整个视频内容梗概的图像帧。因为一段视频由一系列的图像帧组成,表达的内容信息非常多,构成视频的各种特征信息量大。为了有效地表示视频的内容,一般先利用上述镜头检测方法将视频分解为多个镜头,然后从每个镜头中抽取多个反映该镜头主要内容的关键帧表示镜头。关键帧的提取能够有效地表示视频中表达的主题和内容及其共同特征,为视频的索引浏览和检索提供合适的表示,还可以大大减少视频的数据处理量。在进行关键帧提取时,以下几个方面需要注意:一是提取的关键帧要有代表性,能够真实地反映镜头的主要内容;二是关键帧的数量应由镜头内容的变化情况来确定,内容变化大的镜头,提取的关键帧数量较多。

实际应用时,由于场景中目标的运动或拍摄时摄像机本身的操作(如变焦、摇镜头等),一个镜头仅用一幅关键帧不能很好地代表该镜头的内容,常需用几幅关键帧。原则上讲,关键帧应能提供一个镜头的全面概要,或者说应能提供一个内容尽量丰富的概要。从这个角度说,关键帧的提取可看作一个优化过程。根据信息论的观点,不同(或相关性较小)的帧图像比类似的帧图像携带更多的信息。所以当需要提取多幅关键帧时,用于关键帧提取的准则主要是考虑它们之间的不相似性。目前常用的关键帧提取技术主要有以下几种:

(1)基于镜头边界的关键帧提取算法:基于镜头的方法是一种最简单、最快捷的关键帧提取方法。首先是对整个视频进行场景切分,分割成一个个独立的子镜头,选择每个子镜头的第一帧和最后一帧或中间帧作为这个子镜头的关键帧。这种方法的优点是简单,运算量非常小,适合于画面内容活动性小和保持不变的镜头,而缺点是对于摄像机不断运动的镜头来说,由于只选取前后两帧或中间帧作为关键帧,无法全面有效地表达内容较长的镜头。

(2)基于运动分析的关键帧提取算法:针对每个镜头,该关键帧提取算法首先计算每帧图像的光流,基于光流来计算一个简单的运动度量。然后将这个度量作为一个时间函数,分析运动的取值情况,将运动极小值处对应的视频帧作为关键帧。这种算法的缺点是依赖于局部信息,鲁棒性不强,而计算量很大。

(3)基于图像内容的关键帧提取算法:该算法主要是利用视频中每一帧图像的颜色、亮度、纹理等信息与相邻帧之间的差异来确定关键帧。常用的特征量主要有颜色直方图、累积直方图、交叉直方图、互信息量、帧间似然比等。但当有镜头运动或视频内容变化较为频繁、剧烈时,容易选取过多的关键帧。

(4)基于压缩视频流的关键帧提取算法:基于压缩视频流的关键帧提取算法主要是根据运动补偿编码的特点来对视频进行关键帧提取,首先根据离散余弦变换系数来确定镜头变化的边界的范围,然后依据 P 帧的宏块编码的情况来确定镜头的边界,并将发生镜头转换的视频帧作为一个关键帧。该方法的优点是无需对视频进行解压,降低了计算的复杂性,其缺点是在镜头渐变的情况下该种方法鲁棒性不强。

(三)基于内容的相似性检索

在对视频流中各镜头提取关键帧并进行特征提取后,还要建立基于视频特征的索引。通过索引,就可利用基于关键帧特征对视频进行检索和浏览了。用户提交感兴趣的示例视频片断,检索过程将样本片断与视频库中的其他片断作相似性比较,并按相似性大小返回检索结果,即查询相似的视频是最常用的检索方式。所以,要想设计一个准确可靠的基于内容的视频检索系统,就必须定义好怎样的视频才是相似的,即要解决视频相似性度量问题。

随着以镜头为中心的视频结构化研究工作的完善,以镜头为基本单位的检索形式进行相似性镜头检索已成为基于内容的视频检索的主流。基于相似性镜头检索的研究主要解决两个问题:如何提取反映视频内容的镜头特征和如何度量特征之间的相似性。即提取镜头的静态特征如颜色、纹理以及动态的运动特征甚至高级语义等各种特征,形成描述镜头的特征空间,度量特征之间的相似性,以此作为视频聚类和检索的依据。

(四)基于语义的视频检索

绝大多数的检索系统都建立在低级特征提取上,但用户往往希望在高层语义上来检索和浏览视频。从视频数据中获得的低层视觉特征与用户自身对数据理解的不一致而出现的"语义鸿沟"(semantic gap)是目前基于内容的视频检索系统难以被广大用户所接受的根本原因,如何建立这些底层的特征与高层语义概念的关联,从而使计算机自动抽取视频语义,是当前研究中的难点所在。因为视频结构复杂、语义信息丰富且多歧义,故而视频语义提取一直是视频分析中的难点和重点。

视频语义分析可以分为两类,即通用语义分析和特定语义分析①。由于通用语义分析面向不受限的视频目标,研究往往在特定视频语义定义条件下进行,如周期性运动、重复出现的视频片断等。这些方法的局限性在于提取的事件虽然表达语义结构,但是却不能提供真正的语义概念。语义信息是基于庞大的人类知识库的信息,通用的视频语义分析无法预先导入先验知识,因此识别的语义往往是简单的或低级的。大量的研究工作都在特定视频类型下展开,即特定语义分析。由于预先确定了视频内容,视频信息能够被预先地分析和特定地建模。这样,相关领域的先验知识能够以模型的方式预先导入到识别系统中,所以特定语义分析往往能获得准确和充分的语义信息。由于视频语义的多义性和复杂性,当前的特定语义分析主要局限在监视视频、体育视频、新闻视频和电影视频四类视频中。提取视频语义的主要方法包括概率统计方法、统计学习方法、基于规则推理的方法、结合特定领域的方法等。

二、视频检索算法性能评估

图像检索的性能一般包括召回率(recall)和查准率(Precision)。召回率是指检索出的正确结果所占全部的正确结果数量的百分比。查准率是指检索出的正确结果所占检索出的全部结果的百分比。即通过 PR 曲线来评价检索性能。PR 曲线通过控制召回率的取值,获得相对应的查准率的大小。曲线位置越高,就表示在召回率相同的情况下检索结果的查准率越高,整体的检索性能也就越好。视频检索系统的评价并没有一个统一的标准,视频片断可以通过全查率和查准率来进行评价。对于检索平台,还有一个重要的参数检索效率,用户来评价检索的响应时间。

TRECVID(视频检索国际权威评测)简介 :TREC(Text Retrieval Conference)是由美国国家标准技术研究所(National Institute of Standards and Technology,NIST)以及一些美国政府机构所主办的会议。该会议提供大量测试数据集合、统一的评价标准以及一个为感兴趣者提供测试结果交流的论坛,旨在鼓励信息检索领域的研究。在 2003 年以后,TREC 组织了一个视频检索独立的评价体系(TRECVID- Text Retrieval Conference Video Retrieval Evaluation),致力于研究数字视频的自动分割、索引和基于内容的检索。目前 TRECVID 每年举行一次,每年参加 TRECVID 会议的包括高校、研究所以及商业公司的研究机构,其中不乏卡耐基梅隆大学(Carnegie Mellon University)、牛津大学(University of Oxford)、AT&T 实验室(AT&T Labs)、微软亚洲研究院(Microsoft Research Asia)这样高水平的组织。应该说TRECVID 代表了视频检索领域最前沿的研究方向,其每年提出的 Tasks 以及最后给出的

---

① 刘俊晓,孟祥增,吴鹏飞:基于内容的视频分析与检索技术及其教学应用。《中国电化教育》,2006,4:92-95。

Papers 值得关注,这些资料向大众免费开放①。

第四节　视频摘要技术

一、视频摘要概述

基于内容的视频分析技术的快速发展产生了很多新的应用,面对海量的多媒体信息,如何快速浏览大容量的视频数据,以及如何获取和表现视频的内容,成为人们关注的焦点问题。摘要就是对文章的一个简单概述,它可以使人们快速了解文章的主要内容。文章的摘要已经被广泛地应用于对文献的检索中,用户完全可以只通过阅读文章的摘要,就能判断出该篇文章是否是自己感兴趣的。将这一思想应用于对视频的浏览和检索当中,就产生了视频摘要技术。

视频摘要,顾名思义就是对一个较长的视频文件的内容所进行的一个简短的小结,这个小结是静止图像或者是运动图像的序列,这个序列比原始视频要短得多,但这个序列应保留原始视频的基本内容,以便能够实现对原始视频进行快速浏览和检索。视频摘要技术具有非常实用的价值,可以减小视频的数据量,提高视频检索和视频浏览的速度,大大提高视频数据的利用效率。因此,虽然视频摘要技术诞生时间不长,但以它特有的功能,在实际应用与科学研究中已经体现出不可替代的位置。

根据表现形式的不同,视频摘要可分成静态和动态两种,静态的视频摘要又称为视频概要(Video summary),动态的视频摘要又称为缩略视频(Video skimming)。静态的视频摘要是从原始视频中剪取或生成的一小部分静止图像的集合,这些代表了原始视频的图像,称为关键帧(Key frame)。动态的视频摘要是由一些图像序列以及对应的音频组成,它本身就是一个视频片断,比原始视频短得多。缩略视频由于含有丰富的时间以及音频信息,因而更加符合用户的感知。与视频摘要相比,缩略视频有其自身的优势,即缩略视频可能比视频摘要中单纯的静止图像更加有意义,对用户而言,理解起来更加有趣,但是所需要的计算量、占用的存储空间更大。

二、视频摘要的关键技术

虽然视频摘要的形式多种多样,但不管针对何种视频,采取何种手段生成摘要,其基本步骤都大同小异,可以概括为以下四个步骤:

视频单元分割:采用帧类聚算法或者镜头类聚算法等,将原始视频序列分为合理的结构单元,包括场景、镜头、视频帧等,形成视频内容的层次模型,视频摘要的特点决定了它必然要经过先分后合这一步。

---

① TRECVID 官方网站:http://www-nlpir.nist.gov/projects/trecvid。

　　视频内容提取:通过模式识别或视频结构探测的方法,获取能够被计算机直接处理,或能够被人的感官直接感觉的信息。

　　重要度评判:通过建立一定的重要度评判标准或评判模型,对视频对象重要程度进行评价,选择出相关度高,概括性强的重要视频内容对象作为视频摘要的组成元素。

　　合成摘要:把判定为重要的视频内容组合在一起,按照一定的方式组合起来,形成某种形式的视频摘要,并以可视化的形式将视频摘要展现出来。

　　以上四条是视频摘要的基本步骤,有关视频摘要的研究都是遵循这样的思路展开的。第一步视频单元分割的实现与前述的视频内容检索中镜头分割和关键帧提取密切相关。视频的内容提取与重要度评判方法受视频内容和待提取内容的不同而不同。合成摘要时往往按照时间的顺序进行重要内容的组合。

　　在智能视频分析中,通过视频摘要技术可以浓缩视频供快速检索。例如通过视频摘要技术可以实现将某个摄像机一天的录像压缩到 1 小时甚至数分钟以内,同时保留人/车辆或感兴趣目标的活动细节,包括目标出现的时间。

　　视频摘要技术可以用于单个摄像头拍摄的视频。由于存在每一个摄像机视角的不同,光线变化,目标姿态的变化以及可能存在遮挡的情况,对于跨摄像机视频对象的跟踪,查找甚至重新确认定位,具有很大的挑战性。

三、应用实例

[案例精选一]:基于运动目标检测的视频摘要系统

　　对于原时长为 50s、总帧数为 750 帧的视频序列,首先利用基于混合高斯的背景差分技术提取含有运动目标的视频帧,将这些运动视频帧合成为一个缩略视频。生成的新的视频时长为 12s,总帧数为 177 帧。其中,有效帧为 171 帧,检测的正确率达到 96.61%。无效的帧均为误检的帧,没有出现漏检现象。由此可见,采用基于运动检测的视频内容提取技术后,能够有效剔除多余的视频帧,保留需要的运动帧,大大提高视频回放的效率,节省人力,缩短后续取证的时间,为视频监控这一安防手段带来极大的好处。图 8-15 是缩略视频中的三帧图像,每帧图像均含有运动目标。

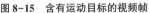

图 8-15　含有运动目标的视频帧

[案例精选二]:基于镜头分割的视频摘要技术

对于未经过编辑的视频序列(只包含突变镜头)进行研究,从镜头分割和关键帧提取等角度出发,研究并实现了一个完整的视频摘要系统[①]。该系统的技术路线如下:

首先对视频进行镜头的分割。从对运动的敏感性、计算复杂度、受干扰影响的程度三方面考虑,采用了基于累积直方图的镜头边界检测算法,以累积直方图 Bhattacharyya 距离结合滑动窗口阈值算法,实现了对突变镜头的有效分割。

其次,进行关键帧的提取。采用基于镜头和图像内容的关键帧提取算法,即提取镜头的首帧作为此镜头的第一幅关键帧;其次通过比较镜头内所有帧的相邻两帧的累积直方图帧差,选取帧差值超过给定阈值的帧图像作为镜头的后续关键帧;最后将所提取到的关键帧进行去冗余,若与前一幅关键帧帧间距离小于 15 帧,则两帧关键帧进行比较:若前一帧关键帧是镜头首帧,则直接舍弃当前关键帧;若前一帧关键帧不是镜头首帧,则取累积直方图帧间差较大的一帧作为关键帧,另一帧舍弃。实验证明,此算法查找到的关键帧能够较为全面地作为镜头内容的概要。

最后,结合基于累积直方图的镜头边界检测以及基于镜头和图像内容的关键帧提取算法,实现了静态的视频摘要列表,视频摘要列表部分是显示所有镜头的关键帧和文字摘要,并可针对感兴趣的关键帧内容精确地定位到视频中的位置,以便用户快速观看重要信息。该系统具备视频播放、镜头分割、关键帧提取以及视频摘要显示等功能。

以《雨果》视频为例,采用累积直方图进行视频镜头分割,第 1~54 帧为视频的第一个镜头,记为镜头 0;第 55~116 帧为视频的第二个镜头,记为镜头 1;第 117~146 帧为视频的第三个镜头,记为镜头 2;

第54帧　(b)镜头边界 1　第55帧　　　第116帧　(a)镜头边界 2　　第117帧

图 8-16 视频镜头分割结果

对经过镜头边界检测的《雨果》片段进行关键帧提取,前文已经将视频序列分成 3 个镜头,依据基于镜头和图像内容的关键帧提取算法得到的镜头关键帧如图 8-17 所示。

① 吴凌琳,视频摘要系统的设计与开发,本科学位论文,中国传媒大学,2012。

第1帧 第22帧 第40帧

(a) 镜头 0 关键帧

第55帧 第72帧

第117帧 分145

第96帧 第115帧

(b) 镜头 1 关键帧 (c) 镜头 2 关键帧

图 8-17 视频镜头关键帧提取结果

依据镜头分割和关键帧提取结果,建立视频摘要列表,如图 8-18 所示。列表中显示了视频序列中每个镜头的镜头描述和关键帧。

镜头号	镜头描述	关键帧			
镜头0	卖花女在人群中推车				
镜头1	警卫整理着装				
镜头2	卖花女远景				

图 8-18 视频摘要列表

本章重点介绍视频的智能分析技术,包括运动目标检测技术、目标跟踪技术和目标分类技术。此外介绍了在视频监控中应用较多的视频检索系统和视频摘要系统的关键技术。

通过本章的学习,读者可以对视频的智能分析技术有初步的了解。智能的视频分析技术是目前视频监控研究的热点内容之一,对此感兴趣的读者可跟踪每年在相关国际会议和期刊上发表的大量新技术,以了解该领域的最新研究成果。

思考与研讨题

1.智能视频分析包括哪些内容?

2.智能视频运动分析包括哪些内容?

3.视频检索算法流程是什么?

4.视频摘要的原理是什么?

第九章　网络视频监控系统典型行业解决方案及案例

■ **本章要点：**

　　平安城市解决方案

　　高清智能卡口

　　高清电子警察系统

　　视频质量诊断系统

　　智能远程测距系统

　　网络视频监控系统的行业应用领域非常广,各行各业都有成功的应用案例,其中公安部在全国范围内构建的城市监控报警联网系统——"平安城市建设"涉及的范围最广,影响力最大。事实上,公共安全视频监控建设联网应用,是新形势下维护国家安全和社会稳定、预防和打击暴力恐怖犯罪的重要手段,对于提升城乡管理水平、创新社会治理体制具有重要意义。近年来,各地大力推进视频监控系统建设,在打击犯罪、治安防范、社会管理、服务民生等方面发挥了积极作用。如今,平安城市建设已成为智慧城市建设的重要组成部分,与此同时,城乡一体化联网视频监控系统的应用也已初露端倪。

■ **背景延伸**

　　★2003 年始建的中国海事远程电视监控系统通过将上海、烟台、海南、深圳、天津、大连等多个地方海事局视频监控系统进行联网应用,实现了海事信息整合、海事信息共享的目的,在中国海事现代化管理、维护近海区域正常的海事秩序、实施海上搜救指挥行动等方面发挥了重要的作用。

　　★2003 年起,中国电信在全国运营商行列中最早推出"全球眼"网络视频监控业务,在为某行业用户开发远程视频监控系统的基础上,通过进一步的系统优化,以中国电信正式产品的形式开始在全国推广。"全球眼"系统在平安城市建设中已广泛应用,还进一步拓展到广播电视领域。通过"全球眼"提供的网络视频信号,电视台在非演播室环境下实现了对异地现场突发群体事件以及诸如日全食之类自然天象远程场景的现场直播。中国联通随后推出"宽视界—神眼"业务,通过在被监控场所内安装 IP 摄像机,以实时或定时的方式采集监控视频信号、抓拍照片及获取其他监控数据,并通过联通宽带接入线路将所采集的数据传送到公司的"宽视界—神眼"中心平台,由平台对数据进行加密、转发和存储。客户在互联网环境下通过"宽视界—神眼"业务门户网站或"宽视界—神眼"客户端软件,即可实时查看被监控场所全景实况,或点播回放存储在神眼中心平台内的任意时段监控录像。

第一节 平安城市解决方案

公安行业平安城市视频监控统一联网管理系统的建设,要求严格执行国家和行业有关安全技术防范工程的标准,并结合公安行业的实际,从治安防控体系建设的实际需求出发,以增强技术设施的实际应用效能为核心,通过技术集成,建立和完善覆盖面广、资源共享、综合应用的各级报警系统和监控系统的技术平台。

平安城市解决方案按照"统一规划、联合建设;优化存量,共建增量;互联互通,资源共享"的原则进行设计,可达到"联网联控、区域自治"的目标。

一、系统结构

如图 9-1 所示,平安城市视频监控统一联网管理系统采用三级监控管理平台方式建设,并实现三级监控平台互联对接。利用先进的高清图像接入、智能监控等技术,实现符合公安行业要求的视频监控平台。

(一)管理架构

各平台为独立子平台,同时通过平台互联实现图像资源信息共享。

用户数据及平台核心数据分别保存在各级平台。各级平台拥有很大的自主灵活性,可自主对平台进行增加、删除、修改等操作,不会因为数据同步而引起混乱;相比集中部署而言,可大幅度地减少数据量,为后期维护工作减少大量工作,使后期维护更加轻松。

上级部门可任意调阅所辖区域内的任何资源,而不是采用传统的上传方式。

(二)技术架构

平安城市视频监控统一联网管理系统主要功能模块的技术架构划分为四个层次如图 9-2 所示。

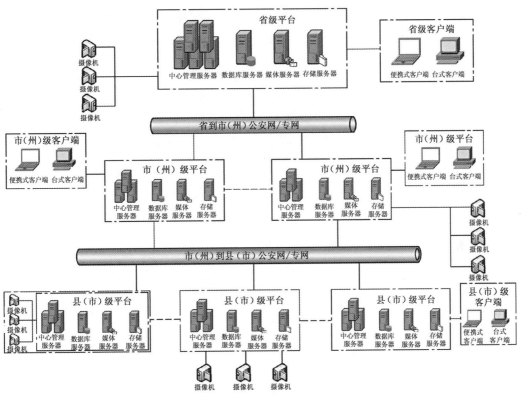

图 9-1　公安视频监控联网系统总体架构

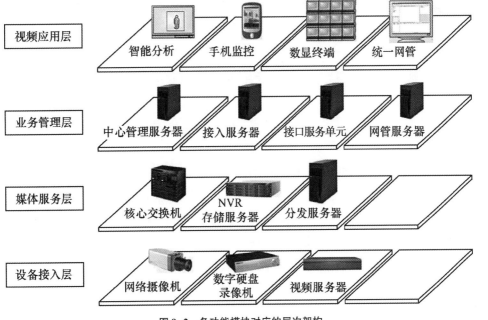

图 9-2　各功能模块对应的层次架构

该架构采用 J2EE[①] 方式,可实现多层系统架构的有效融合,支持跨系统、大规模部署,满足系统对稳定性、可靠性的要求。数据库系统采用 Oracle 商业级成熟产品,支持千万级数据量。

1.设备接入层技术架构

视频服务器(视频编码器)、数字硬盘录像机、网络摄像机统称为前端设备,负责采集现场的视频图像、声音、报警信号。系统将这类设备连接的三类对象(摄像机视频、报警信号输入、报警信号输出)进行统一命名,利用业务管理层提供的注册服务和心跳保活机制,构建出分布式系统的基础管理单元。

2.媒体服务层技术架构

媒体服务层有两个主要功能服务器,其技术架构和特点如下:

(1)分发服务器:主要功能是将前端生成的视频流和数据进行复制,同时分发给多个不同的访问者,是体现网络化、智能化、大规模、海量并发特点的重要基础功能模块。

(2)存储服务器:主要功能是存储历史录像和快捷地检索,工作原理是通过网络接收流媒体数据并写入到文件系统中,同时生成必要的索引信息。其核心是如何降低对 I/O 系统的负载,以及如何快速高效地从分散的存储设备中检索需要的信息。

3.业务管理层技术架构

业务管理层有两个功能服务器和两个服务功能单元,其主要技术架构和特点如下:

(1)中心管理服务器:实现设备管理、用户管理、权限管理和日志管理四个方面的业务管理功能。

(2)接入服务器:负责对所有终端设备的接入,具体体现在对前端设备的注册和定位服务、心跳服务、消息转发服务、重定向服务、代理服务。

(3)网管服务器:网管系统功能由两个方面组成,第一是故障管理,第二是对故障信息的查询和统计。

(4)接口服务单元:具有开放式业务体系结构是智能网络监控系统的重要特征,其中关键的技术就是网络监控系统与多种应用间的应用程序接口。网络图像管理系统接口包含两大类:其一是业务接口,此类接口用于应用视频监控网络的能力;其二是框架接口,此类接口用于对业务接口必需的安全性、可管理性等能力的支持。

图 9-3 显示了典型控制消息(PTZ 控制)处理流程。代理服务接收到用户的 PTZ[②]

---

① J2EE:Java 2 Platform Enterprise Edition,指的是适用于创建服务器应用程序和服务的 Java 2 平台企业版。J2EE 是一套全然不同于传统应用开发的技术架构,包含许多组件,可简化且规范系统的开发与部署,进而提高可移植性、安全与再用价值。J2EE 的核心是一组技术规范与指南,其中包含各类组件、服务架构及技术层次,均有共同的标准及规格,让各种依循 J2EE 架构的不同平台之间良性兼容,解决过去企业后端使用的信息产品彼此之间无法兼容、企业内部或外部难以互通的弊病。

② PTZ:Pan/Tilt/Zoom,这里指云台/镜头控制信号。

消息后,提交给消息转发服务处理;消息转发服务向定位服务查询被控前端的位置;由于被控前端不在同一台接入服务器,消息转发模块将消息提供给重定向服务;重定向服务将消息传送到正确的接入服务器,并通过代理服务将消息通知给被控前端设备。

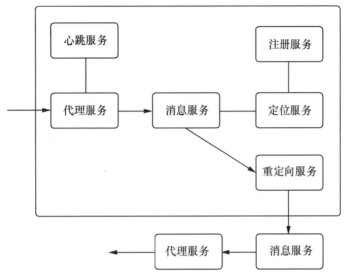

图 9-3 典型控制消息(PTZ 控制)处理流程

4.视频应用层技术架构

视频应用层分为三个服务功能单元,其主要技术架构和特点如下:

(1)显示服务单元:主要用于电视墙。显示服务器的主要功能包括播放监控点位的实时/历史视频,按预设轮播方案(类似电视节目表)播放监控点位的实时视频,报警时自动切换画面。显示服务单元的特点是兼容多种视频格式。

(2)监控终端:是监控用户使用的客户端软件,主要功能包括设备列表的展示与设备搜索、实时/历史视频回放、云镜控制、报警联动、电视墙控制、前端设备配置、权限管理等功能。

(3)管理客户端:是网络管理人员使用的客户端软件,主要功能包括设备管理、用户管理、升级管理和服务参数配置等功能。

二、主要功能

1.系统功能

(1)分级授权、密码管理功能

系统具有分级授权、密码管理功能,采用严密的分级授权体制,实现全网用户管理,包括用户、用户组、摄像机、监视器、编解码器等各种资源对象在内的权限控制。只有完成注册过程,终端才能接入视频监控专网,开展业务,系统在各图像调用单位之间建立联网图像统一管理和分配机制。

（2）日志管理

管理平台的日志包括运行日志和操作日志；根据实战需求，按照系统预设的审计策略或自定义的审计策略对操作日志进行分析，从而对用户的访问行为和操作情况进行审计。系统还可以图形化、报表化的形式展现审计结果，并可定期向审计人员发送审计报告；对日志进行加密，确保只有具有相关权限的人员可以查看审计信息。

（3）人机交互界面

视频监控客户端支持图形化的配置界面，增删改查操作全部可以通过图形化界面完成，实现所见即所得。系统对设备、监控关系、报警、巡检结果等提供报表功能，可对整网设备运行情况一目了然。

监控客户端支持双屏显示功能，配置管理界面和回放界面分别在两个显示器，以增加信息量，媒体播放控件支持多分屏分割显示(4~16分屏)。

系统支持批量配置，当终端和摄像机数目超过一定数量级别时，批量配置是系统中必不可少的功能。

（4）用户与权限管理

能设置系统管理员、系统操作员、客户管理员、普通用户等不同权限的用户，不同的用户具有不同的监控点浏览权限和管理平台功能使用权限，主要系统权限包括：系统管理、设备管理、用户管理、日志管理、视频浏览、摄像机远程控制、报警管理、录像下载/浏览、录像管理等。管理平台对用户提供单独授权或者同组用户统一授权，授权操作简单、方便。

用户权限管理与授权策略符合 GA/T 669.2-2008[1] 要求。

（5）终端注册认证、时间同步

编解码器和监控客户端启动后，必须向接入服务器发起注册，再通过安全机制审计终端的合法性；终端注册成功后，需要周期性地向接入服务器发送心跳信息。心跳信息是为了保证终端与接入服务器之间的通信正常，采用一种心跳检测机制。

OSD[2] 信息、历史图像时间索引、回放检索等要求系统具有准确一致的时钟信息，监控网络中的大量服务器和终端设备都需要进行时钟同步。手工同步在精度上和工作量上都不能满足要求，因此一个安全可靠的监控系统必须提供自动的时钟同步机制。

视频监控系统支持域内全部设备使用标准 NTP[3] 服务器作为时间同步来源的配置，也支持域内设备根据接入服务器的系统时间进行域内设备自动时间同步。

（6）集中管理和批量配置

当系统内存在大量终端设备时，管理员不可能分别登录到每个设备配置各种参数。

---

[1]　国家公共安全行业标准《城市监控报警联网系统·技术标准·第2部分:安全技术要求》。

[2]　OSD：On Screen Display，屏幕字符显示。

[3]　NTP：Network Time Protocol，网络时间协议，用于使网络中的各个计算机时间同步的一种协议。其用途是把计算机的时钟同步到世界协调时 UTC，其精度在局域网内可达 0.1ms，在互联网上绝大多数的地方其精度可以达到 1-50ms。

视频监控系统提供集中配置管理功能。在权限范围内,管理员可以对所有终端进行集中配置。支持批量配置管理,提供电信级的可维护性,减轻管理员的工作量。

(7)系统容错功能

系统具备容错功能,如果任意服务器工作状态出现异常,则连接在该服务器上的客户端应在一定时间内登录到其他正常工作的服务器,并恢复到原来的工作状态。

2.系统基本应用功能

(1)实时图像点播

能按照指定设备、指定通道进行图像的实时浏览,支持浏览图像的显示、缩放、抓拍和录像,支持多用户对同一图像资源的同时浏览;支持多个监控画面同时显示,并可实现全屏显示;能支持将用户预先定制好的一组监控点位轮流在显示设备上进行播放,显示时间间隔可设置;支持用户通过输入点位、拖曳点位、在电子地图上框选点位等方式建立预案,并支持以预案的方式对相应的视频切换、浏览方案进行保存。能按照既定的预案自动实现事件的调用和相关视频的存储、建档;支持基于 GIS/电子地图的图像浏览方式,实现以地图方式对点位位置定位,并可直接在 GIS/电子地图上通过圈定地理区域快速切换调用点位图像。

(2)云台控制

视频监控客户端软件选择一个具有控制功能的摄像机后,可以进行远程控制。首先系统会判断用户对摄像机是否有控制权限,如果没有,视频调度服务器会拒绝用户的控制请求,并在视频监控客户端进行提示。

用户对摄像机控制有三种手段:通过串口接入 PC 的专业键盘,PC 键盘快捷键(支持用户自定义)或者用鼠标点击图形化控制面板。

全部用户对云台的控制权限分为九个等级,高优先级的用户可以抢占低优先级用户的控制权限。

(3)图像检索和回放

支持多种监控点位检索方式,具体如下:默认监控点位列表排列方式为树状结构,并可按地域、单位、街道等字段分级检索;支持模糊点位名称检索;按报警类型、时间等信息检索相关监控点位;历史图像的检索和回放;能按照指定设备、通道、时间、报警信息等要素检索历史图像资料并回放和下载;支持正常播放、快速播放、慢速播放、逐帧进退、画面暂停、图像抓拍等;支持回放图像的缩放显示。后期将逐步实现按照指定特征并发对多路视频录像进行检索,以发现符合特征的目标,并将包含该目标的视频录像自动提取出来,具备对管理平台所辖的所有视频录像的检索能力。

(4)报警联动

通过与专业报警系统方案厂商进行合作,专业报警系统的报警可以和视频业务进行联动,当前端的防区(报警探头)触发报警后,报警控制器经过串口连接到报警管理终端。

该终端安装 IP 智能监控管理客户端软件和警卫中心软件,当警卫中心相应的应用软件收到报警后,能够联动监控平台实现视频联动,在监控客户端软件界面上弹出实时视频,事后接警人员还可根据报警记录检索回放图像信息,便于事后取证。

(5)多画面业务

视频监控客户端可以实现多画面的显示,多个画面之间的操作相互独立。比如,可以显示多路实况、多路回放,也可以用部分画面显示实况、部分画面显示回放。视频监控客户端根据所配置的不同的计算机性能,可以支持 4 画面、6 画面、9 画面等显示方式,最多支持 16 分屏。

(6)轮切(轮巡)业务

轮切(轮巡)业务基于实时监控,是对多路实况进行轮流查看的业务。

首先通过视频监控客户端配置轮切计划,确定被显示的摄像机列表,以及每个摄像机图像在播放中需要逗留的时间。确定轮切方案后,在执行之前还需要为方案选择一个显示设备。轮切方案提交之后,解码器、服务器通过方案自动请求视频,从而在监视设备上周期性地循环显示各个摄像机的实时监控信息。

3.系统高级应用功能

(1)案件管理

案件管理功能可以添加案件,也可以添加和删除用户、组内资源等,还具有案件审核、视频审核、照片审核、文件审核等功能。

案件管理系统是以松耦合方式架构在视频监控系统之上的一个大型数据库,系统不但能对"全球眼"的视频案件资料进行统一管理,而且能对用户从其他渠道获得的视频资料甚至非视频资料进行统一管理。

部署案件管理系统后,视频监控系统的用户可以通过简单的操作将案件视频上传到案件管理服务器,同时用户可以将其他渠道获得的资料(视频资料或其他资料)上传到案件管理服务器。

案件管理系统对上传的资料建立完善的索引记录,并提供方便的查询工具,以便用户能够方便地共享这些资料,提高工作效率。系统还提供案件评论区,方便用户交流,更好地发挥这些资料的作用。同时系统采用类似视频网站的架构,符合用户的操作习惯,降低使用门槛。

(2)警用图侦①

对治安监控资源进行深度复用的实战系统,可实现跨平台、跨系统的车牌智能识别与车辆行驶情况分析。车辆情报应用系统网络资源,将分散、独立的治安卡口、电子警察、治安监控、社会资源摄像机的数据源进行联网,实现跨平台、跨系统的视频及数据复用。通过智能车牌识别模块完成对图像信息中的机动车牌号码等特征信息的识别,集中

---

① 图侦:图像侦察的简称,其含义是通过对监控视频图像的分析研判来侦破各类刑事案件。

存储到车辆情报数据库中,并进行数据挖掘、分析与处理,捕获出有价值的车辆情报信息,从而构建对城市车辆可溯、可控、可管的新局面。

警用图侦系统采用符合公安部标准的、统一的通信协议实现对治安卡口、电子警察等设备的接入,未来还可以把停车场等社会监控资源接入进来。

(3)视频诊断

对视频图像的挑选和定期检测,可以大大降低人员对摄像设备的维护工作量。系统可以自动检测摄像机输出的视频质量,可以自动发现前端失效摄像机;可以检测雪花、滚屏、模糊、偏色、画面冻结、增益失衡和云台失控等常见摄像机故障并发出报警信息;可有效预防因硬件导致的图像质量问题及所带来的不必要的损失,并及时检测破坏监控设备的不法行为。

(4)智能视频分析

采用后台智能分析系统,可以对系统内任何一路可用图像进行智能分析设定,可以对人流、车流、车牌识别等信息以及视频信号的丢失、抖动等进行智能识别,并且形成报表。

具体的功能包括人流统计、入侵检测、目标跟踪、物品遗留等。

三、方案特点

1.符合公安系统管理模式和应用特点

平台采用三级架构管理模式,符合公安系统省市县三级管理模式,将权限逐级开放、授权,保障公安系统在实际应用中的实战需求。

2.符合各地公安应用状况

现阶段公安行业城市视频监控系统中的软硬件存在不同厂商共存的情况,需在社会资源整合中将此部分考虑进来,在实际建设过程中可满足设备利旧原则,减少重复投资,符合目前公安用户的实际使用需求。

3.符合最新公安系统规范标准

公安行业产品遵循国家相关部门制定的行业规范及标准,保证相关行业的产品可持续发展,并为后期开展新业务功能提供有力保障。

4.符合公安系统未来实战要求

对治安监控资源进行深度复用的实战系统,其中案件管理、警用图侦、视频诊断、智能分析等业务应用功能,可提高公安工作效率,为判案提供有力证据。

第二节 高清智能卡口系统

卡口是指安装有对道路通行车辆的图像及其他信息进行采集、识别设备的控制点或场所,如图9-4所示。卡口系统则是指利用光电、计算机、图像处理、模式识别、远程数据通信等技术对经过卡口的车辆图像和车辆信息进行连续全天候实时采集、识别、记录、比对、监测的系统,利用该系统可完成对有关车辆的布/撤控、报警、查询、统计、分析等功能。在国家公共安全行业标准《城市监控报警联网系统 技术标准 第9部分:卡口信息识别、比对、监测系统技术要求》(GA/T 669.9-2008)中对卡口系统给出了具体要求。

图9-4 道路交通卡口

一、系统结构

卡口系统结构可分为分布式和集中式两种。分布式系统由卡口中心、卡口分中心、卡口前端组成,其中卡口中心可连接若干卡口分中心,卡口分中心可连接若干卡口前端。集中式系统由卡口中心和卡口前端组成,没有分中心(分中心的功能纳入卡口中心)。

1.卡口前端

由车辆检测、图像采集、号牌识别、数据存储等单元组成,主要完成车辆检测、车辆图像和车辆信息的采集、识别以及数据发送的功能,也可根据需要进行数据存储。

2.卡口分中心

由数据存储、数据比对、监测报警、数据查询等单元组成,主要完成与卡口前端和卡口中心的数据收发、数据的存储、比对、监测、报警、查询的功能。

3.卡口中心

由数据存储、车辆布控、数据处理、web 查询、数据转换等单元以及相关接口组成,主要完成数据处理和存储、数据的统计和分析、车辆的布控和报警、车辆信息的查询等功能,并实现与联网系统集成管理平台的数据交换。

数据转换单元对已建系统进行数据格式转换,实现与联网系统集成管理平台接口的连接;新建系统无需数据转换单元。

图 9-5 示出高清智能卡口系统结构图。

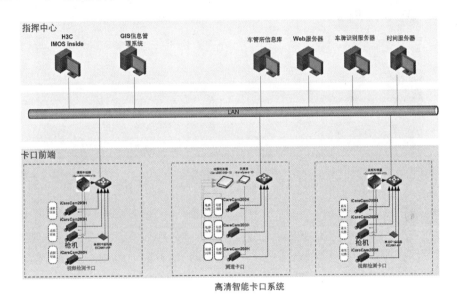

图 9-5　高清智能卡口系统结构图

二、主要功能

1.车辆检测

本系统通过检测车灯的方式实现车辆的检测、抓拍,以保证系统无论在白天还是夜晚都能够正常地对车辆进行记录;但为了防止夜间无车灯或车灯损毁的车辆通行时系统无法正常记录,本系统增加金属化卤素灯进行夜间补光,来完成夜间对车辆的检测,即便车辆没有车灯,通过外界的补光,系统也能够进行正常的检测和记录。

2.信息采集

交通信息采集作为智能交通系统的重中之重来优先发展,基础交通信息主要包括车流量、车速、车间距、车辆类型、道路占有率等,采集交通流数据信息检测采用虚拟线圈技术,自动对通过虚拟线圈的车辆进行测速、计数,并将统计的信息自动上传到中心分析服务器,分析服务器实时显示交通信息量的动态曲线图,这些基础数据可为交通诱导系统、自适应信号机控制系统提供必要的数据信息。

图9-6　信息采集显示

3.全景监视

系统除具备常规的车辆检测、抓拍、识别等功能,还可以通过中心系统对路口的全景图像进行查看,方便对路口进行监视。

4.拍照识别

高清摄像机实时记录的车辆信息(含车辆高清晰图像、经过时间、路口名称、车道编号等信息)上传到中心识别服务器,中心识别服务软件负责对图像进行实时牌照识别,并将识别结果(号牌号码和号牌颜色)存入数据记录,系统运用人工智能和模式识别技术,对被识别的车辆图像进行车牌定位、字符切分,并运用独创的基于二值特征的识别算法和基于灰度特征的识别算法相结合的方法,对定位切分后的号牌字符进行识别,具有识别率高、识别时间短等特点,并对挂放倾斜、不平整的牌照同样具有较好的识别效果。系统具有自学习功能,可以通过对特定字符的训练,以提高整体识别率。

5.信息叠加

前端设备将所有数据上传到中心服务器后,中心车牌识别服务器完成对车牌识别、信息提取后,可将车牌号码、车牌颜色、经过路口、行驶方向等信息叠加到图片数据上,图片具有防篡改功能。

6.氙灯补光

照明补光是晚间抓拍的必备条件,为了达到摄像机在夜间对高速行驶车辆拍摄的光

图9-7　信息叠加后图像

照要求,并实现对夜间车头灯强光的抑制,本系统中,配用一种专业的同步脉冲氙灯,此光源具有微功耗(每千瓦时电能可拍摄30万幅图片)、长寿命(>100万次拍摄)的特点,并且对司机和后续车辆的司机均不会产生眩光干扰。

7.车型分类功能

系统采用车牌颜色和视频检测技术相结合的方法对车辆进行分型。对于民用车来说,蓝颜色车牌指小型车辆,而黄颜色车牌指大型车辆。因此,我们首先利用车牌颜色判断车辆类型,对于无法根据车牌颜色判别车型或者无法判断车牌颜色的情况,我们就采用视频检测提取的车辆轮廓大小来判别车辆类型。

8.前端存储

前端高清相机可配置SD卡或NAS进行数据存储,每车道的存储空间不小于8G。当前端设备抓拍到图片后直接往中心服务器发送,当由于网络不好或中心服务器原因而发送失败时就保存到前端存储模块中,等到和中心服务器能正常通讯时再把抓拍图片发送到中心服务器,同时删除本地抓拍图片,以保证在通讯链路不通时数据也不会丢失,确保数据的安全性。如果链路始终不通,摄像机抓拍的图像数据>8G时,摄像机则对数据进行循环覆盖。

9.用户管理

为了保证系统安全,本系统采用分级口令管理设置,有系统管理员、系统操作员和一般查询用户三种登录身份,分别授予不同的操作权限,以确保系统的安全。

10. 超速报警

系统在进行车辆捕获时,对行驶车辆的速度实时监测,当发现车辆速度大于设定的限速值时,自动将数据录入超速车辆信息表,并提醒管理人员有车辆超速。

11. 布控报警

系统可在中心管理服务器上设置布控条件,如号牌号码、号牌颜色、布控时间等信息;当满足布控条件的车辆通过时,自动发出声音报警或语音报警,也可通过通信口发出报警命令,联动 LED 显示屏、警报器等报警指示设备,并在数据记录中记录报警类别。

12. 远程控制

管理中心网络计算机上的授权用户,可通过网络对前端设备进行远程控制,完成修改设备参数,更改虚拟线圈设置等操作,无需每次修改都跑到路口进行操作,方便维护。

13. 中心管理系统

中心管理系统包括对车辆的实时监控、用户管理、布控管理、布控报警、远程控制、车辆信息查询、报警信息查询、事件信息查询、信息核对、信息统计等功能。

14. 系统的稳定性

本系统在提高系统稳定性上采取了特殊措施,以确保系统能长期、稳定、连续地运行。

三、方案特点

1. 高分辨率图像采集

普通模拟摄像机通过采集卡抓拍的图像分辨率仅为 720×576(约 40 万像素),而视频检测式高清智能卡口系统采用高分辨率数字摄像机(工业数字摄像机),可实现高清晰度图像的采集,系统采集的车辆图像,分辨率高达 200 万像素,大大提高了图像的分辨率。

图 9-8　高清卡口分辨的信息

2.灵活的检测方式

系统为了更好地适应各种现场环境,支持地感线圈、雷达、视频等多种车辆检测方式,以保证系统在任何场景下都能够正常地工作。

图9-9　多种车辆检测设备

3.强光抑制功能

本系统通过特定的光学器件,对强光环境下出现的白片现象进行有效地处理,通过改变光线的路线,使原来直接照射到 CCD 图像传感器靶面上的光线发生折射,使其改变角度后再照射到 CCD 靶面上,有效地解决了该问题。

图9-10　强光抑制显示

4.号牌自动识别

多车道抓拍的图像在进行车牌识别时,由于无法区分是哪个车道,往往会造成识别的结果与经过的车辆对不上号,本系统通过对不同车道的车辆信息进行分别触发的方式成功地解决了这一问题,摄像机在接收到不同的触发信号后会自动区分相应的车道,并按照车道将图像自动切分开,供车牌识别模块进行识别。

5.GIS 线路追踪与区间测速

结合目前最先进的警用地理信息系统,可对车辆的行驶路线进行轨迹跟踪,GIS 系统通过对空间物理坐标的转换,标定任意两个卡口点位间的距离,当同一车辆从其中两个点位经过时,根据相隔的时间差,可以计算出在这一路段内的平均行驶速度。

图 9-11 号牌自动识别

图 9-12 GIS 车辆轨迹跟踪

6.套牌车辆分析

当在同一时刻在不同的地点发现了号牌相同的两辆车时,其中有一辆车必然是套牌车;或者在做区间测速时,发现车辆在两个卡点间的行驶速度明显异常(>300km/h),系统会自动提示疑似套牌车辆。

7.布控报警

系统可以将盗抢车辆添加到本地数据库中,也可以同步公安系统统一的盗抢库、年

图 9-13 套牌车辆分析

检库、套牌,一旦有上述车辆进过,系统可以马上自动报警,并且该系统进行操作时不会影响到公安部门的其他系统。

图 9-14 布控报警

8.智能视频监控

采用视频检测技术的系统,其用来做车辆检测的摄像机不仅可以完成车辆的检测,同时还可以完成车辆变道、逆行、违规停车、撞车事故、车辆抛锚、车辆起火、抛撒物、交通拥堵等交通事件的检测,大大提高了系统前端摄像机的综合利用率。

图 9-15 智能变道检测

9.交通信息统计功能

系统在进行车辆检测、抓拍的同时,还可以完成车辆个数、平均速度、车道占有率、车辆密度等信息的统计工作,并可按路口、时间、方向、车道编号等条件进行分类统计,按年、月、日、方向、车道分类导出报表信息。

第三节 高清电子警察系统

电子警察系统常被通俗地称为闯红灯抓拍系统,该系统是在重要的监控路口分别架设摄像机和闯红灯抓拍前端机箱,并在路口地面下布置地埋线圈,当有车辆在红灯期间通过路口时,摄像机可启动抓拍功能,并通过光端机将抓拍到的闯红灯车辆图像传回设在监控中心的装有闯红灯处理系统的计算机进行处理。

一、系统结构

高清电子警察系统结构如图9-16所示,该系统由3个单元组成,分别为前端路口单元、网络传输单元、中心管理单元。

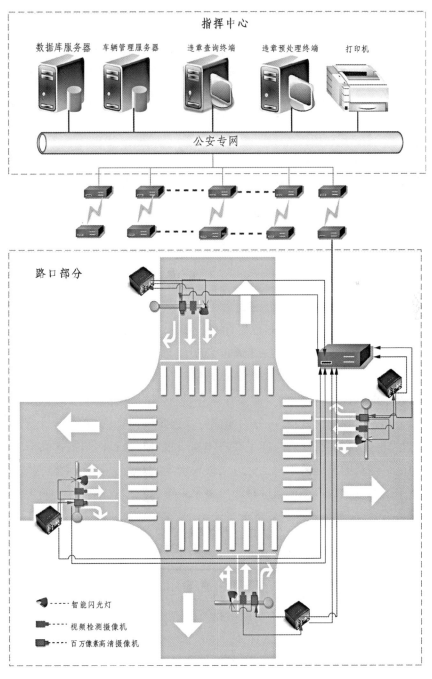

图9-16　高清晰卡口型电子警察系统结构图

（1）该系统可以直接通过公安网路由接入到（公安交警）数据中心；也可以先经过其他网络运营商的传输网络、局端机房，再到（公安交警）数据中心。

（2）前端光传输设备安装于前端设备箱；中心的传输设备安装在局端机房或（公安交警）数据中心。

（一）路口记录单元

该单元主要完成红绿灯检测、违法闯红灯车辆的检测、图片抓拍，图片处理、存储、传输等任务。在被监控路口的每一个方向均安装 1 套，每个方向的设备相互独立，高清摄像机通过网络交换机相连接。

（二）网络传输单元

网络传输部分主要包括网络交换机、远程传输设备及线路等。该部分主要负责将前端获得的车辆违法信息传输到交警数据中心，同时操作人员在交警数据中心应用远程管理软件对前端控制设备进行远程管理及设备参数设置。联网数据传输时，如果遇到网络故障导致传输失败，系统具备断点续传功能。

（三）管理中心

管理中心设置在交通监管部门，主要由连接在公安网上的车牌识别服务器、数据服务器、客户端作业计算机及相应的彩色打印机、网络设备和中心管理软件组成。中心服务器通过网络连接数据收集服务器，并通过公安网与中心客户机及相应的输出设备连接。车牌识别服务器负责对所有路口设备所采集的车辆数据与图片进行识别并入库，依据管理部门设定的条件进行筛选，将需要长期存档保存的数据保存在数据服务器上，不同的授权用户通过客户端计算机，可分别完成对通过车辆信息的访问、统计、分类、检索、查询、提取、核对、处罚等业务作业，产生并打印相应报表。通过网络数据共享，大大方便了各部门对路口信息的掌握。用户也可以根据要求定制系统，从而最大限度地满足用户的需求。网络上的授权用户亦可通过对路口记录主机和数据收集服务器的工作参数、报警布控等进行设置，实现系统的远程维护。

二、主要功能

（1）闯红灯行为记录：机动车在红灯状态时越过停车线将被记录，而机动车在其对应的黄灯或绿灯相位时越过停车线，高清晰卡口型电子警察系统不记录；

（2）高清晰卡口型电子警察系统自动记录的内容：系统能记录机动车闯红灯过程中三个位置的信息以反映机动车闯红灯违法过程，过程照片三张；

（3）高清晰卡口型电子警察系统的图片格式采用 JPEG 格式，JPEG 图片编码符合

ISO/IEC 15444∶2000[①] 的要求；

（4）闯红灯捕获率：在适用条件下，闯红灯捕获率不小于98%；

（5）记录有效率：在部标标注的适用条件下，机动车闯红灯记录有效率不小于95%；

（6）本系统具备联网数据传输，可选择现场数据下载功能；

（7）联网数据传输：通过网络将机动车闯红灯信息传输到指定数据中心，传输时，当遇到网络故障导致传输失败，系统具备断点续传功能；

（8）现场数据下载：现场将机动车闯红灯信息人工下载到存储介质中后带回数据中心，此功能根据用户需求自由选择；

（9）数据录入：系统提供机动车闯红灯信息录入软件。录入的信息存入数据库表中。

（10）远程管理功能：系统通过远程管理软件在数据中心对前端设备进行设置与管理；

（11）户外全天候工作：系统所使用的全部设备均能在各种天气情况下正常工作。系统所有设备和室外防护罩都进行了防锈、防腐蚀处理。系统内部的电路板也进行了防潮、防腐和防雾等处理，保证系统正常运行；

（12）后台管理软件功能强大：对图像质量、保存图像的大小、保留天数、传输设置等参数进行设置，可以实时显示路口线圈和红绿灯的状态，红灯总秒数，抓拍时的红灯秒数，即记录拍摄点；

（13）逆行抓拍功能：主要是指抓拍违反规定在单向行驶的车道上逆向行驶的行为。此功能根据用户需求自由选择；

（14）治安监控：本系统前端摄像机对前方路段进行24小时监控，该监控图像也可以用于治安监控的目的，为打击违法犯罪行为提供可靠的侦破线索和执法证据。此功能根据用户需求自由选择；

三、方案特点

高清晰卡口型电子警察系统充分运用了现代科技手段、能自动完成公安交通警察的部分职能，是科技强警的重要组成部分。该系统通过抓拍车辆在违法闯红灯过程中多个位置的图片来记录车辆违法闯红灯的行为和过程，与国内同类产品相比，本系统具有明显的优势。

1.高分辨率图像采集

200万/500万像素高清抓拍机可提供非常清晰的路口全景照片，该图片分辨率高、可以反映车辆违法的所有要素（闯红灯的时间、车牌号码、车辆类型、红灯或箭头灯信号、停车线等）；为执法处罚提供无可争辩的证据。

---

① Information technology--JPEG 2000 image coding system--Part 1：Core coding system，参见《信息技术——JPEG2000 图像编码系统·第1部分：核心编码系统》。

2.灵活的检测方式

系统既可采用视频(检测虚拟线圈)技术对车辆进行检测,也可以采用地感线圈方式对车辆进行检测,虚拟线圈是基于视频分析、运动检测、目标检测的一种技术,无需复杂的路面切割施工,仅通过摄像机提供的图像即可完成车辆的检测。

图 9-17　视频虚拟线圈检测

3.多车道覆盖抓拍

多车道覆盖抓拍系统采用 200 万/500 万像素分辨率的高清晰工业摄像机,每台摄像机可以同时覆盖 2-4 个车道,大大节省了摄像机的个数。

图 9-18　覆盖多车道

4.闯红灯行为记录

系统通过视频车辆检测器对车辆的通行状态进行检测,当车辆分别处于闯红灯过程中的压线、越线、越线行驶 3 个状态时,自动控制高清摄像机抓拍 3 张违法车辆图片,同时叠加相关信息,每张图片都可清晰地反映出车辆闯红灯的时间、号牌号码、车辆类型、红灯信号(含箭头灯)、停车线等情况。

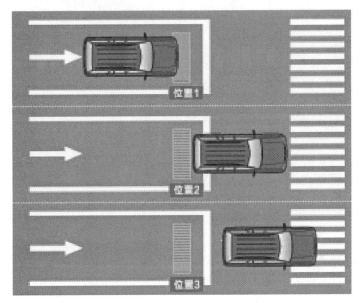

图 9-19　抓拍违章车辆

5.车辆例行记录

当车辆检测器检测到某车道在绿灯状态下有车辆通过时,车辆检测器给出触发信号到高清网络摄像机,高清网络摄像机以卡口模式对车辆进行抓拍。图 9-20 反映的是车辆通过线圈的过程,视频车辆检测器自动控制摄像机抓拍机动车辆进入线圈或离开线圈时的特征图片。

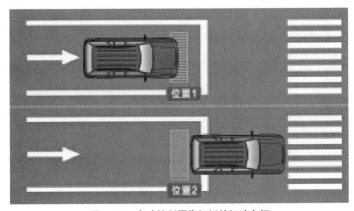

图 9-20　自动控制摄像机抓拍机动车辆

6.车辆逆行记录

系统具备逆行抓拍功能,对车辆违反规定标志标线行驶的行为进行记录。当车辆与车道的规定行驶方向相反时,高清相机会自动抓拍两张车辆在不同位置的图像,保证违法数据的准确性。

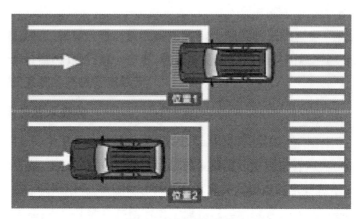

图 9-21　车辆逆行抓拍

7.号牌自动识别

多车道抓拍的图像在进行车牌识别时,由于无法区分是哪个车道,往往会造成识别的结果与经过的车辆对不上号的情况。本系统通过对不同车道的车辆信息进行分别触发的方式成功地解决了这一问题,摄像机在接收到不同的触发信号后会自动区分相应的车道,并按照车道将图像自动切分开,供车牌识别模块进行识别。

图 9-22　按照车道识别车牌

8.全景辅助录像

为了避免违法数据产生争议,本系统使用的全景摄像机不仅可完成车辆检测功能,还可以用来进行 24 小时录像,以备在出现异议时能够辅助分析违法行为发生的过程。

第四节　视频质量诊断系统

一、系统结构

本系统采用分布式结构,运行于视频监控系统的控制中心,通过连接数字视频流媒体管理服务器来获取前端所有摄像机的视频信号,利用视频诊断服务器完成视频诊断功能,通过轮询方式对各路视频信号进行检测,将每路的检测结果储存记录到数据库中,用户可以通过 web 页面监控系统状态、进行信息查询、统计、维护设备信息以及系统管理等相关操作。

二、主要功能

图 9-23 给出了视频质量诊断系统的核心功能。

清晰度 检测由于摄像机镜头聚焦不当、镜头老化导致的视频模糊		亮度 检测视频画面过暗、过亮	
色彩 检测由于摄像机故障导致的视频画面大面积偏色		对比度 检测视频对比度异常	
噪声 检测由于各种干扰而引起的噪声		叠加性干扰 检测视频画面出现叠加线条干扰	
强横纹 检测视频画面出现强横纹干扰		稳定条纹 检测视频画面出现滚动条纹干扰	

视频编码 检测视频画面出现的马赛克(块)效应		信号丢失 检测由于摄像机故障、线路故障等引起的视频信号丢失	
冻结 检测视频画面出现冻结异常		抖动 检测由于不稳定、外部强烈震动引起的摄像机持续性抖动	
视频剧变 检测视频由于受到强干扰而发生剧烈变化		视频遮挡 检测画面被恶意遮挡	
PTZ 检测球机的 PTZ 功能是否正常(转动球机,视频画面相应变化,见右侧 3 张截图)	  		
流媒体/网络状况	检测网络传输视频数据是否正常		

图 9-23　视频质量诊断核心功能示意图

三、方案特点

视频监控系统中最核心的内容就是视频画面,视频故障或画面质量下降会对监控系统的正常工作造成严重影响。

在面对越来越多的摄像机时,已有的人工检测方式已经显现出工作量大、效率低、容易遗漏、人力成本高等不足。

本系统特点如下:

1.领先的技术研发

覆盖视频采集、传输、存储的全过程检测分析,多达 18 项诊断项目,高达 0.58 秒/路的诊断速度(此数据为某大型监控系统应用实测值。诊断速度会根据监控系统的状况以及服务器配置的不同而有所不同),超过 95%的准确率,为用户及时发现故障、快速处理故障提供最大保障。

2.全新的运维体验

创新的"监控—诊断—维修"闭环应用模式+便捷的管理维护操作,产品有效地提高了用户系统的维护能力,降低了维护难度以及人力、时间成本投入。

3.强大而稳定的应用系统

利用分布式架构与负载均衡技术,产品支持"省—市—区—县"的多层级部署与分权分域管理,从容应对超大型监控系统。完备的数据备份、掉电保护与断网恢复功能,同时成就了产品的高可靠性表现。

4.灵活的任务执行方式

定期执行全自动化诊断、针对关键设备的高频度诊断、任何时间点的手动任务下达、对诊断结果进行二次确认、想要在白天和夜晚执行不同的诊断项目、在恶劣天气执行特别的诊断标准、针对每一台设备的个性化谈判……所有这一切,只需要简单的几个设置就可以实现。

5.完善的结果处理功能

如何处理大量的诊断结果? 面对千万条记录又可以挖掘到哪些有用信息? 利用"设备状态"刷新显示功能、独有的"标签"功能、丰富的手动处理功能、强大的报表统计分析与报表功能(支持自定义新的统计分析难度),用户可以直接获取最有价值的信息,而无需关心背后的千万次巡检。

6.来自于"云端"的使用体验

基于 B/S 架构的应用系统,无需安装客户端软件,所有操作均在 web 浏览器中完成,再加上精心设计的 UI 界面,为用户带来简单易用的"云端"使用体验。

第五节　智能远程测距系统

建设行业以及监理行业存在着信息化管理水平落后、现场管理人员不足,管理人员素质参差不齐、透明度不高、现有的项目检测数据无法真实反映建设工程整体质量等一系列问题。

监管手段基本上是按过程中现场抽查和项目现场验收的方式进行。现场抽查使用人工方法利用皮尺或钢卷尺进行尺寸测量,存在劳动强度大、耗时耗力的缺点;同时对于长距离测量、高空测量以及不易到达的地方的测量上存在较大难度,现场抽查并不能实现对于建设全过程的质量监督。监管人员目前常用的测量工具包括各式激光测距仪、测距望远镜等,这些测量工具的出现对手工测量方式起到了革命性的改变,可以减少测量时间,使测量更加精确,但依然存在如下弊端:

(1)在长距离目标物体测量时,较难看清激光点,需要借助望远镜附件;

(2)现场实地测量,工作的强度和危险性较高,长距离目标物体测量时,较难满足施工测控管理的精密要求;

（3）进行长期监管,需要专门人员实时现场跟踪测量,不利于监管人员的调度;

（4）无法实现远程的现场监管。

为解决监管测量上述问题,监管人员迫切需要一种高精度的新型测量工具,使用网络监控方式远程测量是满足以上需求的有效的测量方式。

某城市采用远程测距系统精确测量出三维空间内任意两杠间的距离,实现对钢筋间距、深基坑工程、脚手架工程、高大模板工程、高边坡工程等的测量,实现工地的精准测控。智能测距摄像机安装在施工现场的制高点塔吊,可监控一个单位工程的整个施工过程;通过远程测距的方式,可以全天候监管和震慑,并为质量问题处罚提供依据;也可以与现有现场抽查的方式结合。

一、系统结构

系统采用激光测距与网络视频相结合的方式,用户在客户操作端即可观看现场画面,对点选的画面中任意两点间的实际距离进行测定、存储备案、叠加视频字幕。客户在可接入网络的任意地点对远程测距终端所监控地点的任意物体长度、两点距离的测定可对辖区内的各个施工现场进行远程材料鉴定、建筑结构监督、项目进度监管等各个监督管理工作。

远程测距由远程测距终端、监控终端、中心平台、测距客户端组成,利用远程测距终端确认待测两点相对云台的位置,然后通过客户端软件计算待测两点的直线距离,并在监控画面中显示和记录。图像采集主要由一体化摄像机实现,其光学变倍保证用户可以看清远距离的画面,终端的精密云台保证激光点精确打在被测目标位置上。

远程测距终端:远程测距系统需要专用的测距终端,测距终端主要组成模块分为激光测距传感器、角度传感器、高精度云台、高倍变焦一体化摄像机、编解码模块、网络模块。远程测距终端可存储测量数据,并可搜索视频录像,可将测量值叠加于视频字幕。测距终端部署在系统前端,通过宽带网络接入平台系统。其中激光测距传感器完成对被测物两端的距离采集;高精度云台完成对激光传感器和一体化摄像机的承载;角度传感器实时传递角度值;一体化摄像机完成对被测物的图像采集和激光点的捕捉;网络模块负责将采集到的信息通过互联网发送到控制中心上;远程测距终端可存储测量数据,并可搜索视频录像,将测量值叠加于视频字幕。

监控终端:包括测距摄像机、巡航摄像机、长焦摄像机、可控摄像机等,根据需要调整视频监控的部位,使用场景监控设备。

中心平台:使用视频监控平台叠加支持测距功能模块。功能包括:设备注册、管理功能、控制信令转发、视频转发,测距客户端接入。控制平台可将实时测得的数据进行存储。

测距客户端:测距客户端为定制的专用客户端,同时支持使用 IE 浏览器打开网址使用的 B/S 方式,具备视频浏览和测距功能,使用时视频浏览显示远程测距现场传来的视频和数据,控制远程测距终端的云台转向,并聚焦需测定的物体,利用鼠标点取画面中所需测量实际距离的两点,测距客户端可显示两点间的实际距离及探头距离该点的实际距离(量程)。

二、主要功能

(一)实时视频监控

(1)用户可安装专用测距客户端浏览视频及测距,也可选择嵌入式 Web,进行图像浏览观看及测距。

用户通过浏览器(测距客户端)即可观看现场视频画面,并可选择画面中任意两点间进行实际距离测定。

(2)图片抓拍:可通过全球眼客户端实时观看当前视频图像,看到感兴趣的场景时,可以通过全球眼专用客户端提供的抓拍功能,把抓拍到的图片保存在指定的位置,可以查询抓拍的索引信息,方便查找抓拍图片。

(3)云台控制:可以进行镜头拉近、拉远,光圈的放大、缩小,云台的上、下、左、右、背光控制,预置位设置与调用点。

(二)距离测量

系统实现对可视范围内的物体、线条以及任意两点的实际距离的测算和实时显示,测量时用户通过计算机连接网络,打开"客户端操作软件",将视频开启,处于实时浏览状态,需要测量所看的图像中的一段画面的距离,则开启激光器,通过旋转云台将激光点调整到测量距离的起始点,然后点击开始测量,此时屏幕上会显示出当前点的水平角度和垂直角度以及激光器丈量的长度,接着用户需要将激光点再旋转至测量的终止点,然后即可算出这段距离的实际长度。其中关键的几个动作有:

- 开启激光器;
- 调整云台;
- 显示角度和长度;
- 结束测距计算出距离。

1.视频与数据叠加

通过视频服务器与激光器、云台之间的通信,将云台角度信息、激光器测试距离等数据叠加到视频图像上。叠加信息包括实时日期、时间、云台水平垂直方向角度信息以及激光器测试距离。

2.激光点实时跟踪

在户外环境,激光点无法用肉眼来观看,通过技术到达精确的跟踪激光点,来实现在全天候的工作条件下的测距功能,如图 9-24 显示激光点截图。

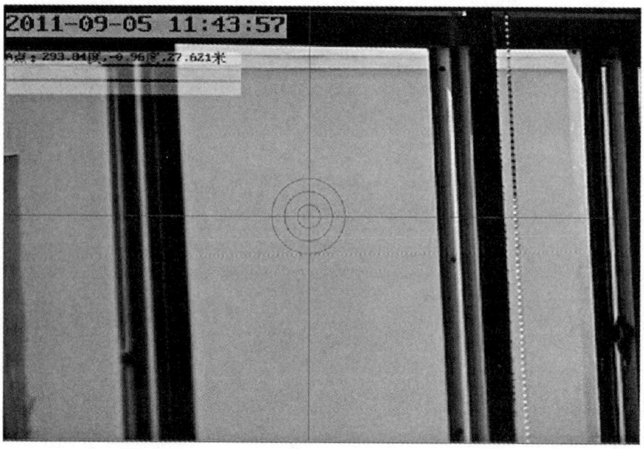

图 9-24 激光点截图

选择相应选项后,图像中会出现红色十字标,则表示此时激光点的位置。用户可通过客户端旋转云台来定位激光点,选择测量起始点与结束点位置,然后,系统自动测算出远端选中点的实际距离。

三、方案特点

远程测距的性能见表 9-1。

表 9-1　远程测距性能

参数		指标要求	
		基　本　型	增　强　型
测距参数	测距范围	0.05~60m(超过 60m 加反光板)	0.5~300m(超过 300m 加反光板)
	测距精度	<1.9(量距 40m),<2.8cm(量距 60m)	<1.9(量距 40m),<2.8cm(量距 60m),<4.6cm(量距 100m)
	测量速度	4~10 次/s	4~10 次/s
	激光波长	620-690nm 红色可见激光	双激光:测距光 905nm 指示光 635nm
	激光安全等级	Classic2,符合 IEC825-1/EN60825 & FDA21 CFR	测距光 905nm,激光等级 1 级 指示光 635nm,激光等级 2 级
云台参数	测量范围	垂直与水平双轴测定,即水平 0~360°;垂直±65°	
	分辨率	0.01°(高精度光栅编码器输出)	
	重复定位精度	0.026°	
	测量速率	4~10 次/s	

续表

参数		指标要求	
		基 本 型	增 强 型
图像参数	视频压缩标准	标准 H.264	
	视频图像通道数	1 路	
	镜头焦距	3.21~138.5mm	
	摄像机	1/3 英寸低照度一体化摄像机	
	图像分辨率	D1、H-D1、CIF、QCIF、VGA、QVGA、QQVGA	
	视频制式	PAL 制/NTSC 制,默认 PAL	
	视频帧率	PAL:25 帧/s,帧率可调	
	视频码率	16k~3Mbit/s 可调,也可自定义	
	码流类型	复合流	
有线传输	有线网络	1 个 RJ45,100Base-Tx ,10/100Mbit/s 自适应	
无线传输	传输协议	Wi-Fi 传输:支持 802.11b/11g/11n 等协议	
	传输距离	视实际情况而定,一般几十米到 200 米,使用定向和高分贝的天线可以传输得更远	
存储	中心存储	可以满足大于 15 天的录像存储要求(双备份)	
	SD 卡(或者硬盘)存储	可以满足大于 15 天的录像存储要求(可选)	
其他	开关电源	24V/10A	
	最大功耗	≤200W	
	反应速度	<4s	
	雨刷	电动雨刷控制	
	运行环境	温度-10℃~+40℃,湿度 10%~90%	
	尺寸(mm)	长×宽×高:345×206×450	
	重量	≤30kg	
	固定方式	配备固定支架,视现场环境定制	

思考与研讨题

1.基于网络视频监控的平安城市架构是什么?

2.设计一个网络视频监控系统在智能交通系统中的应用。

3.设计一个网络视频监控系统在平安校园建设中的应用。

参考文献

1.Cavit Ozdalga.Single Chip CCD Signal Processor for Digital Cameras.MULTIMEDIA TECHNOLOGY

2.GA/T646-2006.视频安防监控系统矩阵切换设备通用技术要求.北京:中国标准出版社,2006

3.GA/T 669.1-2008.城市监控报警联网系统 ＊ 技术标准 ＊ 第1部分:通用技术要求.北京:中国标准出版社,2008

4.GB/T 25724-2010.安全防范监控数字音视频编解码技术要求.北京:中国标准出版社,2010

5.GB/T 28181-2011.安全防范视频监控联网系统信息传输、交换、控制技术要求.北京:中国标准出版社,2011

6.IEC 62676-3.Video surveillance systems for use in security applications － Part 3：Analog and digital video interfaces.INTERNATIONAL ELECTROTECHNICAL COMMISSION，2013.07

7.Martin Wany.High Dynamic CMOS Image Sensors.G.I.T. Imaging & Microscopy.Germany.2001

8.TEXAS INSTRUMENTS.TMS320DM816x DaVinci Digital Media Processors.MARCH 2011

9.Yang Lei.Multimedia CCTV System in 21st Century.ISBT'2001

10.Yang Lei,Yang Juan.TCP/IP-Based Network Video Surveillance System.ISBT'2003

11.广东威创视讯科技股份有限公司.VTRON 新一代全数字高性能 DLP 大屏幕投影墙技术建议书.2010

12.黄铁军.高清信源编码标准的理想选择——AVS.世界广播电视.2004年第1期

13.精英科技.视频压缩与音频编码技术.北京:中国电力出版社,2001

14.梁笃国,张艳霞,曹宁,孙军涛.网络视频监控技术与智能应用.北京:人民邮电出版社,2012

15.唐焕民.CMOS 影像感测器之动作原理及应用.安全 & 自动化(国际中文版).No.26.1999

16.杨磊.IP 网络摄像机及视频网关的阐述.安全 & 自动化(国际中文版).No.45.2002

17.杨磊.安防领域的新革命——多媒体电视监控系统.安全 & 自动化(国际中文版).2003 全球最佳安防产品应用与采购指南

18.杨磊.基于 E1 信道的数字图像传输与控制系统.见:中国电子学会第五届青年学术年会文集(CIE-YC`99).北京:电子工业出版社,1999

19.杨磊,李峰,田艳生,李林燕.闭路电视监控实用教程.北京:机械工业出版社,2005

20.杨磊,李峰,田艳生.闭路电视监控系统(第2版).北京:机械工业出版社,2003

21.部分安防厂商产品资料

图书在版编目（CIP）数据

网络视频监控技术/杨磊等编著.—北京:中国传媒大学出版社,2017.6
（网络工程专业"十二五"规划教材）
ISBN 978-7-5657-1874-8

Ⅰ.①网…　Ⅱ.①杨…　Ⅲ.①计算机网络—视频系统—监视控制—
高等学校—教材　Ⅳ.①TN941.3　②TP277.2

中国版本图书馆 CIP 数据核字（2016）第 294621 号

网络视频监控技术
WANGLUO SHIPIN JIANKONG JISHU

编　　　　著	杨　磊　张艳霞　梁笃国　吴晓雨
责 任 编 辑	蔡开松
装帧设计指导	吴学夫　杨　蕾　郭开鹤　吴　颖
设 计 总 监	杨　蕾
装 帧 设 计	刘鑫、杨瑜静等平面设计团队
责 任 印 制	曹　辉

出版发行	**中国传媒大学**出版社
社　　址	北京市朝阳区定福庄东街 1 号　邮编:100024
电　　话	86-10-65450528　65450532　传真:65779405
网　　址	http://www.cucp.com.cn
经　　销	全国新华书店
印　　刷	北京艺堂印刷有限公司
开　　本	787mm×1092mm　1/16
印　　张	15.25
字　　数	299 千字
版　　次	2017 年 6 月第 1 版　　2017 年 6 月第 1 次印刷
书　　号	ISBN 978-7-5657-1874-8/T・1874　　定　价　66.00 元

致力专业核心教材建设　提升学科与学校影响力

中国传媒大学出版社陆续推出

我校 15 个专业"十二五"规划教材约 160 种

播音与主持艺术专业（10 种）

广播电视编导专业（电视编辑方向）（11 种）

广播电视编导专业（文艺编导方向）（10 种）

广播电视新闻专业（11 种）

广播电视工程专业（9 种）

广告学专业（12 种）

摄影专业（11 种）

录音艺术专业（12 种）

动画专业（10 种）

数字媒体艺术专业（12 种）

数字游戏设计专业（10 种）

网络与新媒体专业（12 种）

网络工程专业（11 种）

信息安全专业（10 种）

文化产业管理专业（10 种）

| 传媒人书店
（For IOS） | 传媒人书店
（For Android） | 微博关注我们 | 微信关注我们 | 访问我们的主页 |

本书更多相关资源可从中国传媒大学出版社网站下载

网址：http://www.cucp.com.cn

责任编辑：蔡开松　　　意见反馈及投稿邮箱：1091104926@qq.com

联系电话：010-65783654